全国高等职业教育规划教材

工程机械发动机
构造与维修

赵 捷 主编 潘明存 李 震 张红岩 副主编 马秀成 主审

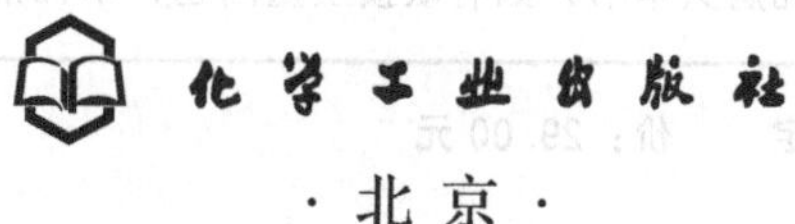

化学工业出版社
·北京·

本书结合工程机械维修专业培养目标和各院校的实际教学条件和教学特点，根据企业岗位能力的需求，以“认知＋技能＋能力＋实战”教学规律进行编排，内容系统、连贯、完整，突出实践技能，侧重于故障诊断、维修过程的培养。书中内容在柴油机两大机构四大系统作用组成基础上，重点讲解了零部件检测、零部件维修过程和零部件修理工艺方法，检测工具的具体使用和操作具体步骤方法；电控柴油机方面，详细全面地讲述了目前工程机械先进的结构和工作原理。

本书是高职高专院校工程机械运用与维护等专业教学用书，并可供从事工程机械的相关技术人员使用。

图书在版编目（CIP）数据

工程机械发动机构造与维修/赵捷主编. —北京：化学工业出版社，2016.8（2025.1重印）
全国高等职业教育规划教材
ISBN 978-7-122-27345-1

Ⅰ.①工… Ⅱ.①赵… Ⅲ.①工程机械-发动机-构造-高等职业教育-教材②工程机械-发动机-机械维修-高等职业教育-教材 Ⅳ.①TU603②TU607

中国版本图书馆 CIP 数据核字（2016）第 131993 号

责任编辑：韩庆利　　文字编辑：张绪瑞
责任校对：吴　静　　装帧设计：张　辉

出版发行：化学工业出版社（北京市东城区青年湖南街 13 号　邮政编码 100011）
印　　装：北京科印技术咨询服务有限公司数码印刷分部
787mm×1092mm　1/16　印张 12¾　字数 319 千字　2025 年 1 月北京第 1 版第 6 次印刷

购书咨询：010-64518888　　售后服务：010-64518899
网　　址：http://www.cip.com.cn
凡购买本书，如有缺损质量问题，本社销售中心负责调换。

定　　价：29.00 元

前　言

“工程机械发动机构造与维修”是工程机械运用与维护专业核心课，系统地讲授工程机械发动机的基本组成、原理和维修方法，以及常见故障的诊断与排除。通过本课程的学习，能够为学生日后从事本专业奠定一定的理论基础和动手能力，并使学生在实践中具有分析问题和解决问题的能力。

本书为校企合作编写教材，书中内容结合工程机械维修专业培养目标和各院校的实际教学条件、教学特点，根据企业岗位能力的需求，以“认知＋技能＋能力＋实战”教学规律进行编排，内容系统、连贯、完整，具有较强的实用性。本教材实践技能性强，侧重于故障诊断、维修过程的培养。

本书的特点是：在柴油机两大机构四大系统作用组成基础上，详细重点地讲解零部件检测、零部件维修过程和零部件修理工艺方法，检测工具的具体使用和操作具体步骤方法；电控柴油机方面，详细全面地讲述了目前工程机械先进的结构和工作原理。本书图文并茂，是一本易于理解和自学的实用教材。

本书由辽宁省交通高等专科学校赵捷主编，河南交通职业技术学院潘明存、新疆交通职业技术学院李震、辽宁省交通高等专科学校张红岩副主编，沃尔沃建筑设备投资（中国）有限公司马秀成主审。辽宁省交通高等专科学校赵捷、张红岩编写了项目一和项目七，河南交通职业技术学院潘明存编写项目二，福建船政交通职业学院林金英编写项目三，四川交通职业技术学院刘建岚编写项目四，新疆交通职业技术学院李震编写项目五，湖北交通职业技术学院吴金顺编写项目六。在这里感谢各院校老师共同协作。

本书配套电子课件，可赠送给用书的院校和老师，如果需要，可登录 www.cipedu.com.cn 下载。

由于水平有限，书中难免有疏漏和不妥之处，恳请读者批评指正。

编　者

目 录

项目一　发动机的简介

教学前言

1. 教学目标

(1) 掌握发动机的基本术语及应用；

(2) 掌握发动机的工作原理及维修故障诊断方法；

(3) 能够进行多缸发动机的工作循环分析及确认发动机工作顺序。

2. 教学要求

(1) 常用工程机械柴油机四缸或六缸发动机；

(2) 常用工程机械；

(3) 工程机械维修场地、布置、管理。

(4) PPT 课件（图片或动画或实拍）。

系统知识

发动机是将某一种形式的能量转变为机械能的一种机器。

现代工程机械用柴油发动机多为活塞往复式内燃机，简称活塞式内燃机。它是将燃料柴油在汽缸内燃烧产生热能，并将热能转化成机械能对外输出。

一、 发动机的基本术语及应用

在图 1-1 中，活塞置于汽缸中，活塞可在汽缸内作往复直线运动，活塞通过连杆和曲轴相连，曲轴可绕其轴线旋转。

(1) 上止点　活塞顶离曲轴回转中心最远处，通常指活塞顶上行到的最高位置。

如图 1-1（左）所示（装配发动机或维修故障诊断中经常用到一缸上止点或压缩上止点）。

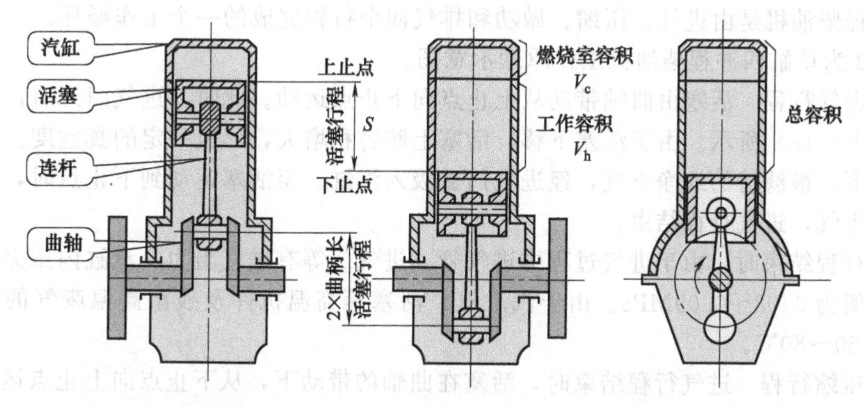

图 1-1　发动机基本术语示意

（2）下止点　活塞顶离曲轴回转中心最近处，通常指活塞顶下行到的最低位置。如图1-1（中）所示。

（3）活塞行程（S）　指上、下两止点之间的距离。

（4）汽缸工作容积（V_h）　指活塞从上止点到下止点所扫过的容积，也称为汽缸排量。

$$V_h=\frac{\pi D^2}{4\times 10^6}S\ (L)$$

式中　D——汽缸直径，mm。

（5）发动机工作容积（V_1）　发动机所有汽缸工作容积之和，也称为发动机排量（排量是发动机重要参数）。

设发动机的汽缸数为 i，则：

$$V_1=V_h i\ (L)$$

（6）燃烧室容积（V_c）　活塞在上止点时，活塞上方的空间称为燃烧室，它的容积称为燃烧室容积。

（7）汽缸总容积（V_a）　活塞在下止点时，活塞上方的容积称为汽缸总容积。它等于汽缸工作容积与燃烧室容积之和，即

$$V_a=V_h+V_c\ (L)$$

（8）压缩比（ε）　指汽缸总容积与燃烧室容积的比值，即

$$\varepsilon=\frac{V_a}{V_c}=\frac{V_h+V_c}{V_c}=1+\frac{V_h}{V_c}$$

它表示活塞由下止点运动到上止点时，汽缸内气体被压缩的程度。压缩比越大，压缩终了时汽缸内的气体压力和温度就越高。一般柴油机的压缩比为15～22。

（发动机故障检测时，检测发动机汽缸压力确定发动机磨损，是确定发动机大修的依据）

（9）发动机的工作循环　在汽缸内进行的每一次将燃料燃烧的热能转化为机械能的一系列连续过程（进气、压缩、做功和排气），称为发动机的工作循环。

（10）四冲程发动机　活塞往复四个行程完成一个工作循环的发动机，称为四冲程发动机。

二、发动机的工作原理

四冲程柴油机是由进气、压缩、做功和排气四个行程完成的一个工作循环。

图1-2为单缸四冲程柴油机工作原理示意图。

（1）进气行程　活塞由曲轴带动从上止点向下止点运动。此时，进气门开启，排气门关闭，如图1-2（a）所示。由于活塞下移，活塞上腔容积增大，形成一定的真空度。在真空吸力的作用下，被滤清的纯净空气，经进气门被吸入汽缸。至活塞运动到下止点时，进气门关闭，停止进气，进气行程结束。

进气行程结束时，由于进气过程中进气管、进气门等有进气阻力，汽缸内压力低于大气压力，一般为0.08～0.09MPa。由于汽缸壁、活塞等高温机件及残留高温废气的加热，气体温度为50～80℃。

（2）压缩行程　进气行程结束时，活塞在曲轴的带动下，从下止点向上止点运动，如图1-2（b）所示。此时，进、排气门均关闭。随着活塞上移、活塞上腔容积不断减小，汽缸内的空气被压缩，至活塞到达上止点时，压缩行程结束。在压缩行程过程中，气体压力和温度

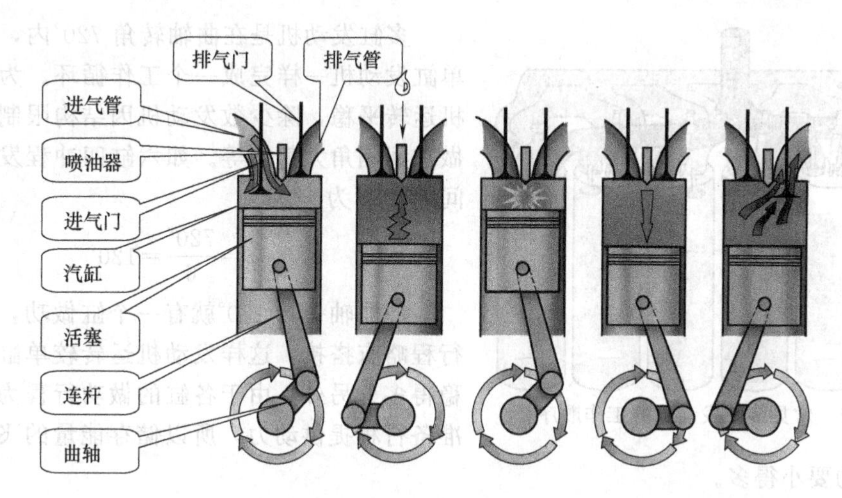

图 1-2　单缸四冲程柴油机工作原理示意图

同时升高。由于柴油机压缩比较大，在压缩终了的温度和压力均较高，压力可达 3～5MPa，温度可达 530～730℃。

(3) 做功行程　压缩行程末，喷油泵将高压柴油经喷油器呈雾状喷入汽缸内的高温空气中，柴油迅速汽化并与空气形成可燃混合气。因为此时汽缸内的温度远远高于柴油的自燃温度（柴油的自燃温度为 230℃左右），柴油自行着火燃烧，且在以后的一段时间内，喷油和燃烧同时进行（即一边喷油、一边混合、一边燃烧）。汽缸内的温度、压力急剧升高，推动活塞下行做功，如图 1-2 (c) 所示。

此行程中，开始阶段汽缸内气体压力和温度急剧上升，瞬时压力可达 5～10MPa，瞬时温度可达 1530～1930℃，随着活塞的下移，压力和温度下降。做功行程终了时，汽缸压力为 0.2～0.4MPa，温度为 930～1230℃。

(4) 排气行程　在做功行程终了时，排气门被打开，活塞在曲轴的带动下由下止点向上止点运动，如图 1-2 (d) 所示。废气在自身的剩余压力和活塞的驱赶作用下，自排气门排出汽缸，至活塞运动到上止点时，排气门关闭，排气行程结束。

排气终了时，由于燃烧室容积的存在，汽缸内还存在少量的废气，气体压力也因排气门和排气道等有阻力而高于大气压力。此时，汽缸压力为 0.105～0.125MPa，温度为 530～730℃。

排气行程结束后，进气门再次开启，又开始了下一个工作循环。如此周而复始，发动机就自行运转。

三、多缸发动机的工作

从上述单缸发动机工作原理可知，只有做功行程产生动力，其他 3 个行程都要消耗动力。为了维持运动，单缸发动机必须有一个储备能量较大的飞轮。即使如此，发动机运转仍然是不平稳的，做功行程快，其他行程慢。另外，单缸发动机还有其他缺点，使其在工程机械上的应用受到限制。

工程机械上实际使用的是多缸发动机，如图 1-3 所示，它由若干个相同的单缸排列在一个机体上共用一根曲轴输出动力。现代工程机械上用得较多的是四缸、六缸、八缸、十二缸等四冲程柴油发动机。

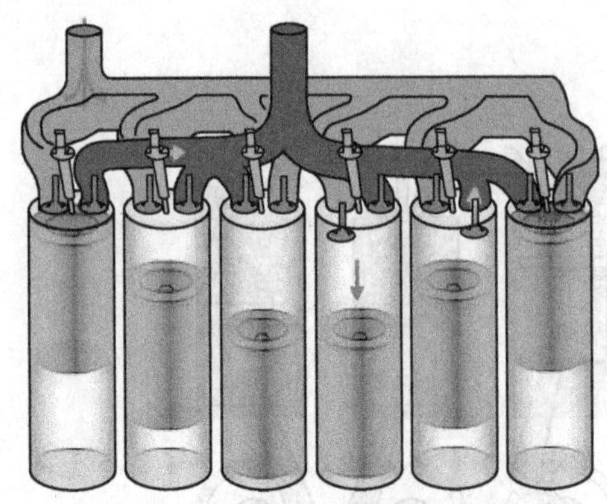

图 1-3　常见多缸发动机的工作顺序

多缸发动机是在曲轴转角 720°内，各缸都像单缸发动机一样完成一个工作循环。为了使发动机运转平稳，除少数发动机因结构限制外，各缸做功间隔角大都均等。如六缸四冲程发动机做功间隔角 φ 为

$$\varphi=\frac{720°}{6}=120°$$

即曲轴每转 120°就有一个缸做功，各缸做功行程略有搭接，这样发动机运转较单缸发动机平稳得多。另外，由于各缸的做功行程为其他缸的准备行程提供动力，所以储存能量的飞轮也较单缸发动机的要小得多。

多缸柴油发动机做功行程发生的顺序称为发动机的工作顺序。图 1-4（a）、（b）分别表示四缸、六缸四冲程发动机的一种工作顺序（阴影线部分为做功行程）。可以看出，四缸发动机从理论上讲，做功行程就已连续，而六缸发动机都有做功重叠，且缸数越多，重叠得就越多，发动机运转得就越平稳。

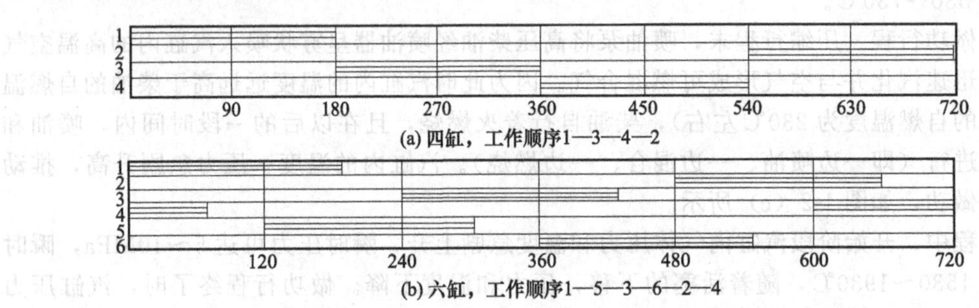

(a) 四缸，工作顺序1—3—4—2

(b) 六缸，工作顺序1—5—3—6—2—4

图 1-4　常见多缸发动机的工作顺序和做功重叠示意图

校企链接

1. 本单元讲解目的

在维修企业中：利用发动机工作原理，对工程机械发动机无法启动等故障进行故障诊断及维修。

（柴油机着火基本两要素：压缩、喷油）

2. 维修实例分析

冬季工程机械柴油机启动困难，启动后，工作基本正常。原因分析？如何维修？

（1）原因分析

① 发动机转速是否正常？（电瓶是否亏电、机油选用是否正常）

② 检测发动机汽缸压力。确定是否机械磨损压缩不够，启动困难。

（2）维修

① 应急维修。

拖启动：拖启动时，发动机转速远远高于正常启动转速，能够达到柴油启动温度需求，能够启动发动机。

利用启动灵（启动液）喷入发动机进气歧管，确保发动机启动。

启动灵（启动液）是燃点比柴油还要低的燃料。

② 发动机大修。更换磨损部件，恢复正常。

应用练习

一、填空题

1. 常用的发动机基本术语有______、______、______、______和______。

2. 四冲程柴油机的一个工作循环有______、______、______、______行程。

二、判断题

1. 维修检测汽缸压力就是压缩比。（　　）

2. 压缩比随发动机汽缸磨损是在变化的。（　　）

3. 利用启动灵（启动液）可以判断柴油发动机油路故障。（　　）

4. 对于四冲程发动机，无论其是几缸，其做功间隔均为180°曲轴转角。（　　）

三、简答题

1. 绘图说明四冲程柴油机的工作原理。

2. 简述启动灵（启动液）的特点及维修中应用情况。

3. 简述四缸或六缸发动机工作顺序。

4. 简述柴油机着火要素分析。

项目二　曲柄连杆机构的构造与检修

任务一　认识发动机曲柄连杆机构的组成

教学前言

1. 教学目标

（1）掌握发动机曲柄连杆机构的基本结构组成；

（2）利用发动机曲柄连杆机构受力分析掌握发动机曲柄连杆机构磨损规律。

2. 教学要求

（1）常用工程机械柴油机四缸或六缸发动机台架；

（2）工程机械维修通用工具、检测工具、专用工具；

（3）工程机械维修场地、布置、管理；

（4）PPT 课件（图片或动画或实拍）。

系统知识

在发动机工作过程中，燃料燃烧产生的气体压力直接作用在活塞顶上，推动活塞作往复直线运动，经活塞销、连杆和曲轴，将活塞的往复直线运动转换为曲轴的旋转运动。发动机产生的动力，大部分经曲轴后端的飞轮输出，还有一部分通过曲轴前端的齿轮和带轮驱动其他机构和系统。

单元一　曲柄连杆机构的组成

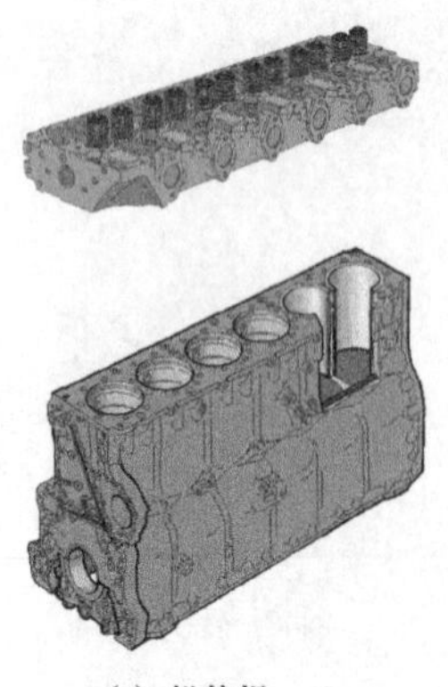

(a) 机体组

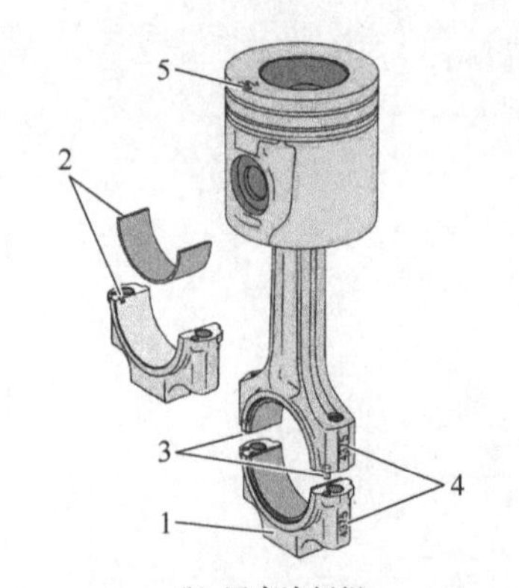

(b) 活塞连杆组

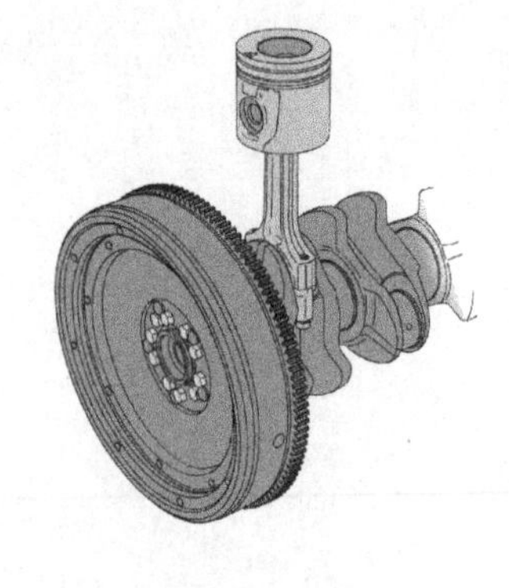

(c) 曲轴飞轮组

图 2-1　发动机曲柄连杆机构的组成

1—连杆盖；2—定位凸唇；3—定位销；4—配对记号；5—安装方向标记

根据机件的运动方式不同，通常将曲柄连杆机构分为机体组、活塞连杆组和曲轴飞轮组，如图 2-1 所示。

机体组主要包括汽缸体、油底壳、汽缸盖、汽缸盖罩、汽缸垫等不动件。活塞连杆组主要包括活塞、活塞环、活塞销、连杆等运动件。曲轴飞轮组主要包括曲轴、飞轮等机件。

单元二　曲柄连杆机构的工作条件

曲柄连杆机构是在高温、高压、高速和化学腐蚀的条件下工作的。同时，曲柄连杆机构在工作时做变速运动，受力情况相当复杂，气体压力、往复惯性力、旋转运动的离心力、相对运动件接触表面的摩擦力等都作用在曲柄连杆机构上，使其工作条件十分恶劣。

一、气体压力

在发动机工作循环的每个行程中，气体压力始终存在且不断变化。做功行程最高，压缩行程次之；进气和排气行程较小，对机件影响不大，故这里主要分析做功和压缩两行程中的气体压力。

在做功行程中，气体压力推动活塞向下运动，如图 2-2（a）所示。活塞所受总压力为 F_p，它传到活塞销上可分解为 F_{p1} 和 F_{p2}。分力 F_{p1}，通过活塞传给连杆，并沿连杆方向作用在连杆轴颈上。F_{p1} 还可分解为两个分力 R 和 S。沿曲柄方向的分力 R 使曲轴主轴颈与主轴承间产生压紧力；与曲柄垂直的分力 S 除了使主轴颈与主轴承间产生压紧力外，还对曲轴形成转矩 T，推动曲轴旋转。F_{p2} 把活塞压向汽缸壁，形成活塞与缸壁间的侧压力，有使机体翻倒的趋势，故机体下部的两侧应支撑在车架上。

在压缩行程中，气体压力阻碍活塞向上运动。这时作用在活塞顶部的气体压力 F'_p 也可分解为两个分力 F'_{p1} 和 F'_{p2}，如图 2-2（b）所示。而 F'_p 又分解为 R' 和 S' 两个分力。R' 使曲轴主轴颈与主轴承间产生压紧力；S' 对曲轴造成一个旋转阻力矩 T'，企图阻止曲轴旋转。而 F'_{p2} 则将活塞压向汽缸的另一侧壁。

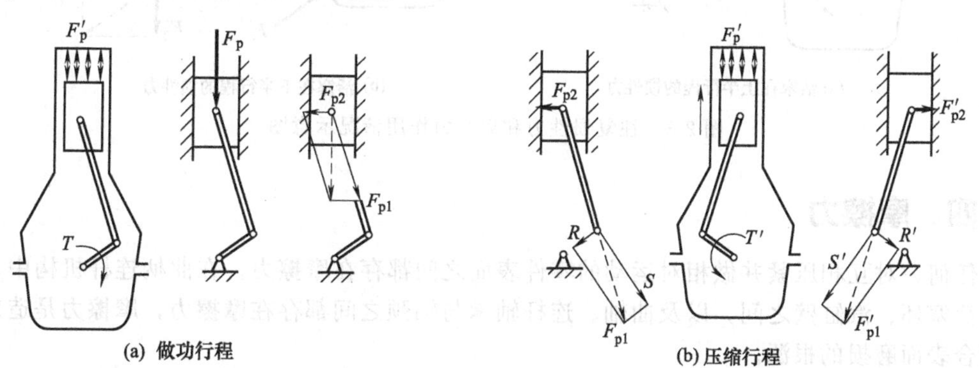

图 2-2　气体压力作用情况示意图

由于做功与压缩行程侧压力 F_{p2}、F'_{p2} 的作用，使汽缸在圆周方向磨损成椭圆形，左右磨损大（即垂直于曲轴轴向方向磨损较大）。并且由于做功行程侧压力 F_{p2} 大于压缩行程侧压力 F'_{p2}，所以承受做功行程侧压力的缸壁一侧磨损较大。另外，在发动机工作循环的任何一个工作行程中，气体压力的大小都是随着活塞位移的变化而变化的，再加上连杆的左右摇摆，因而作用在活塞销和曲轴轴颈的表面以及二者的支撑表面上的压力和作用点不断变化，造成各处磨损不均匀。

二、往复惯性力

往复运动的物体，当运动速度变化时，将产生往复惯性力。曲柄连杆机构中的活塞组件和连杆小头在汽缸中作往复直线运动，其速度很高且数值变化，当活塞从上止点向下止点运动时，速度变化规律是：从零开始，逐渐增大，临近中间达最大值，然后又逐渐减小至零。即前半行程是加速运动，惯性力向上，以 F_j 表示，如图 2-3（a）所示。后半行程是减速运动，惯性力向下，以 F_j'表示，如图 2-3（b）所示。同理，当活塞向上运动时，前半行程是加速运动，惯性力向下，后半行程是减速运动，惯性力向上。

惯性力使曲柄连杆机构的各零件和所有轴颈承受周期性的附加载荷，加快轴承磨损；未被平衡的变化的惯性力传到汽缸体后，还会引起发动机振动。

三、离心力

物体绕某一中心作旋转运动时，就会产生离心力。在曲柄连杆机构中，偏离曲轴轴线的曲柄、连杆轴颈、连杆大头在绕曲轴轴线旋转时，将产生离心力 F_c，其方向沿曲柄向外，如图 2-3 所示。离心力在垂直方向上的分力 F_{cy}，与惯性力 F_j 的方向总是一致的，因而加剧了发动机的上、下振动。而水平方向的分力 F_{cx}则使发动机产生水平方向的振动。此外，离心力使连杆大头的轴承和轴颈受到又一附加载荷，增加了它们的变形和磨损。

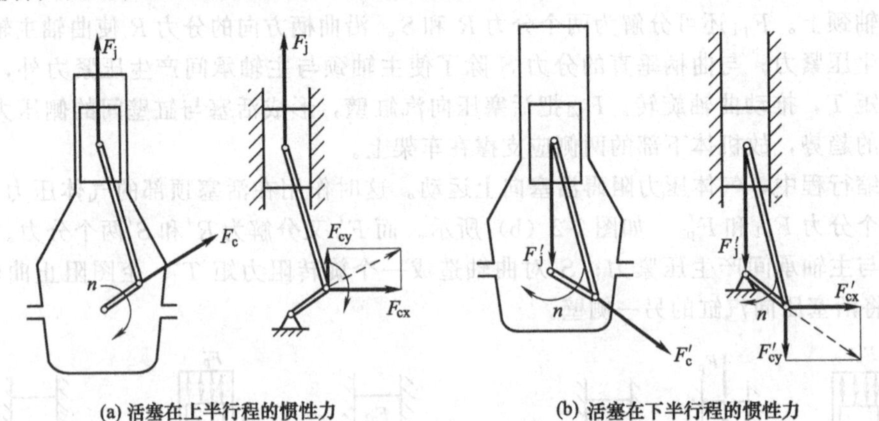

图 2-3 往复惯性力和离心力作用情况示意图

四、摩擦力

任何一对互相压紧并做相对运动的零件表面之间都存在摩擦力。在曲柄连杆机构中，活塞、活塞环、汽缸壁之间，以及曲轴、连杆轴承与轴颈之间都存在摩擦力，摩擦力是造成零件配合表面磨损的根源。

上述各种力作用在曲柄连杆机构和机体的各有关零件上，使它们受到压缩、拉伸、弯曲、扭转等不同形式的载荷。为保证发动机工作可靠，减少磨损，在结构上应采取相应措施。

应用练习

一、填空题

1. 曲柄连杆机构是往复活塞式内燃机将________能转变为________能的主要机构。

2. 曲柄连杆机构由________、________和________三部分组成。

二、判断题

1. 曲柄连杆机构零部件在工作时没有受到化学腐蚀。（　）

2. 由于做功与压缩行程侧压力的存在，使汽缸在圆周方向磨损成椭圆形。（　）

3. 活塞在汽缸中上下运动的速度始终是一样的。（　）

三、简答题

曲柄连杆机构的功用是什么？由哪几部分组成？

任务二　机体组的构造与检修

教学前言

1. 教学目标

（1）掌握机体组的机构组成；

（2）正确掌握机体组的拆卸、检测、装配方法；

（3）掌握检测工具和专用工具的使用。

2. 教学要求

（1）常用工程机械柴油机四缸或六缸发动机；

（2）工程机械维修通用工具、检测工具、专用工具；

（3）工程机械维修场地、布置、管理；

（4）PPT 课件（图片或动画或实拍）。

3. 引入案例（维修实例分析）

6113 柴油机排气冒蓝烟故障排除。

系统知识

机体组包括汽缸体、汽缸套、汽缸盖、汽缸垫、曲轴箱和油底壳等。

单元一　汽缸体的构造与检修

一、汽缸体的构造形式

汽缸体是汽缸的壳体，柴油机汽缸体一般采用整体式结构，即汽缸体与上曲轴箱连为一体。汽缸体是组装发动机的基础件，它可以保持发动机各运动件相互之间的位置关系。汽缸体的结构形式通常有平分式、龙门式和隧道式三种，如图 2-4 所示。

平分式汽缸体结构如图 2-4（a）所示，它的上、下曲轴箱的结合面与曲轴中心线在同一个平面上。其特点是结构简单、制造方便，但刚度小，且前后端呈半圆形，与油底壳接合面的密封较困难，不便维修。多用于中小型发动机。

龙门式汽缸体结构如图 2-4（b）所示，它的上、下曲轴箱的结合面在曲轴中心线以下。

其特点是，汽缸体抗弯曲、扭曲的刚度大，曲轴箱前后端面为平面，密封简单可靠，曲轴拆装方便，故被大中型柴油机广泛采用，如图 2-5 所示为沃尔沃 D6DEAE2 型发动机所采用的龙门式汽缸体。

隧道式汽缸体如图 2-4（c）所示，它的主轴承座孔与曲轴箱的横隔板铸为一体，使汽缸体的结构刚度大，主轴承同轴度易于保证，无需大型的曲轴锻造设备。但曲轴主轴承必须采用滚动轴承，使曲轴拆装较困难。国产 135 系列柴油机即采用隧道式汽缸体。

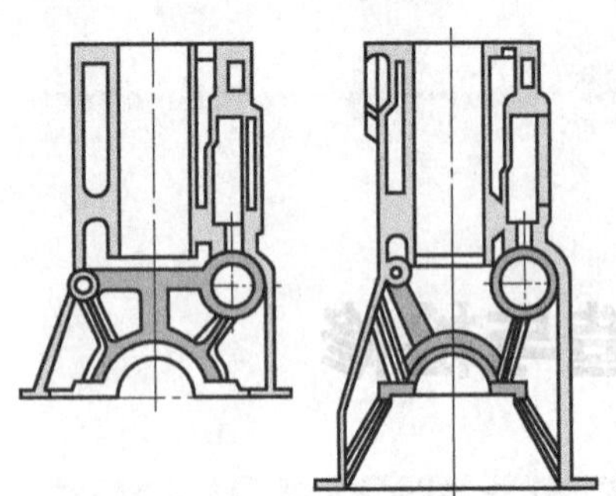
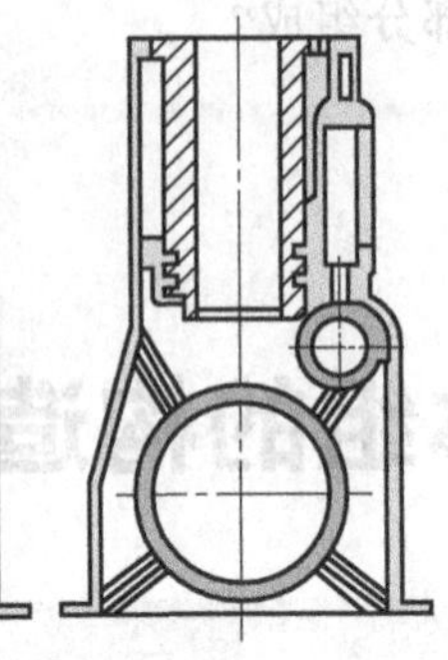

(a) 平分式　(b) 龙门式　(c) 隧道式

图 2-4　汽缸体的结构形式

图 2-5　沃尔沃 D6DEAE2 型发动机的汽缸体

二、汽缸的排列方式

发动机汽缸排列方式有三种：直列式、V 形式和对置式，如图 2-6 所示。

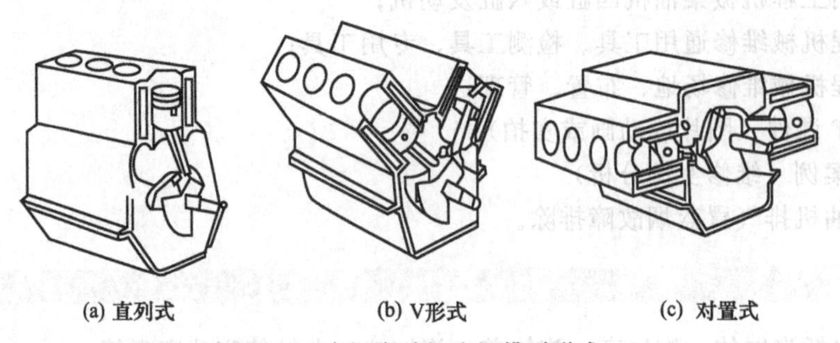

(a) 直列式　(b) V形式　(c) 对置式

图 2-6　多缸发动机汽缸排列形式

三、汽缸与汽缸套

汽缸体内引导活塞作往复运动的圆柱形空腔称为汽缸。汽缸工作表面承受燃气的高温、高压作用，且活塞在其中作高速运动，因此要求其耐高温、耐高压、耐磨损和耐腐蚀。为了提高耐磨性，有时在铸铁中加入了一些合金元素如镍、钼、铬和磷等。但如果汽缸体全部采用优质耐磨材料，则成本太高，因为除与活塞配合的汽缸壁表面外，其他部分对耐磨性要求并不高，所以现代发动机广泛采用在汽缸体内镶入汽缸套（如图 2-7 所示）形成汽缸工作表面。这样，汽缸套可用耐磨性较好的合金铸铁或合金钢制造，而汽缸体则

图 2-7　汽缸套

用价格较低的普通铸铁或铝合金等材料制造。

汽缸套有三种结构形式，即干式、湿式和无缸套，如图 2-8 所示。

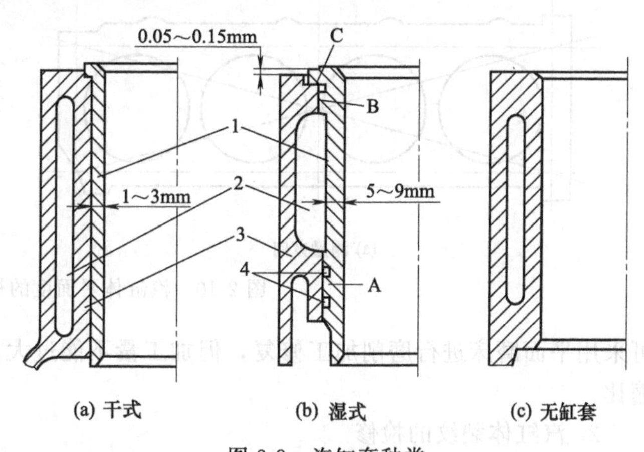

图 2-8　汽缸套种类

1—汽缸套；2—水套；3—汽缸体；4—橡胶密封圈；
A—下支承密封带；B—上支承定位带；C—缸套凸缘

如图 2-8（a）所示，干式汽缸套不直接与冷却水接触，壁厚较薄，一般为 1～3mm。如沃尔沃 D6 系列发动机采用的就是干式缸套，结构如图 2-9（a）所示。

如图 2-8（b）所示，湿式汽缸套与冷却水直接接触，壁厚较厚，一般为 5～9mm。为了保证径向定位，汽缸套外表面有两个凸出的圆环带，即上支承定位带和下支承密封带，轴向定位利用上端凸缘实现。湿式缸套的顶部和底部必须采用密封件，以防止水从冷却系统中渗出。大多数湿式缸套压入缸体后，其顶面高出汽缸体上平面 0.05～0.15mm。这样当紧固汽缸盖螺栓时，可将汽缸盖衬垫压得更紧，以保证汽缸更好地密封和汽缸套更好地定位。湿式缸套铸造方便，容易更换，冷却效果好，但汽缸体刚度差，易出现漏气、漏水、穴蚀。如沃尔沃 D5/D7 系列发动机所采用的湿式缸套，结构如图 2-9（b）所示。

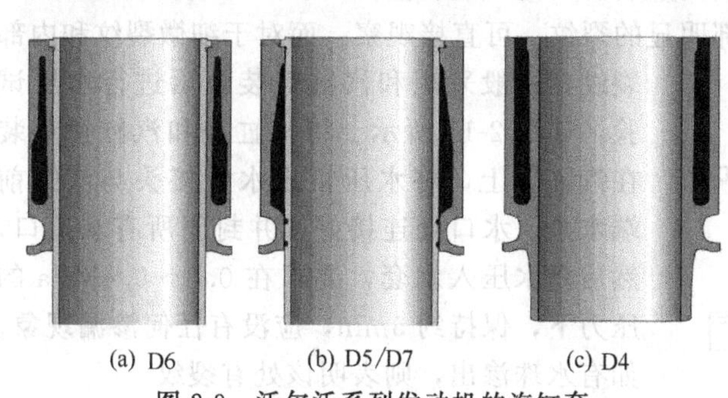

图 2-9　沃尔沃系列发动机的汽缸套

如图 2-8（c）所示，无缸套式即不镶嵌任何汽缸套，在机体上直接加工出汽缸，优点是可以缩短汽缸中心距，使机体尺寸和质量减小，但成本较高。如沃尔沃 D4 系列发动机所采用的无缸套的汽缸体，结构如图 2-9（c）所示。

四、汽缸体的检修

汽缸体常见的损伤主要有裂纹、磨损和变形等。

1. 汽缸体变形的检修

由于拆装螺栓时力矩过大、不均、不按顺序拧紧，或高温下拆卸汽缸盖等都会引起汽缸体与汽缸盖结合平面的翘曲变形。汽缸体变形主要表现为上、下平面，端面的翘曲和配合表面的相对位置误差增加。

（1）汽缸体变形的检验　汽缸体的翘曲变形可用平板接触法检验，如图 2-10 所示。将等于或大于被测平面全长的刀形样板尺放到汽缸体平面上，沿汽缸体平面的纵向、横向和对角线方向多处用塞尺进行测量，如图 2-10 所示，求得其平面度误差。

（2）汽缸体变形的修理　汽缸体变形后，可根据变形程度采取不同的修理方法。平面度误差在整个平面上不大于 0.05mm 或仅有局部不平时，可用刮刀刮平；平面度误差较大时

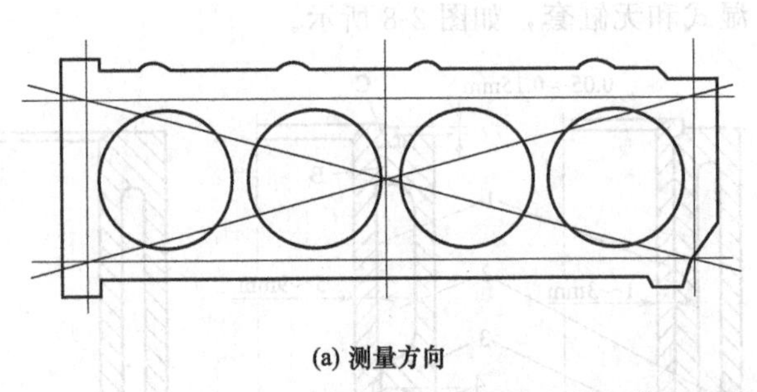

(a) 测量方向

(b) 测量方法

图 2-10　汽缸体平面度的检验

可采用平面磨床进行磨削加工修复，但加工量不能过大，约 0.24～0.50mm，否则会影响压缩比。

2. 汽缸体裂纹的检修

汽缸体产生裂纹的部位与结构、工作条件和使用操作有关。如水套的冰冻裂纹；曲轴箱共振裂纹；汽缸套修理尺寸级数过多和镶装汽缸套过盈量过大，压装工艺不当等造成的裂纹；汽缸体各处壁厚不均匀造成应力，在一些薄弱部位出现裂纹；发动机长时间在超负荷条件下工作，造成汽缸体内应力过大产生裂纹；拆卸和搬运不慎，使汽缸体受振动、碰撞而致裂等。

裂纹会引起发动机漏气、漏水和漏油，影响发动机正常工作，必须及时检修。

（1）汽缸体裂纹的检验　汽缸体外部明显的裂纹，可直接观察。而对于细微裂纹和内部裂纹，一般采用和汽缸盖装合后进行水压试验，如图 2-11 所示。将汽缸盖和汽缸衬垫装在汽缸体上，将水压机出水管接头与汽缸前端水泵入水口处连接好，并封闭所有水道口，然后将水压入水套，要求在 0.3～0.4MPa 的压力下，保持约 5min，应没有任何渗漏现象。如有水珠渗出，则表明该处有裂纹。

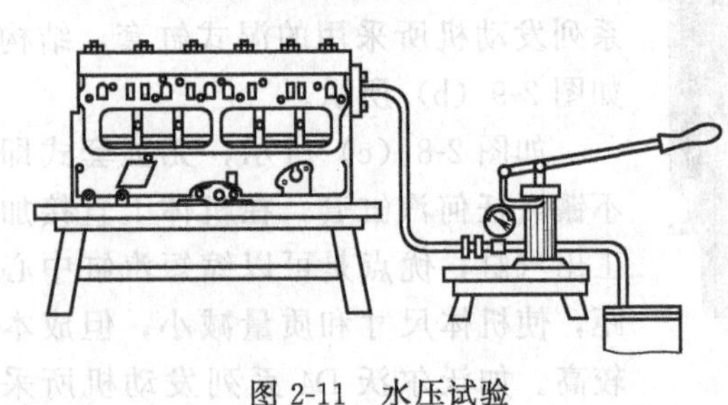

图 2-11　水压试验

（2）汽缸体裂纹的修理　在对汽缸体裂纹进行修理时，凡涉及漏气、漏水和漏油等问题，一般予以更换。对未影响到燃烧室、水道和油道的裂纹，则根据裂纹的大小、部位和损伤程度等情况选择粘接、焊接等修理方法进行修补。

3. 汽缸磨损的检修

活塞在汽缸中作高速运动，长时间工作后会产生磨损，当磨损达到一定程度后，将引起发动机动力性、经济性明显下降。

（1）汽缸的磨损规律　汽缸正常磨损的特征是不均匀磨损。汽缸孔沿高度方向磨损成上大下小的倒锥形，最大磨损部位是活塞处于上止点时第一道活塞环对应的汽缸壁位置，而该位置以上几乎无磨损形成明显的“缸肩”。汽缸沿圆周方向的磨损形成不规则的椭圆形，其最大磨损部位一般是前后或左右方向。

造成上述不均匀磨损的原因是：活塞在上止点附近时各道环的背压最大，其中又以第一道环为最大，以下逐道减小；加之汽缸上部温度高，润滑条件差，进气中的灰尘附着量多，废气中的酸性物质引起的腐蚀等，造成了汽缸上部磨损较大。而圆周方向的最大磨损部位主要是侧向力、曲轴的轴向窜动等造成的。

（2）汽缸磨损程度的衡量指标　汽缸的磨损程度一般用圆度和圆柱度表示，也有以标准尺寸和汽缸磨损后的最大尺寸之差值来衡量。

圆度误差是指同一截面上磨损的不均匀性，用同一横截面上不同方向测得的最大直径与最小直径差值之半作为圆度误差。

圆柱度误差是指沿汽缸轴线的轴向截面上磨损的不均匀性，用被测汽缸表面任意方向所测得的最大直径与最小直径差值之半作为圆柱度误差。

（3）汽缸磨损的检验　在进行测量时，测量部位的选择很重要，汽缸的测量位置如图2-12所示，在汽缸体上部距汽缸上平面10mm处，汽缸中部和汽缸下部距缸套下口10mm处的三个截面，按A、B两个方向分别测量汽缸的直径（A为前后方向，B为左右方向）。

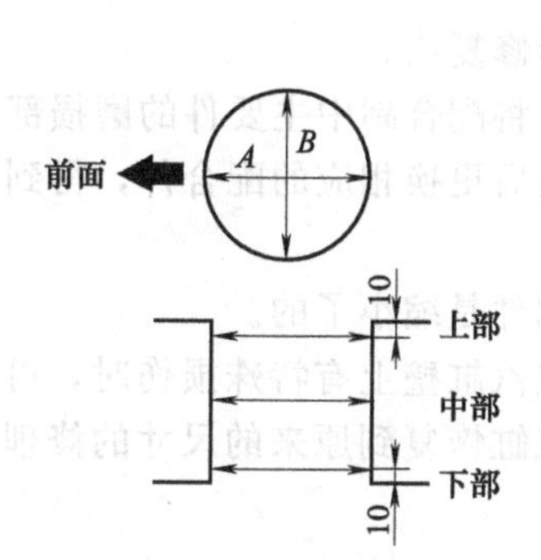

图2-12　汽缸测量部位及方向

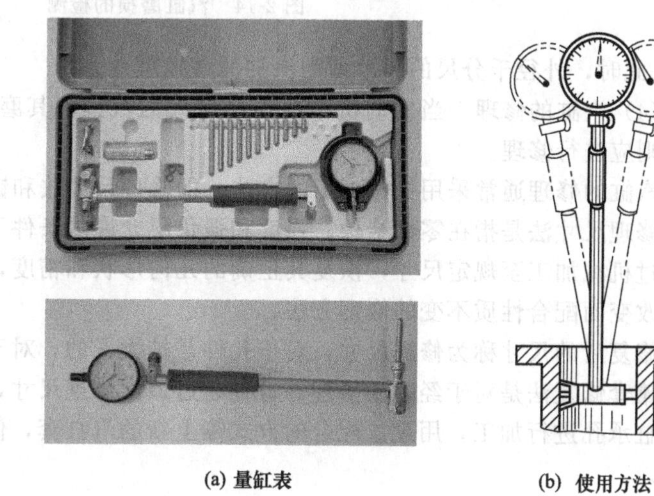

(a) 量缸表　(b) 使用方法

图2-13　量缸表及其使用方法

测量时，通常使用量缸表，其方法如下：

① 汽缸圆度的测量

a. 安装量缸表。根据汽缸直径的尺寸，选择合适的接杆，装入量缸表的下端，如图2-13（a)所示，并使伸缩杆有1～2mm的压缩量。

b. 量缸表的使用方法。将量缸表的测杆伸入到汽缸中的相应部位，微微摆动表杆，使测杆与汽缸中心线垂直，如图2-13（b）所示，量缸表指示的最小读数即为正确的汽缸直径。

c. 汽缸圆度的测量。用量缸表在上部A向测量，如图2-14（a）所示，旋转表盘使“0”刻度对准大表针，然后将测杆在此截面上旋转90°，进行B向测量，如图2-14（b）所示，此时表针所指刻度与“0”位刻度之差的1/2即为该截面的圆度误差。

② 汽缸圆柱度的测量　用量缸表在上部A向测量并找出正确的直径位置，旋转表盘使“0”刻度对准大表针。然后依次测出其他五个数值，取六个数值中最大差值的1/2作为该汽缸的圆柱度误差。

③ 汽缸磨损尺寸的测量　一般发动机最大磨损尺寸在前后两缸的上部。测量时，用量缸表在上部A向测量并找出正确汽缸直径位置，旋转表盘使“0”刻度对准大表针，并记住小表针所指位置。取出量缸表，将测杆放置于外径千分尺的两测头之间，旋转外径千分尺的活动测头，使量缸表的大指针指向“0”，且小指针指向原来的位置（在汽缸中所指示的位

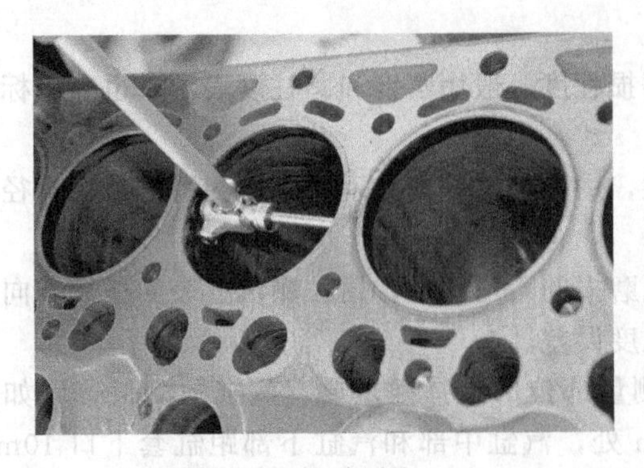
(a) 用量缸表在上部A向测量

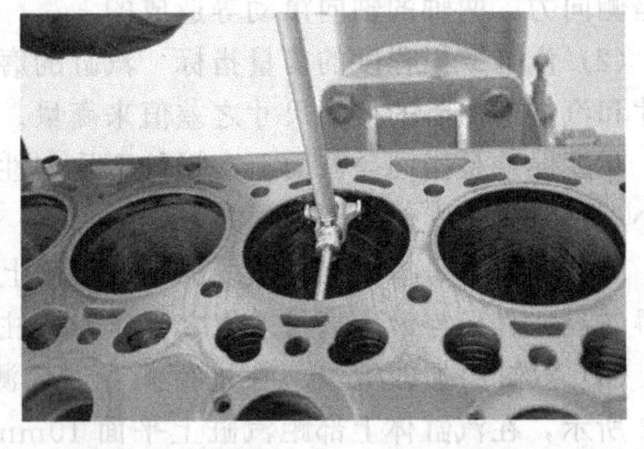
(b) 用量缸表在上部B向测量

图 2-14　汽缸磨损的检测

置）。此时，外径千分尺的尺寸即为汽缸的磨损尺寸。

(4) 汽缸的修理　当发动机中磨损量最大的汽缸，其磨损程度衡量指标超过规定标准时，则应进行修理。

汽缸的修理通常采用机械加工的方法，即修理尺寸法和镶套修复法。

修理尺寸法是指在零件结构、强度和强化层允许的条件下，将配合副中主要件的磨损部位经过机械加工至规定尺寸，恢复其正确的几何形状和精度，然后更换相应的配合件，得到尺寸改变而配合性质不变的修理方法。

修复后的尺寸称为修理尺寸，对于孔件是扩大了的，对于轴件是缩小了的。

镶套修复法是对于经多次修理，直径超过最大修理尺寸，或汽缸壁上有特殊损伤时，可对汽缸承孔进行加工，用过盈配合的方式镶上新的汽缸套，使汽缸恢复到原来的尺寸的修理方法。

① 汽缸的镗磨加工

a. 确定汽缸的修理尺寸。汽缸的修理尺寸应按修理级别进行。修理级别一般分为 4～6 级，每加大 0.25mm 为一级，最大不超过 1.00mm 或 1.50mm。修理级别应符合原厂规定。

汽缸的修理尺寸＝汽缸最大直径＋镗磨余量

镗磨余量一般取 0.10～0.20mm。

计算出的修理尺寸应与修理级别对照。如与修理级别不相符，应圆整到下一个修理级别。同一台发动机的各汽缸应采用同一级修理尺寸。

b. 确定镗削量。汽缸修理尺寸确定后，选配同级修理尺寸的活塞，并依次测量每个活塞裙部的尺寸，结合必要的活塞与汽缸壁的配合间隙和镗磨余量，分别根据各缸的实际尺寸，计算确定各缸的镗削量。

镗削量＝活塞裙部最大直径－汽缸最小直径＋配合间隙－磨缸余量

磨缸余量一般取 0.01～0.05mm。

c. 镗缸。汽缸镗削加工质量要求：缸壁表面粗糙度应不大于 $Ra2.5\mu m$；干式缸套圆度不大于 0.005mm，圆柱度不大于 0.0075mm；湿式缸套圆柱度不大于 0.0125mm；汽缸轴线对两端主轴承座孔轴线的垂直度不大于 0.05mm。

d. 汽缸的珩磨。汽缸镗削加工后，表面存在螺旋形的细微刀痕，必须进行珩磨加工，使汽缸具有合理的表面粗糙度和配合特性，并具有良好的磨合性能。

汽缸珩磨后的技术要求是：缸壁表面粗糙度应不大于 $Ra0.63\mu m$；汽缸的圆度、圆柱度及配缸间隙符合规定。

② 镶装汽缸套 汽缸用修理尺寸法修理超过最后一级时，可用镶套法恢复至原始尺寸。

a. 干式汽缸套的镶配工艺

a）选择汽缸套。第一次镶套选用标准尺寸的汽缸套；若汽缸体上已镶有缸套，应先拆除旧套，再选用大一级修理尺寸的汽缸套。拆除汽缸套的工具及方法如下：拆卸汽缸套应使用的专用工具如图 2-15 所示，按照图 2-16 所示安装工具，在缸套下缘安装拉板，然后用扳手旋转螺母即可靠拉板将缸套拉出。

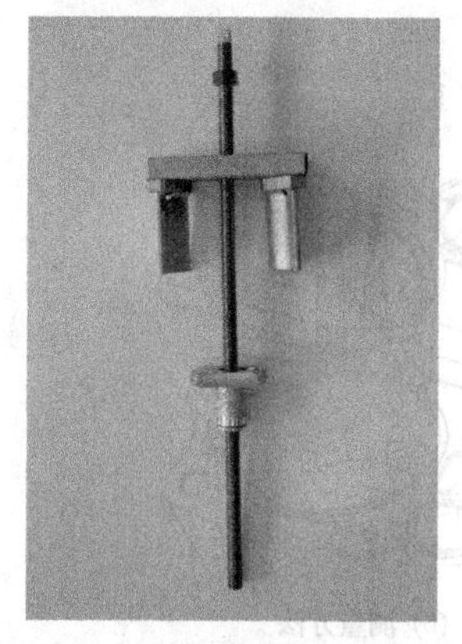

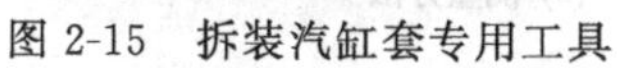

图 2-15 拆装汽缸套专用工具

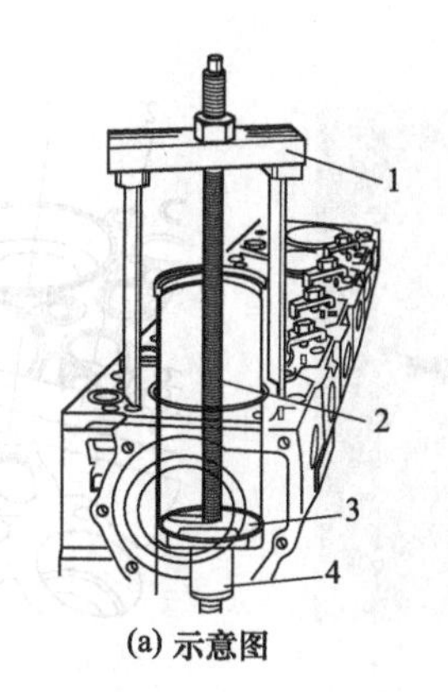

(a) 示意图

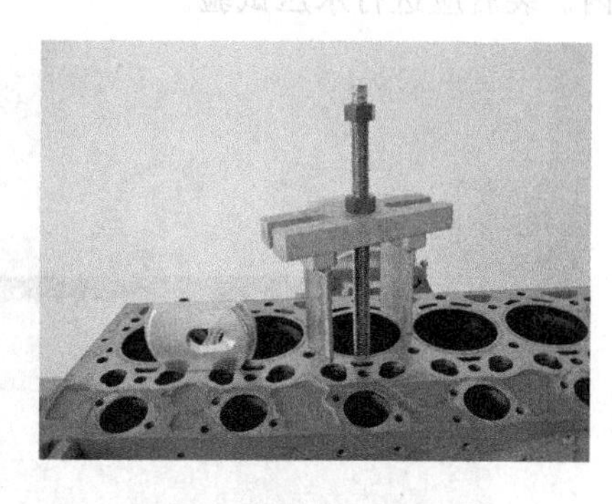

(b) 实物图

图 2-16 汽缸套拆解

1—支架；2—拉杆；3—拉板；4—快速安装螺母

b）检修汽缸套承孔。根据汽缸套的外径尺寸，将汽缸套承孔镗至所需尺寸，按要求留有过盈量。

c）镶配。将汽缸套外壁涂以机油，放正汽缸套，用压床以 20～50kN 的压力缓慢压入。也可采用如图 2-17 所示的专用工具，将拉板装在上方，支架装在下方，通过扳手旋转螺母缓缓将缸套压入。为防止缸体变形，应采用隔缸压入法。压入缸套前后应对汽缸体进行水压试验。

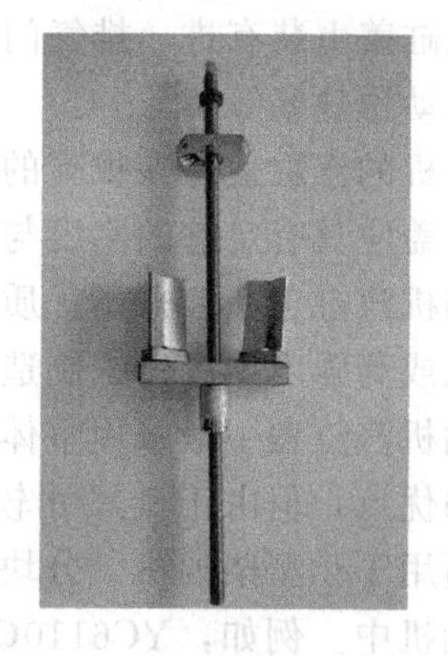

图 2-17 汽缸套装配

d）测量汽缸套高出量。汽缸套压入后应用如图 2-18（a）所示的专用工具测量汽缸套高出汽缸体上平面的高出量。方法如下：

测量方法如图 2-18（b）所示，在发动机汽缸体上平面安装专用测量工具 2、垫块 3 和百分表 1（注意：两个垫块应放置在汽缸体上平面上而不能放置在汽缸套的边缘上），让百分表指针顶在汽缸体上平面上，小表针有 1～2mm 预压，大表针调零。

移动专用测量工具 2，使百分表指针对着汽缸套的上缘，百分表大表针偏离 0 点的最大值即为汽缸套的高出量。在三个不同的位置测量缸套的高出量。如测量的缸套高出量超出了标准范围值，则予以更换，如沃尔沃 D7E 发动机的缸套高出量标准范围为 0.03～0.08mm。

b. 湿式汽缸套镶配工艺

a）拆除旧汽缸套，并清除汽缸体承孔接合面上的沉积物。

b）将镗磨好的汽缸套，在装水封圈的部位涂以密封胶，装妥水封圈并压紧在汽缸体承孔内。装后应进行水压试验。

(a) 工具　　(b) 测量方法

图 2-18　汽缸套高出量测量

1—百分表；2—专用工具；3—垫块

单元二　汽缸盖的构造与维修

一、汽缸盖的作用与类型

汽缸盖的作用是密封汽缸，并与活塞共同组成燃烧室。在汽缸盖内有冷却水腔，进、排气道。汽缸盖上装有进、排气门座圈，气门，气门弹簧，进、排气管，摇臂及摇臂轴，喷油器，冷启动预热塞等。

柴油机的汽缸盖是在很高的燃气压力和热应力下工作的，同时承受缸盖螺栓预紧力的作用。汽缸盖应具有足够的刚度与强度，以免翘曲变形，保证汽缸的密封。

柴油机汽缸盖一般采用优质铸铁制造。强化柴油机的汽缸盖，为提高其耐热强度而采用合金铸铁或高强度球墨铸铁制造。

柴油机汽缸盖一般采用整体式、分块式和单体式三种结构。整体式具有结构紧凑、制造成本低的优点，但由于其尺寸较长、刚度较差，易变形，在使用中易产生漏气、漏水的故障，它适用于小型柴油机。分块式和单体式即多缸一盖和一缸一盖结构，常用在缸径较大的多缸柴油机中。例如，YC6110Q 型柴油机采用整体式缸盖，YC6105QC 型柴油机是三个汽缸用一个汽缸盖，6135G 型柴油机则是每两个汽缸共用一个汽缸盖，WD615 系列柴油机则采用一缸一盖。

二、汽缸盖的修理

汽缸盖的主要损坏形式是裂纹与变形。裂纹多发生在进排气门座之间，这一般是由于气门座或气门导管配合过盈量过大与镶换工艺不当所引起的，检测方法与汽缸体裂纹的检测方法相同。汽缸盖出现裂纹一般应予以更换。汽缸盖变形是指与汽缸体的结合面翘曲变形，这种损伤通常是由于高温或拆装汽缸盖时操作不当，以及未按汽缸盖螺栓规定的顺序和力矩拧紧所致，其检测方法与汽缸体变形的检测方法相同。

三、汽缸盖的拆装

（1）汽缸盖的拆卸　汽缸盖螺栓的拆卸应按图 2-19 所示顺序由外到内分两到三次松开。

（2）汽缸盖的安装　汽缸盖螺栓安装必须按先中间、后两边、对角交叉的顺序进行。如图 2-20 所示。

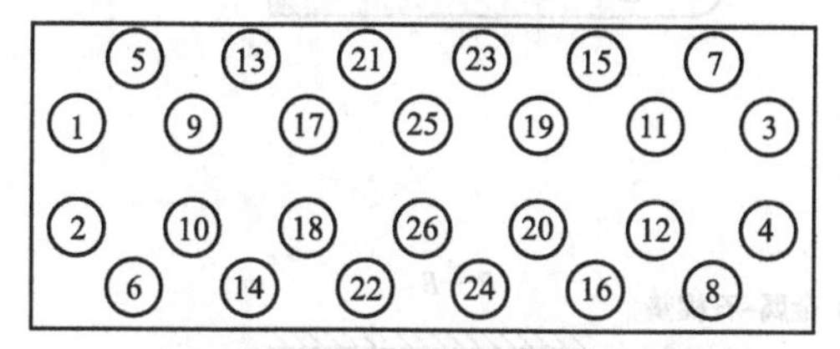

图 2-19　汽缸盖螺栓的拆卸顺序

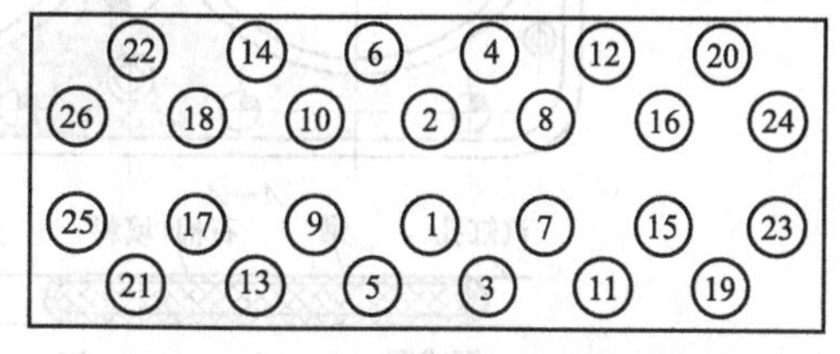

图 2-20　汽缸盖螺栓的拧紧顺序

对于汽缸盖螺栓除了拧紧顺序有要求外，拧紧力矩也有要求，并且要分两次至三次拧紧至规定力，切不可一次拧紧到位。如东风 EQ1O9OF2D 车用柴油机汽缸盖螺栓规定力矩为 147N·m，按顺序分三次拧紧，第一次拧紧到 78N·m，第二次拧紧到 118N·m，第三次拧紧到 147N·m 之间。

对于一些进口柴油机，装配精度较高，汽缸盖螺栓采用角度拧紧法拧紧。现以沃尔沃系 D7E 系列的发动机为例介绍一下角度拧紧法。第一步先用扭力扳手按缸盖螺栓拧紧顺序将螺栓拧紧至 50N·m，第二步用扭力扳手按缸盖螺栓拧紧顺序将螺栓拧紧至 130N·m，然后用旋转角度规将每个缸盖螺栓按顺序拧 90°即可，如图 2-21 所示。

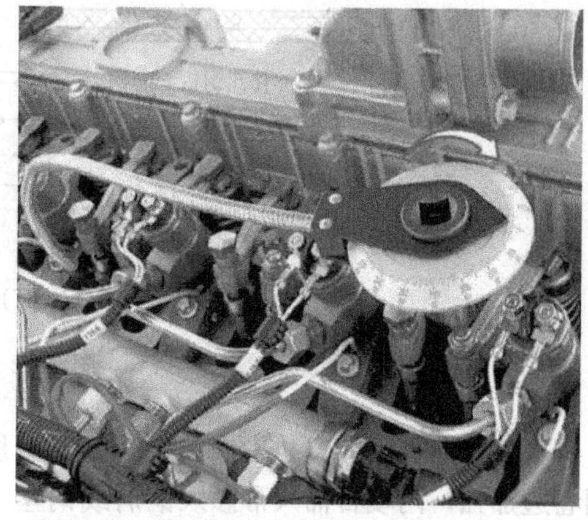

图 2-21　用旋转角度规将缸盖螺栓拧入 90°

单元三　汽缸垫的构造与维修

一、汽缸垫的构造

1. 作用与要求

汽缸垫用来保证汽缸体与汽缸盖的密封，防止漏气、漏水。

汽缸垫应满足下列主要要求：在高温、高压燃气作用下有足够的强度，不易损坏。耐热和耐腐蚀，即在高温高压燃气或有压力的机油和冷却水的作用下，不烧损和不变质。具有一定的弹性，能补偿接合面的不平度，以保证密封。拆装方便，能重复使用，寿命长。

2. 构造

汽缸垫如图 2-22 所示，目前汽缸垫的结构大致有以下几种。

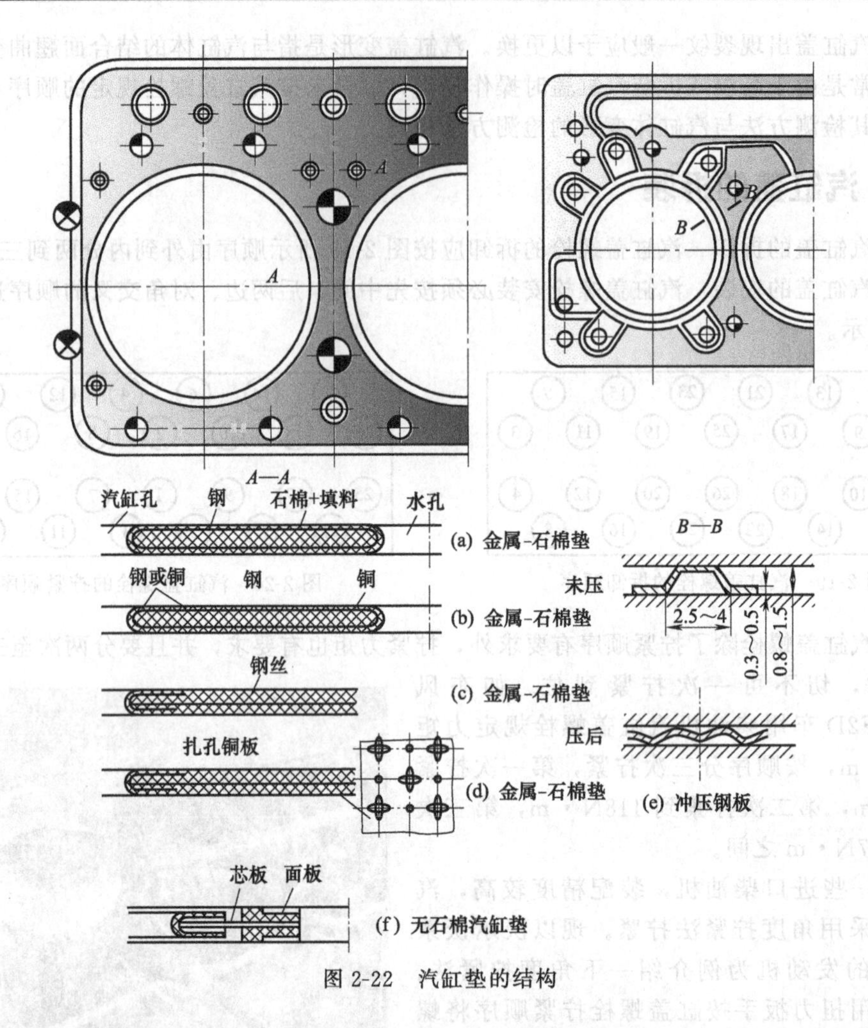

图 2-22　汽缸垫的结构

(1) 金属-石棉垫　如图 2-22 (a)、(b) 所示，外包铜皮和钢片，且在缸口、水孔、油道口周围卷边加强，内填石棉（常掺入铜屑或钢丝，以加强导热，平衡缸体和缸盖的温度）。这种衬垫压紧厚度为 1.2～2mm，有很好的弹性和耐热性，能重复使用。但厚度和质量的均一性较差。

另一种是金属骨架-石棉垫，以编织的钢丝网［如图 2-22 (c) 所示］或有孔钢板［如图 2-22 (d) 所示］为骨架，外覆石棉及橡胶黏结剂压成垫片，表面涂以石墨粉等润滑剂，只在缸口、水孔及油道口处用金属片包边。这种缸垫弹性好，但易黏结，一般只能使用一次。有的汽缸垫既有金属骨架，石棉外又包金属包皮。

为了提高汽缸口处的防烧蚀能力，有的镶以抗高温氧化能力较强的镍边，有的缸口部分则没有石棉，只由几层薄钢片组成。

(2) 纯金属垫　由单层或多层金属片（铜、铝或低碳钢）制成［如图 2-22 (e) 所示］，在汽缸孔和水道孔等周围冲出一定高度的凸纹，利用其弹性变形来实现对汽缸的密封。这种汽缸垫有较高的交变弯曲强度，寿命较长，用于某些强化发动机。但对汽缸盖和汽缸体结合面的平整度和刚度要求较高。

(3) 无石棉汽缸垫　如图 2-22 (f) 所示，国际上已公认石棉是一种致癌物质，因此一些发动机已开始使用无石棉汽缸垫。以无石棉密封材料（无石棉抄取板，无石棉压缩板，无石棉橡胶板等不含石棉的材料），用模具或各种工具冲压，剪切而成的汽缸垫。

国外一些发动机开始使用耐热密封胶，彻底取代了汽缸垫。它与使用纯金属垫的发动机一样，对缸体和缸盖结合面的加工精度要求较高。

二、汽缸垫的安装

汽缸垫安装不正确或者经过多次拆装，厚度被压薄；伸缩性减弱或根本没有伸缩性了；汽缸垫凸凹不平或被气体冲坏等，都会造成汽缸垫漏气、漏水。

漏气将使发动机的功率下降。漏水将使汽缸机件锈蚀，发动机启动困难。水漏到油底壳内，使润滑油变质。水漏到排气管内，会发出“突、突”的声音，同时散热器中还会有冒气泡的现象。

汽缸盖衬垫的安装方法如下。

① 首先应选择规格与汽缸体一致的汽缸垫，必须与所有的汽缸孔、螺栓孔、水道孔、杆孔等相配合。如厂家有特殊规定，按厂家规定选用汽缸垫。

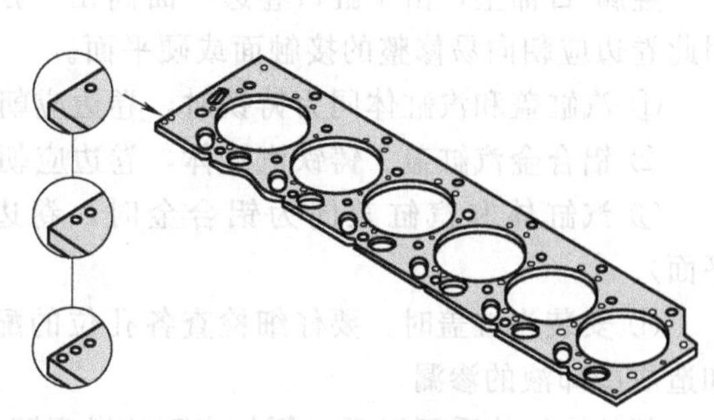

图 2-23　沃尔沃发动机汽缸垫

如沃尔沃发动机的汽缸垫一角有一个孔、两个孔或三个孔的标记（如图 2-23 所示），孔数不同，汽缸垫的厚度不同，见表 2-1。在安装汽缸垫前，应根据活塞高出汽缸体上平面的高度（活塞在上止点时）来选用不同厚度的汽缸垫，从而保证发动机有一个正确的压缩比。选用步骤如下：

表 2-1　沃尔沃汽缸垫孔数和厚度的关系

标识	适用的活塞厚度
1 个孔	0.33～0.55mm
2 个孔	0.56～0.65mm
3 个孔	0.66～0.76mm

a. 在发动机汽缸体上平面安装件号为 9998687 的专用测量工具 2、垫块 3 和百分表 1（注意：两个垫块应放置在汽缸体上平面上而不能放置在汽缸套的边缘上），让百分表指针顶在汽缸体上平面上，小表针有 1～2mm 预压，大表针调零。如图 2-24 所示。

b. 移动专用测量工具 2，使百分表指针对着活塞顶上的测量点放置，每个活塞有两个测量点，如图 2-25 所示。转动曲轴，观察活塞到达上止点时百分表大表针偏离 0 点的最大值即为活塞高出汽缸体上平面的高度。

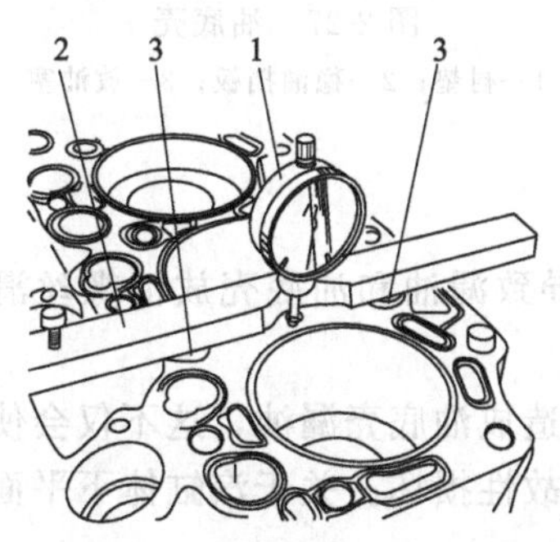

图 2-24　安装专用工具，使用百分表调零

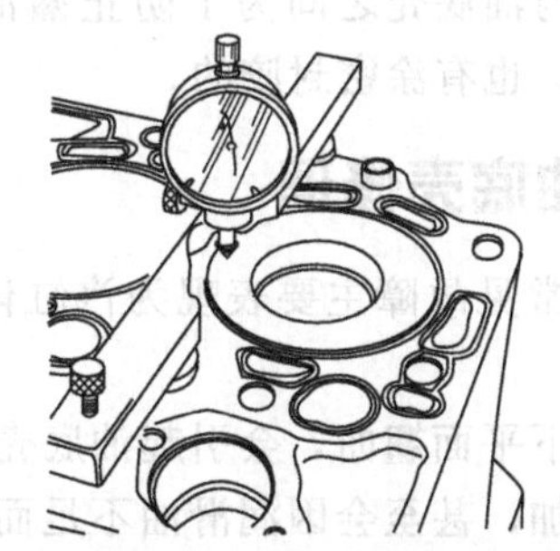

图 2-25　使百分表指针对着活塞顶上的测量点测量活塞高度

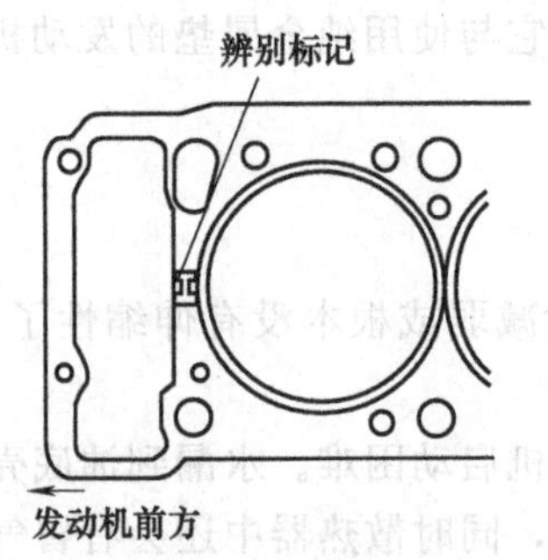

图 2-26　汽缸垫上的标记

c. 在所有的活塞上重复相同的测量，在测量值中找到最大值，按照表 2-1 选用汽缸垫。

② 安装汽缸前，应清洁汽缸盖和汽缸体的两结合平面，清理冷却水道和螺孔、螺纹上的污物，并清洁衬垫和螺栓。检查衬垫有无折损和变形。

③ 汽缸垫必须按一定的方向安装。要认清汽缸垫上的识别标记，如"朝上"、"朝前"或"此面朝上"的标记图。若表面上没有标记，则将冲压出的号码标记朝向汽缸盖，如图 2-26 所示。

金属-石棉垫，由于缸口卷边一面高出一层，对与它接触的平面会造成单面压痕变形，因此卷边应朝向易修整的接触面或硬平面。

① 汽缸盖和汽缸体同为铸铁时，卷边应朝向缸盖（易修整面）。

② 铝合金汽缸盖、铸铁汽缸体，卷边应朝向缸体（硬平面）。

③ 汽缸体和汽缸盖同为铝合金时，卷边应朝向缸体，即朝向湿式缸套的凸缘（硬平面）。

④ 安装汽缸盖时，要仔细检查各孔位的配合是否正确，若孔位偏移，将会损伤汽缸垫和造成冷却液的渗漏。

新的汽缸垫受压以后，便与表面的微观凹凸不平的地方相适应。但若将汽缸垫装用后再重新装上，就难与原来的凹凸不平的地方重新吻合，这就使得汽缸垫容易早期失效。

单元四　油底壳的构造与维修

一、油底壳的结构

油底壳的主要功用是储存和冷却机油，并封闭曲轴箱。在最低处设有放油塞，以便放出润滑油。有的放油塞还带有磁性，可以吸附润滑油中的铁屑，以减小发动机的磨损。为了防止发动机振动时油底壳油面产生较大的波动，在油底壳的内部设有稳油挡板，如图 2-27 所示。由于油底壳受力很小，一般用薄钢板冲压而成，有些铝合金油底壳还带有散热片。曲轴箱与油底壳之间为了防止漏油，其之间装有软木衬垫，也有涂密封胶的。

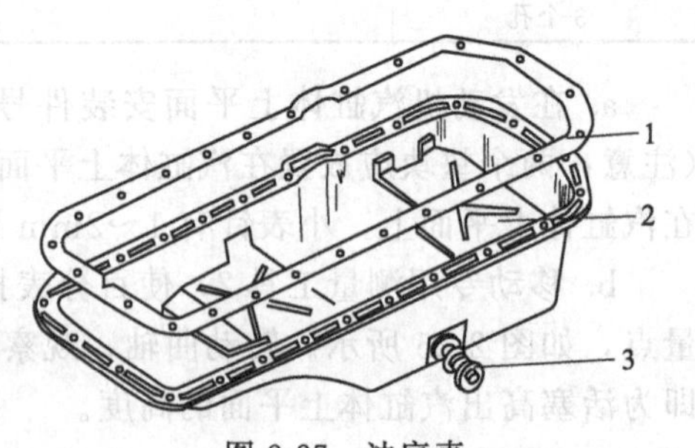

图 2-27　油底壳

1—衬垫；2—稳油挡板；3—放油塞

二、油底壳修理

油底壳常见故障主要表现为汽缸体下平面翘曲不平导致漏油和油底壳放油螺丝滑扣而漏油。

汽缸体下平面翘曲，会引起油底壳密封垫密封不严，造成油底壳漏油，这不仅会使润滑油消耗量增加，甚至会因润滑油不足而引起"烧瓦"等事故性损坏。关于汽缸体下平面翘曲变形的检测及维修方法在单元一中已介绍。

油底壳放油螺栓螺扣损坏也会导致油底壳漏油，处理方法有两种：一是直接更换；二是将原来的放油螺栓口拓宽，使用更大的螺栓即可。

校企链接

维修实例分析：6113 柴油机排气冒蓝烟故障排除

【故障现象】

一辆公路施工急修车装用的6113柴油机，维修后动力一直不足，排气管冒蓝烟，且柴油机通风管下排气严重。

【故障排除】

经初步检查，试机时其启动性能尚可，各种工况表现也可以，但排气管确实大量冒蓝烟，考虑到该机维修时更换了汽缸套和活塞环，据此分析一般应该是不会发生以上不良现象的。而且修好后，并无柴油机高温开锅现象。再次试机观察。认为可能是某缸活塞环损坏或发卡等问题。为此，决定分解柴油机。

在分解过程中发现，各个汽缸套上部及活塞顶部都严重积炭，而且有三个汽缸套可以随着缸内活塞的上升同时上升，这表明汽缸套下部与机体承孔的配合过松。

根据此情况，为防止汽缸套阻水圈部位发生向油底壳内漏水的问题。又决定将六个汽缸套全部取下，更换新的阻水圈。并向阻水圈部位涂抹密封胶，以提高此处的防漏水性。将六个活塞全部取出，并取出六个汽缸套后，经仔细检查发现有如下问题：

① 六个活塞的第一道活塞环槽上、下面磨损都较大。

② 检查到第4缸时，实测该缸内径尺寸大于其他缸0.05mm。而且在仔细观察其缸套内表面状况时，经过光线的反射，可以看到缸套内表面有右向倾斜的8条很窄的磨痕。这种现象说明，该汽缸筒内表面加工精度较差，内圆圆弧几何形状存在跳动波浪曲面。

根据第4缸的实际状况，对其他缸再作类似检查。发现第1、6缸的汽缸套内也存在一些磨痕线，只是相对第4缸较轻微。其余3只汽缸套则正常。

鉴于上述情况，分析认为由于汽缸套内圆几何精度较差，活塞环外圆正常曲面之间存在漏光缝隙，可能是故障引起的根本原因。于是，决定按检测活塞环漏光度的方法，检测汽缸内圆几何形状。结果发现活塞环自身不存在漏光问题，而第1、4、6缸汽缸套则确实存在不同程度的漏光缝隙，且其中尤以第4缸汽缸套问题最严重。在这种情况下，虽然活塞环自身精度较好，汽缸的密封性也不可能得到保证。

重新更换全部汽缸套、阻水圈、活塞及活塞环，并在确认缸内不存在漏光缝隙后再安装试机，故障排除。

应用练习

一、填空题

1. 汽缸体根据其结构形式的不同，可分为________、________和________。

2. 汽缸体内引导活塞作往复运动的圆柱形空腔称为________。

3. 根据是否与冷却水相接触，汽缸套分为________式汽缸套和________式汽缸套。

4. 汽缸盖用来封闭汽缸的上部，并与活塞顶、汽缸壁共同构成________。

二、选择题

1. 发动机各个机构和系统的装配基体是（　　）。

A. 汽缸体　　B. 汽缸盖　　C. 曲轴箱　　D. 齿轮箱

2. 发动机汽缸体的材料通常为（　　）。

A. 铸铁　　B. 陶瓷　　C. 铜

3. 汽缸的最大磨损部位是（　　）。

A. 活塞位于上止点时第一道环对应部位　　B. 活塞位于下止点时第一道环对应部位

C. 汽缸上边　　D. 汽缸下边

4. 可以通过测量（　　），判断发动机汽缸的磨损程度。

A. 直线度和同轴度　　B. 垂直度和圆跳动

C. 圆度和圆柱度　　D. 平面度和平行度

5. 汽缸的横向磨损大的最主要原因是（　　）。

A. 黏着磨损　　B. 磨粒磨损　　C. 侧压力　　D. 腐蚀磨损

6. 湿式汽缸套压入后，与汽缸体上平面的关系是（　　）。

A. 高出　　B. 相平　　C. 低于

三、判断题

1. 铝合金汽缸盖必须在发动机热态下拧紧，而铸铁汽缸盖则应在发动机冷态下拧紧。（　　）

2. 柴油机一般采用干缸套。（　　）

3. 当缸套装入汽缸体时，一般缸套顶面应与汽缸体上面平齐。（　　）

4. 在柴油机的汽缸盖上，除设有进排气门座外，还设有火花塞座孔。（　　）

5. 为了使铝合金活塞在工作状态下接近一个圆柱形，冷态下必须把它做成上大下小的锥体。（　　）

四、简答题

1. 汽缸体的结构形式有哪几种？各有何优缺点？

2. 如何检查汽缸体裂纹？汽缸体裂纹如何修理？

3. 何为干式缸套与湿式缸套？湿式缸套如何防止漏水？

4. 如何检验汽缸的磨损？

5. 如何确定汽缸的修理尺寸及汽缸的镗削量？

6. 怎样正确地拆装汽缸盖？

任务三　活塞连杆组的构造与检修

教学前言

1. 教学目标

（1）掌握发动机曲柄连杆机构活塞连杆组的机构组成；

（2）掌握发动机曲柄连杆机构活塞连杆组的拆卸、检测、装配；

（3）掌握检测工具和专用工具的使用。

2. 教学要求

（1）常用工程机械柴油机四缸或六缸发动机台架；

（2）常用工程机械维修工具、检测工具、专用工具；

（3）工程机械维修场地、布置、管理；

（4）PPT 课件（图片或动画或实拍）。

3. 引入案例（维修实例分析）

WD615 柴油机排气冒蓝烟故障诊断。

系统知识

活塞连杆组用来将燃烧过程中获得的动力传递给曲轴，如图 2-28 所示。活塞连杆组由活塞、活塞环、活塞销和连杆等主要机件组成，如图 2-29 所示。

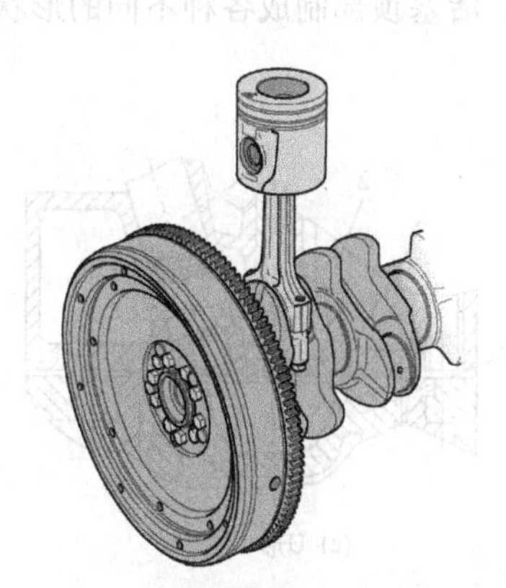

图 2-28　活塞连杆组与曲轴的连接

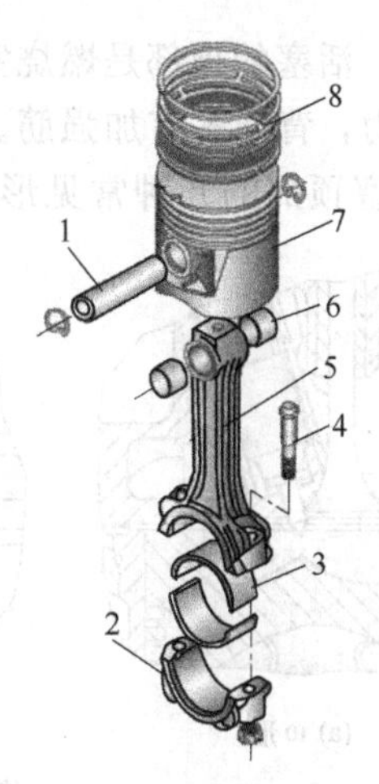

图 2-29　活塞连杆组

1—活塞销；2—连杆盖；3—连杆轴瓦；4—连杆螺栓；5—连杆；6—连杆轴套；7—活塞；8—活塞环

单元一　活塞的构造与检修

一、活塞的构造

1. 活塞的作用与要求

活塞的作用是与汽缸盖和汽缸壁等共同组成燃烧室，承受气体压力，并通过活塞销传给连杆，以推动曲轴旋转。

活塞在工作中要承受气体压力、摩擦力、惯性力及侧压力等交变载荷的作用，同时活塞在工作中接触高温燃气和润滑油。因此要求活塞具有足够的强度和刚度、较轻的质量、小的膨胀量、良好的导热性、耐磨、耐腐蚀等性能，并且要求在各种工况下能与汽缸壁之间有合适的间隙。

2. 活塞的材料

目前活塞广泛采用的是质量轻、导热性能好、膨胀系数小的铝合金材料（如沃尔沃 D5D 型柴油机）。近年来国内外新生产的强化柴油机，活塞又重新采用球墨铸铁或灰铸铁（如小松 SA6D125-1 型柴油机），以提高活塞的强度、刚度，降低其制造成本。

3. 活塞的基本结构

根据其作用，活塞可分为顶部、环槽部、裙部和活塞销座四部分，如图 2-30 所示。

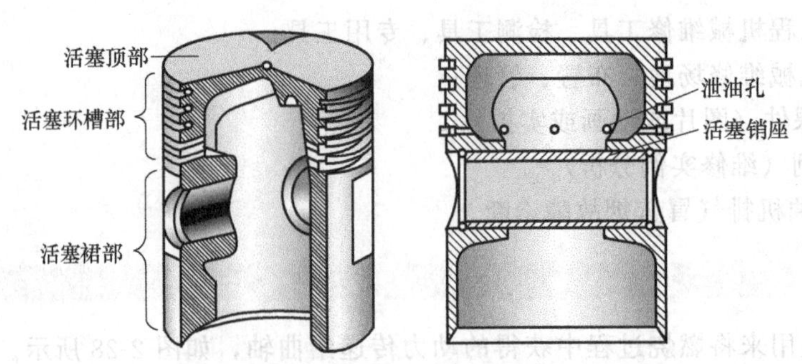

图 2-30　活塞的基本结构

(1) 顶部　活塞的顶部是燃烧室的组成部分，用来承受气体压力。为了提高刚度和强度，并加强散热能力，背面多有加强筋。根据不同的目的和要求，活塞顶部制成各种不同的形状。

柴油机活塞顶部的几种常见形状如图 2-31 所示。

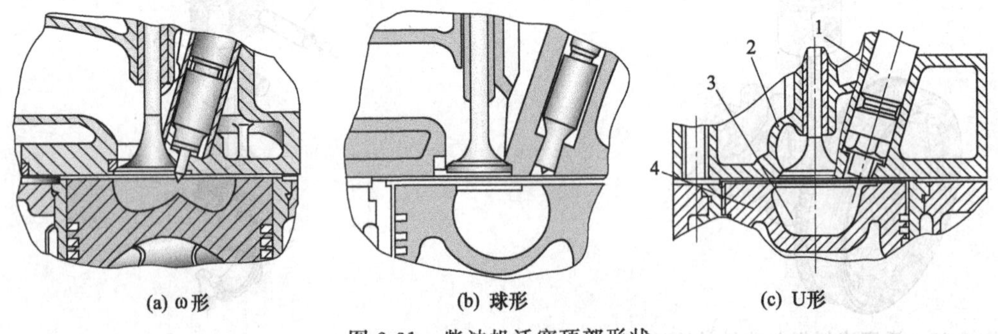

图 2-31　柴油机活塞顶部形状

柴油机活塞顶部形状是根据燃烧室要求设计的。大多数非直喷式柴油机活塞采用平顶或接近平顶结构。如涡流室式和预燃室式燃烧室便采用接近平顶或浅凹坑结构。直喷式柴油机由于可燃混合气形成的需要，活塞顶有不同形状的燃烧室。如 YC6110Q 型柴油机采用花瓣形燃烧室。T815 型及 6135 系列柴油机采用 ω 形燃烧室。燃烧室的形状和尺寸都有一定要求，以保证燃料与空气形成良好的可燃混合气，从而实现完善的燃烧过程。

活塞顶部一般都标有朝前标记，安装活塞时应将此标记朝向发动机前端或飞轮侧，如图 2-32 所示。如沃尔沃 D6、D7 系列的发动机，活塞顶部的标记如图 2-33 所示，而这个标记不是朝向发动机前端，而是朝向发动机飞轮侧，这主要是因为沃尔沃 D6、D7 系列的发动机靠近飞轮侧的缸为第一缸。

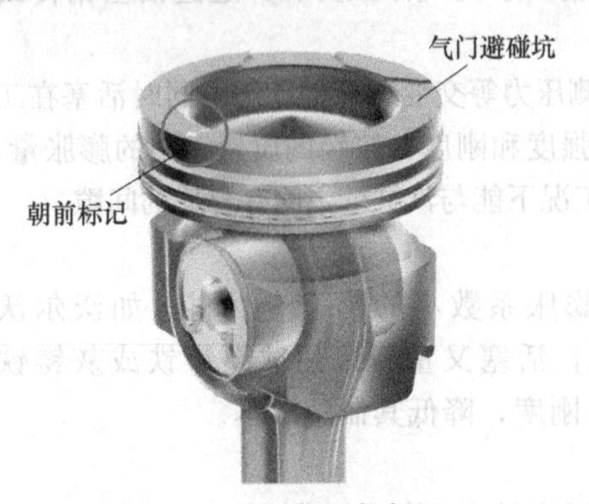

图 2-32　活塞顶部标记

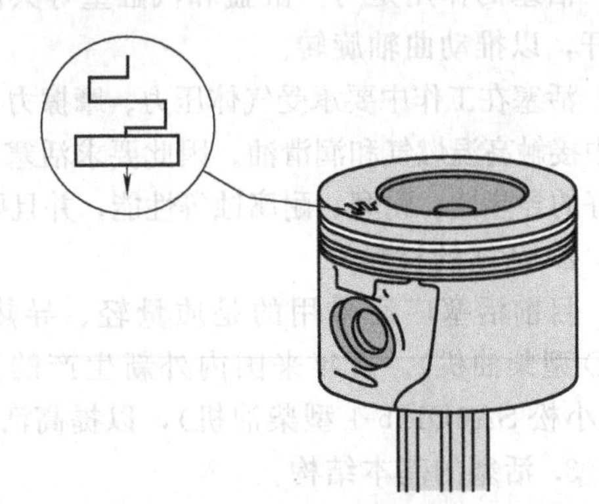

图 2-33　沃尔沃 D6、D7 发动机活塞顶上的标记

活塞顶部还会设有气门避碰坑，如图 2-32 所示，其作用是防止活塞运动到上止点时和气门相碰撞。

（2）环槽部　活塞的环槽部切有若干环槽，用以安装活塞环。它是活塞的防漏部分，两环槽之间称为环岸。

环槽的形状与活塞环断面形状相适应，通常为矩形或梯形。靠顶部的环槽装压缩环（气环），一般为两三道。下面的环槽装油环，一般为一两道。柴油机活塞上大多装有三道活塞环。上面两道为气环，下面一道为油环。油环环槽的槽底圆周上制有若干贯通的泄油孔或泄油槽，油环从缸壁上刮下的多余润滑油，经此流回油底壳。

活塞顶部与活塞环槽统称为活塞头部，有数道环槽安装活塞环用于密封汽缸，防止燃气漏入曲轴箱，同时阻止机油窜入燃烧室。此外还将活塞头部吸收的热量通过活塞环传到汽缸壁，降低活塞顶部的温度。活塞头部较厚，目的是为了加强热传导和活塞头部的刚度、强度，使活塞顶吸收的热量能顺利地传至第二和第三道环处，以减轻第一道环的热负荷。

（3）裙部　活塞的裙部是用来为活塞上下运动导向和承受侧压力的。因而，裙部既要有一定的长度，以保证可靠的导向，又要有足够的面积，以防止活塞对汽缸壁的单位面积压力过大，破坏润滑油膜，加大磨损。

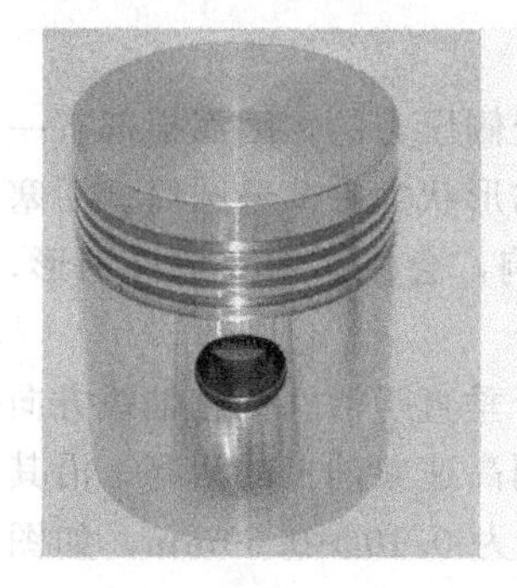

(a) 全裙式

(b) 半拖板式

(c) 拖板式

图 2-34　活塞裙部

裙部的基本形状为一薄壁圆筒，完整的称为全裙式，如图 2-34（a）所示。高速发动机趋于大缸径短行程，并降低发动机的高度。为了避免活塞与曲轴平衡重块相碰，有时也为了减小质量，在保证有足够承压面积的情况下，在活塞不受作用力的两侧，即沿销座孔轴线方向的裙部去掉一部分，形成半拖板式裙部，如图 2-34（b）所示，或者全部去掉，形成拖板式裙部，如图 2-34（c）所示。拖板式裙部弹性较大，可以减小活塞与汽缸壁间的装配间隙。

（4）活塞销座　活塞销座是活塞与活塞销的连接部分，位于活塞裙部的上部，为厚壁圆筒结构，用以安装活塞销。活塞所承受的气体压力、惯性力都是通过销座传给活塞销的。为了限制活塞销的轴向窜动，大部分活塞在销座孔内接近外端面处开有卡环槽，用以安装卡环。两卡环之间的距离大于活塞销的长度，使卡环与活塞销端面之间留有足够的间隙，以防冷却过程中活塞的收缩大于活塞销的收缩而将卡环顶出。销座孔有很高的加工精度，并且分组与活塞销选配，以达到高精度的配合，销座孔的尺寸分组通常用色漆标于销座下方的外表面。

为了销座孔的润滑，有些销座上钻有收集润滑油的小孔。

4．活塞的其他结构

(1) 温控结构　为了防止活塞顶部和第一道环槽的温度过高，可采用多种措施来降低活塞温度，喷油冷却即为常用的方法。T815 系列、YC6105QC 型柴油机采用由连杆小头向活塞内腔顶部喷射润滑油的办法［图 2-35 (a)］，WD615 系列、YC6110Q 型、沃尔沃系列柴油机在汽缸体下部设有专门的喷嘴，在活塞运行到下止点时向活塞内腔顶部喷射机油［图 2-35 (b)、图 2-36］，降低活塞的温度。

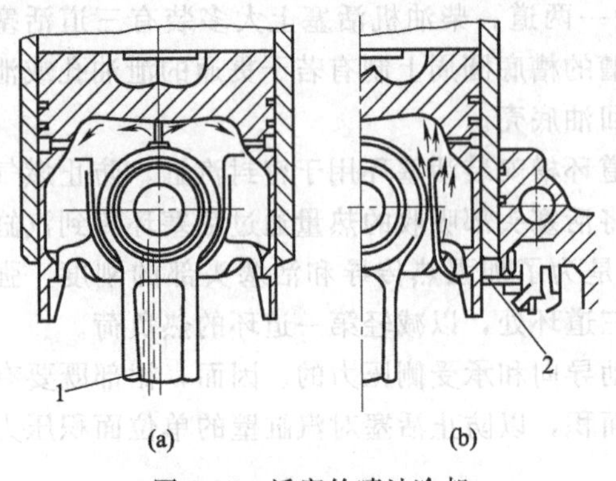

图 2-35　活塞的喷油冷却

1—杆身油道；2—专用喷嘴

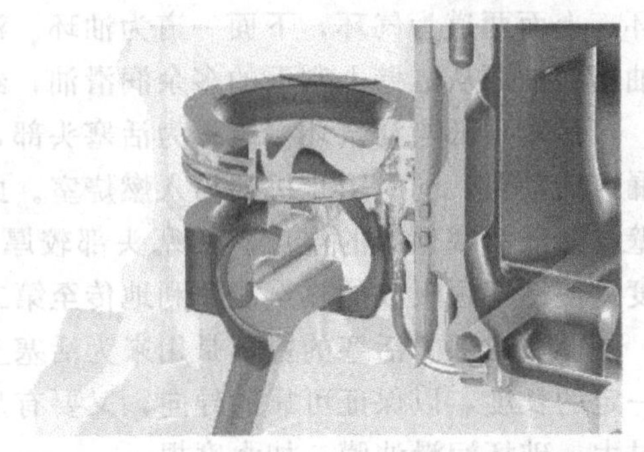

图 2-36　沃尔沃系列发动机活塞的喷油冷却装置

(2) 应对活塞变形的结构　活塞裙部是为活塞运动导向和承受侧压力的，因而裙部有一定的长度，以保证可靠的导向和足够的承压面积。裙部的基本结构形状为一薄壁圆筒。活塞在工作时由于承受气体的压力、侧压力及受活塞热膨胀冷缩的影响，会使活塞变成椭圆形，如图 2-37 所示。

为了使活塞呈圆形，所以将活塞加工成反椭圆形，其长轴位于垂直于活塞销座轴线方向上，以保持活塞变形后圆周间隙比较均匀。现代车用及工程机械用高速柴油机的活塞，沿其高度根据其各处膨胀量的大小和方向，有不同的椭圆度，一般 e 为 0.10～0.60mm，如图 2-38所示。

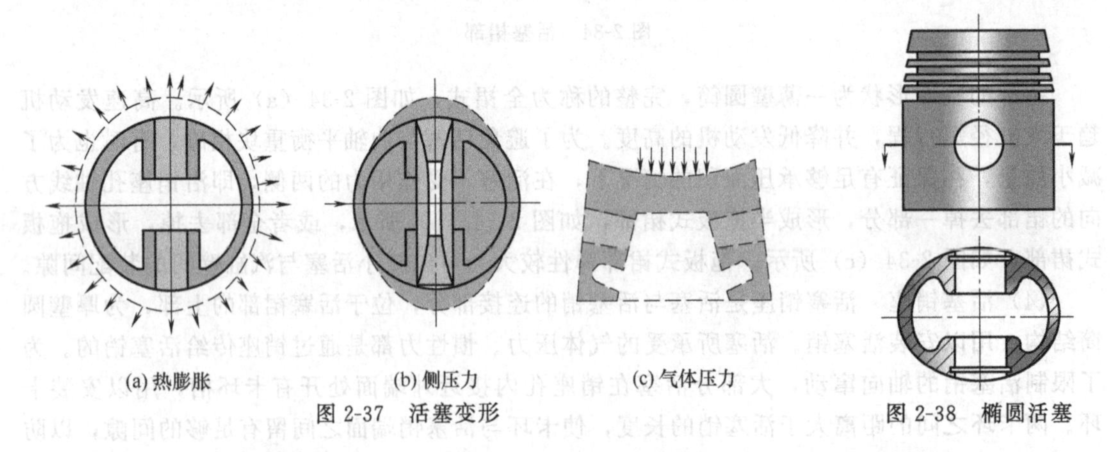

图 2-37　活塞变形

图 2-38　椭圆活塞

活塞的温度分布是不均匀的，由顶部到裙部温度逐渐降低，会导致在发动机工作时，活塞头部的膨胀量大于裙部，自上而下膨胀由大而小。因此，柴油机活塞的外径尺寸沿高度方向上做成上小下大的截锥形或阶梯形（如图 2-39 所示），使活塞在热状态时与汽缸形状吻合。

为了控制铝合金活塞受热后的膨胀量，在活塞销座和裙部内镶人钢制骨架（图 2-40），阻止活塞裙部的热膨胀。这种活塞亦称自动热控活塞。它可以减小活塞裙部与汽缸的配合间隙，降低柴油机噪声，特别是在冷却水温度较低时，降低噪声效果更为显著。

(3) 偏置销座　活塞销座通常用加强筋与活塞内壁相连，以提高其刚度。销座孔内有安装卡环的卡环槽。销座中心线一般都在活塞中心线的平面内，也有的柴油机将销孔中心偏离活塞中心，如T815系列和WD615系列柴油机，以减少活塞对汽缸的冲击和噪声，提高柴油机的动力性。

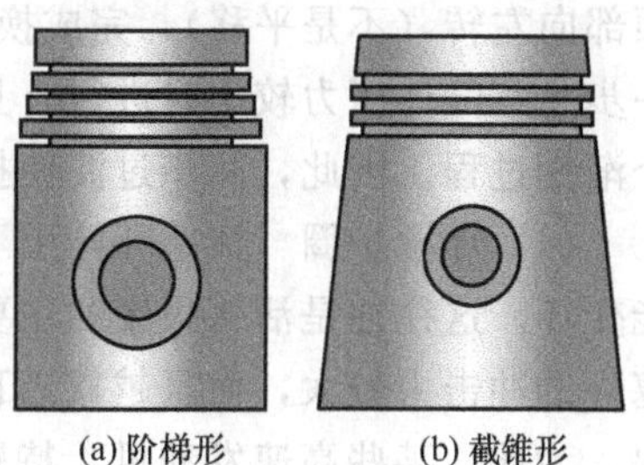

图 2-39　上小下大的活塞

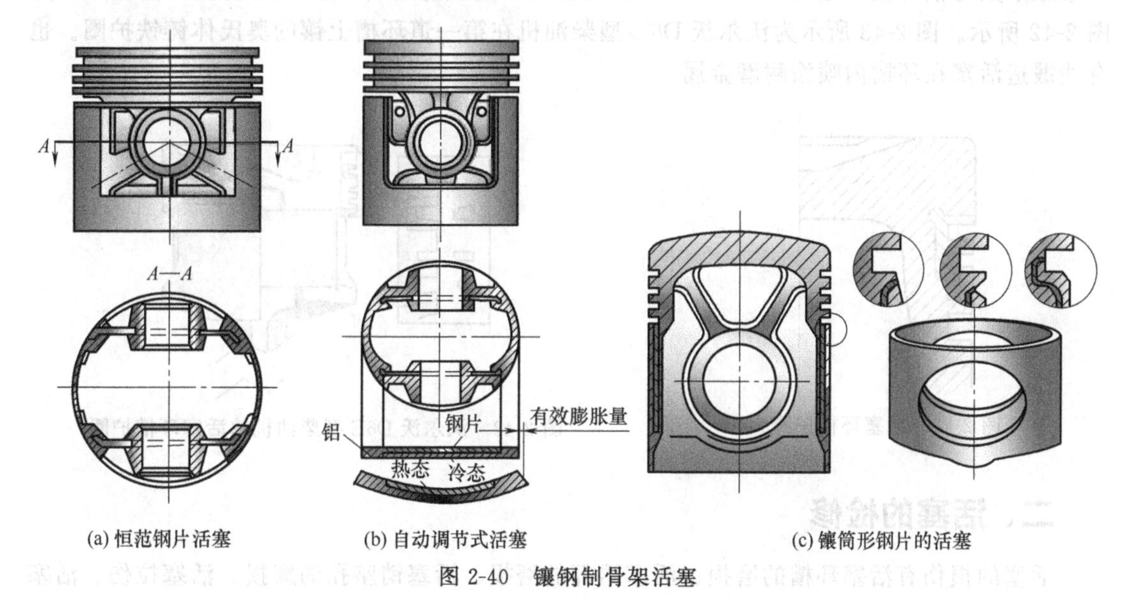

图 2-40　镶钢制骨架活塞

一般发动机活塞的销座轴线与活塞的中心线垂直相交，当活塞在上止点改变运动方向时，由于侧压力瞬间换向，使活塞与缸壁的接触面突然由一侧平移至另一侧，如图2-41 (a) 所示，便产生活塞对汽缸壁的拍击（俗称敲缸），增加了发动机的噪声。因此，高速发动机将活塞销座朝向承受膨胀做功侧压力的一面（图中左侧）偏移1～2mm，如图2-41 (b) 中的e。这样，在接近上止点时，作用在活塞销座轴线右侧的气体压力大于左侧，使活塞倾斜，裙部下端提前换向；当活塞越过上止点，侧压力反向时，活塞以左下端接触处为支点，

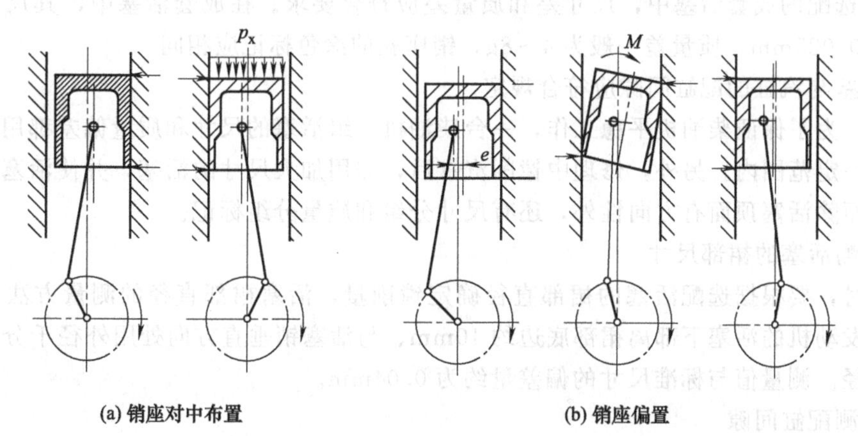

图 2-41　销座位置与活塞的换向过程

顶部向左转（不是平移），完成换向。可见偏置销座使活塞换向延长了时间且分为两步；第一步是在气体压力较小时进行，且裙部弹性好，有缓冲作用；第二步虽气体压力大，但它是个渐变过程。因此，两步过渡使换向冲击大为减弱。

（4）环槽护圈　活塞环槽上下侧面，在工作时产生冲击磨损，使配合间隙增大，密封性能变坏。这往往是活塞报废的主要原因之一。其中，第一、二道环槽因气体压力的作用受活塞环的冲击力较大，而且越靠近顶部温度越高，材料硬度和强度下降越严重，所以磨损也越快。为此，某些高速发动机，特别是强化的柴油机，在第一、第二道环槽或所有的环槽内镶入膨胀系数与铝合金相近的耐磨材料（常用奥氏体铸铁或奥氏体钢），并制成环槽护圈，如图 2-42 所示。图 2-43 所示为沃尔沃 D6E 型柴油机在第一道环槽上镶的奥氏体铸铁护圈。也有些锻造活塞在环槽内喷涂耐磨金属。

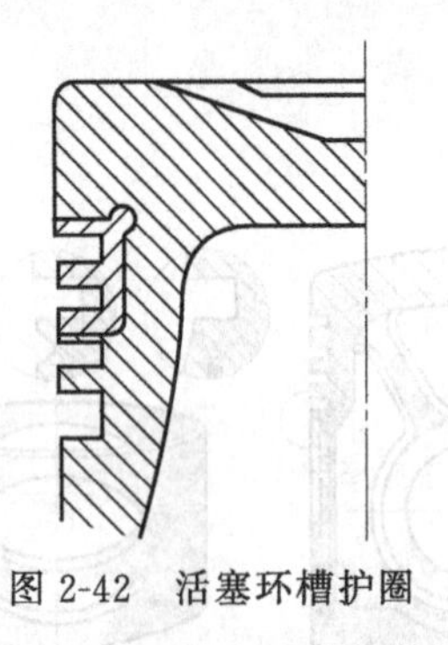

图 2-42　活塞环槽护圈

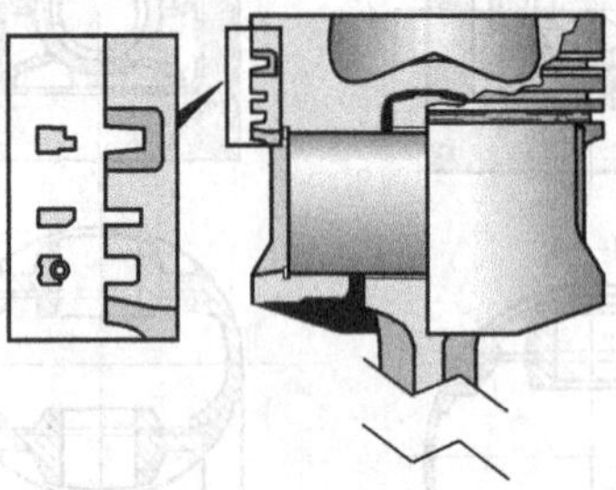

图 2-43　沃尔沃 D6E 型柴油机的活塞环槽护圈

二、活塞的检修

活塞的损伤有活塞环槽的磨损、活塞裙部的磨损、活塞销座孔的磨损、活塞拉伤、活塞烧顶、活塞脱顶等。

1. 活塞的选配

在发动机大修或更换汽缸体（或汽缸套）时，应根据汽缸的标准尺寸或修理尺寸同时更换活塞，选配活塞时要注意以下几点：

① 各缸应选用同一修理尺寸和同一分组尺寸的活塞。

② 同一发动机必须选用同一厂牌的活塞。

③ 在选配的成套活塞中，尺寸差和质量差应符合要求。在成套活塞中，其尺寸差一般为 0.02～0.025mm，质量差一般为 4～8g，销座孔的涂色标记应相同。

④ 活塞与汽缸的配缸间隙应符合规定。

注意：为了保证柴油机平稳工作，一台柴油机一组活塞的尺寸和质量偏差都用分组选配法控制在一定范围内。另外，修理中镗削汽缸后，需用加大尺寸的活塞，并使活塞与汽缸相对应。因而除活塞顶面有方向性外，还有尺寸分组和质量分组标记。

2. 检测活塞的裙部尺寸

镗缸时，要根据选配活塞的裙部直径确定镗削量，活塞裙部直径的测量方法如图 2-44 所示。在发动机的活塞下部离裙部底边约 10mm、与活塞销垂直方向处用外径千分尺测量活塞裙部直径。测量值与标准尺寸的偏差量约为 0.04mm。

3. 检测配缸间隙

活塞与汽缸壁之间的间隙称为配缸间隙（如图 2-45 所示），此间隙应符合标准。发动机配缸间隙为0.045mm。检测时可用量缸表测量汽缸的直径，用外径千分尺测量活塞的直径，两者之差即为配缸间隙。

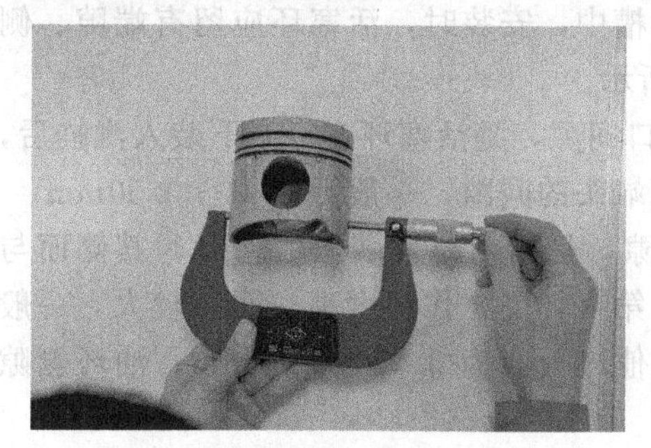

图 2-44　活塞裙部尺寸的测量

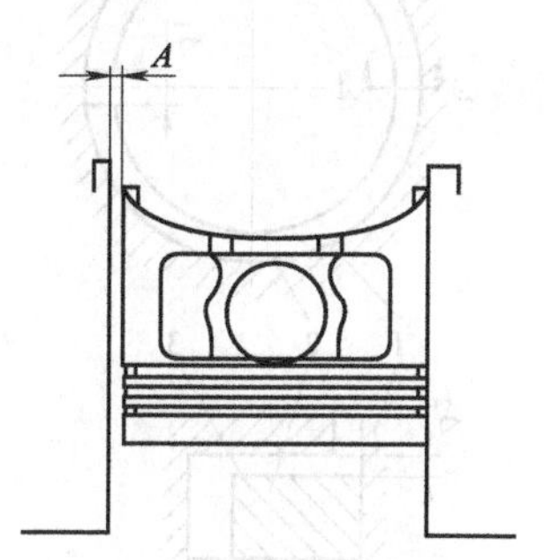

图 2-45　配缸间隙的检测
A—活塞与汽缸壁之间的间隙

单元二　活塞环的结构与检修

一、活塞环的结构

1. 活塞环的功用与分类

按功用不同，活塞环可分为气环和油环两种。

气环的作用是保证活塞与汽缸壁间的密封，防止高温、高压的燃气漏入曲轴箱，同时将活塞顶部的热量传导到汽缸壁，再由冷却液或空气带走。气环为一带有切口的弹性片状圆环，在自由状态下，气环的外径略大于汽缸的直径，当环装入汽缸后，产生弹力使环压紧在汽缸壁上，其切口具有一定的间隙，如图 2-46（a）所示。一般发动机每个活塞上装有2～3道气环。

油环用来刮除汽缸壁上多余的润滑油，并在汽缸壁上布上一层均匀的油膜。这样可以防止机油窜入燃烧室燃烧，又可以减小活塞、活塞环与汽缸的磨损和摩擦阻力。此外油环也起到密封的辅助作用。通常发动机上有1～2道油环。

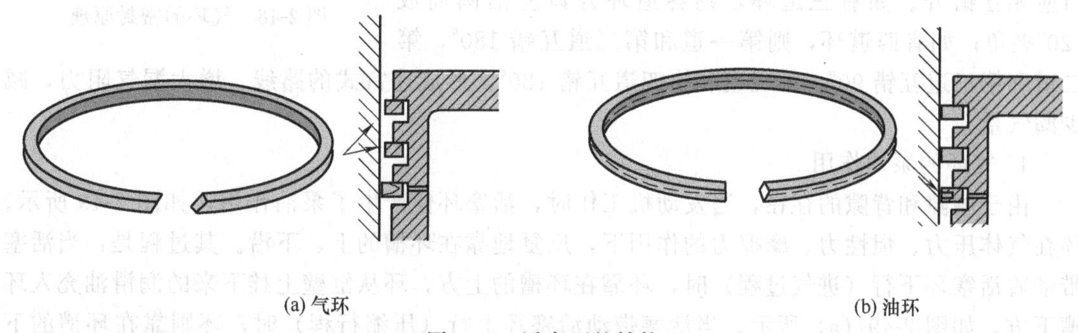

图 2-46　活塞环的结构

由于活塞环也是在高温、高压、高速及润滑困难的条件下工作，且运动情况复杂，因此要求其材料应有良好的耐热性、导热性、耐磨性、磨合性、韧性及足够的强度和弹性。目前，活塞环的材料采用优质铸铁、球墨铸铁、合金铸铁，并对第一道环甚至所有环实行工作表面镀铬或喷钼处理，提高耐磨性。

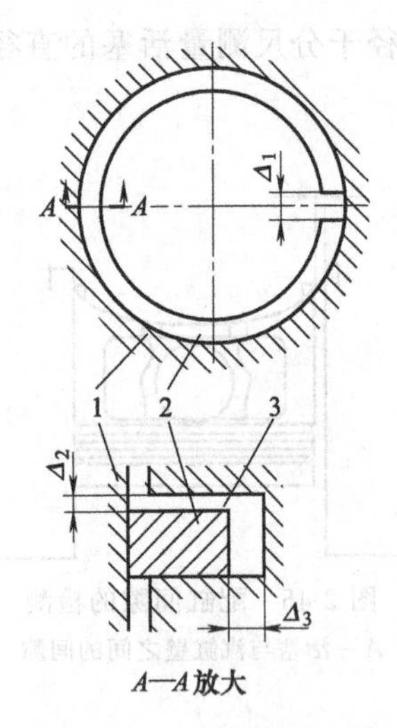

图 2-47　活塞环的间隙

1—汽缸；2—活塞环；3—活塞

2. 活塞环的间隙

发动机工作时，活塞、活塞环都会发生热膨胀，为防止环卡死在缸内或胀死在环槽中，安装时，活塞环应留有端隙、侧隙和背隙，如图 2-47 所示。

端隙 Δ_1 又称为开口间隙，是活塞环在冷态下装入汽缸后，该环在上止点时环的两端头的间隙，一般为 0.25～0.50mm。

侧隙 Δ_2 又称为边隙，是指活塞环装入活塞后，其侧面与活塞环槽之间的间隙。第一环因工作温度高，间隙较大，一般为 0.04～0.10mm，其他环一般为 0.03～0.07mm，油环侧隙较气环小。

背隙 Δ_3，是活塞及活塞环装入汽缸后，活塞环内圆柱面与活塞环槽底部间的间隙，一般为 0.50～1.00mm。油环背隙较气环大，以增大存油间隙，利于减压泄油。

3. 气环的密封原理

活塞环在自由状态下不是圆环形，其外形尺寸比汽缸内径大，因此，它随活塞一起装入汽缸后，便产生弹力而紧贴在汽缸壁上，形成第一密封面，使燃气不能通过环与汽缸接触面的间隙。活塞环在燃气压力作用下，压紧在环槽的下端面上，形成第二密封面，于是燃气绕流到环的背面，并发生膨胀，其压力降低。同时，燃烧压力对环背的作用力 F_2 使环更紧地贴在汽缸壁上，形成对第一密封面的第二次密封，如图 2-48 所示。

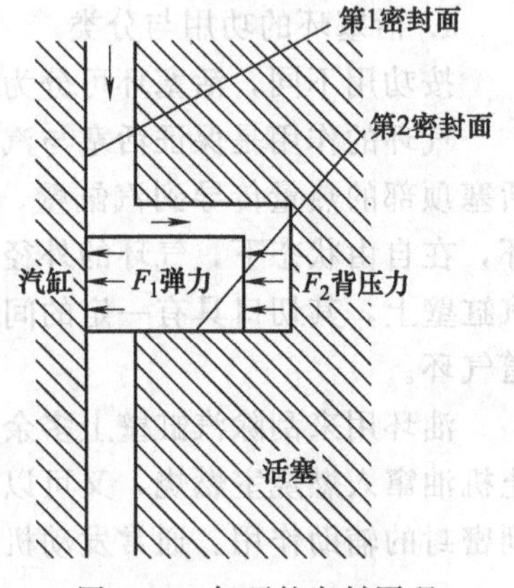

图 2-48　气环的密封原理

燃气从第一道气环的切口漏到第二道气环的上平面时压力已有所降低，又把这道气环压贴在第二环槽的下端面上，于是，燃气又绕流到这个环的背面，再发生膨胀，其压力又进一步降低。如此下去，从最后一道气环漏出来的燃气，其压力和流速已大大减小，因而漏气量也就很少了。

为减少气体泄漏，将活塞环装入汽缸时，各道环的开口应相互错开。如有三道环，则各道环开口应沿圆周成 120°夹角；如有四道环，则第一道和第二道互错 180°，第二道和第三道互错 90°，第三道和第四道互错 180°，形成迷宫式的路线，增大漏气阻力，减少漏气量。

4. 气环的泵油作用

由于侧隙和背隙的存在，当发动机工作时，活塞环便产生了泵油作用，如图 2-49 所示。环在气体压力、惯性力、摩擦力的作用下，反复地靠在环槽的上、下沿。其过程是：当活塞带动着活塞环下行（进气过程）时，环靠在环槽的上方，环从缸壁上挂下来的润滑油充入环槽下方，如图 2-49（a）所示。当活塞带动活塞环上行（压缩行程）时，环则靠在环槽的下方，同时将油挤压到环槽的上方，如图 2-49（b）所示。如此反复运动，就将油泵到活塞顶。

活塞环的泵油作用，一方面对润滑困难的汽缸是有利的。而另一方面随发动机转速的日益提高，泵油作用加剧，不仅增加了润滑油的消耗，而且会使燃烧室内积炭增多，甚至环槽内形成积炭，挤压活塞环而失去密封性。另外，还加剧了汽缸等构件的磨损。

为此，大多数发动机在结构上采取如下措施，即尽量减少环的数量，气环采取特殊断面形状，油环下设减压腔，气环下面的油环加衬簧或用组合式油环等方法。

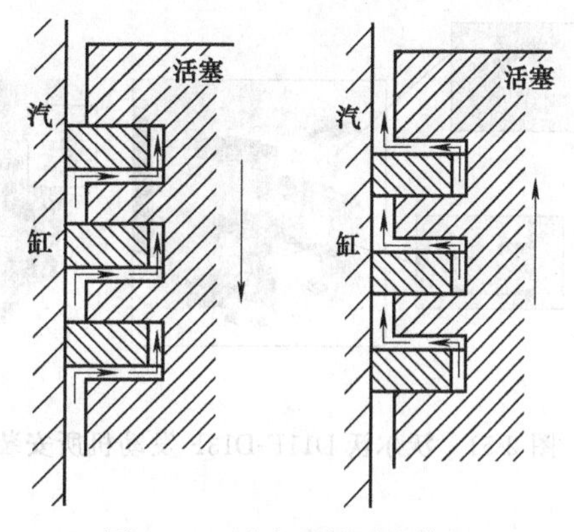

图 2-49　活塞环的泵油作用

5. 气环的种类及特点

为了提高压强和密封，加速磨合，减小泵油和改善润滑（布油和刮油），除合理选择材料及加工工艺外，在构造上出现了许多不同断面形状的气环，常见的有以下几种。

（1）矩形环　如图 2-50（a）所示，断面为矩形，结构简单，制造方便，与缸壁接触面积大，对活塞头部的散热有利。但磨合性能和刮油性能较差，随活塞做往复运动时在环槽内上下窜动，把汽缸壁上的机油不断挤入燃烧室中，产生泵油作用，使机油消耗增加，活塞顶及燃烧室壁面形成积炭。

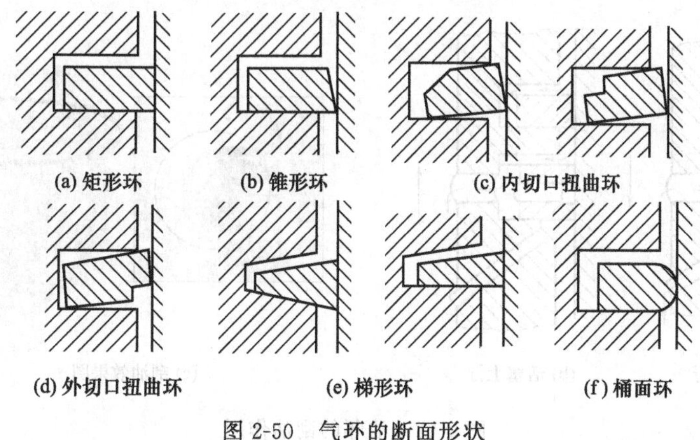

图 2-50　气环的断面形状

（2）锥形环　如图 2-50（b）所示，外圆面为锥角很小的锥面，与缸壁是线接触，有利于磨合和密封。另外，这种环在活塞下行时有刮油作用，上行时有布油作用。安装这种环只能按图示方向安装。为避免装反，在环端上侧面标有记号（“向上”或“TOP”等）。

（3）扭曲环　如图 2-50（c）、（d）所示，是在矩形环的内圆上边缘或外圆下边缘切去一部分，形成断面不对称。装入汽缸后，由于弹性内力的作用使断面发生扭转，从而使环的边缘与环槽的上、下端面接触，防止了活塞环在环槽内上下窜动而造成的泵油作用，同时还增加了密封性，易于磨合，并具有向下的刮油作用。扭曲环在安装时，必须注意环的断面形状和方向，应将其内圆切槽向上，外圆切槽向下，不能装反；当然如果是在扭曲环的一侧面上标有朝上标记时，这时扭曲换的安装方向应以朝上标记为准；如图 2-51 所示，沃尔沃 D11F～D13F 发动机活塞上的第二道扭曲环按活塞环朝上标记安装，内切口朝下。

（4）梯形环　如图 2-50（e）所示，断面为梯形，抗黏结性好，当活塞受侧压力的作用而改变位置时，环的侧隙相应地发生变化，使沉积在环槽中的结焦被挤出，避免了环被粘在环槽中而失效，常用于热负荷较高的柴油机第一道环。

（5）桶面环　如图 2-50（f）所示，外圆面为外凸圆弧形，其密封性、磨合性及对汽缸

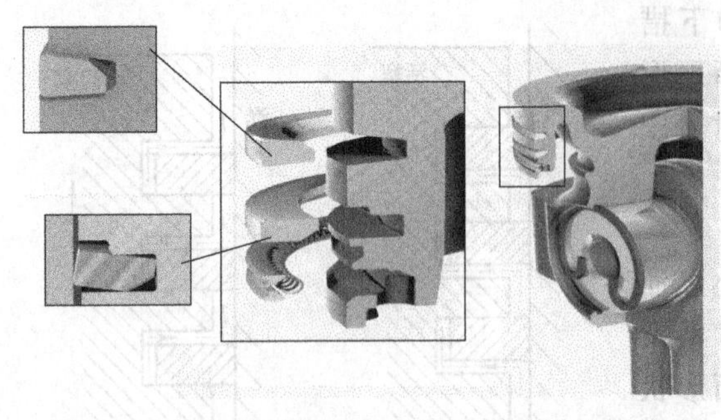
图 2-51　沃尔沃 D11F-D13F 发动机所安装活塞环

壁表面形状的适应性都比较好。当活塞上、下运动时，桶面环均能形成楔形间隙，使机油容易进入摩擦面，从而使磨损大为减少，但圆弧表面加工较困难。

如图 2-51 所示为沃尔沃 D11F～D13F 发动机活塞上所用的活塞环，第一道气环为梯形环，并在梯形环的内侧切了一个斜槽，这样有利于高压气体从燃烧室进入环的背隙，以增强第一道环对汽缸壁的径向压力，从而增强其密封性能；第二道汽环为扭曲环；第三道为整体式油环。

6. 油环的种类及特点

无论活塞上行或下行，油环都能将汽缸壁上多余的机油刮下来经活塞上的回油孔流回油底壳。油环的刮油作用如图 2-52 所示。目前发动机采用的油环有整体式和组合式两种。

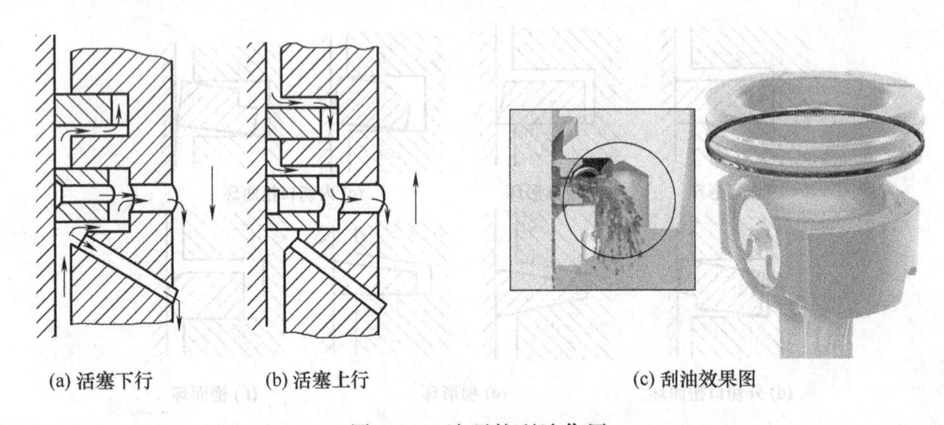

图 2-52　油环的刮油作用

（1）整体式　整体式油环的基本结构和形状如图 2-53（a）所示。为了增加刮油效果，其外圆上切有环形槽，槽底开有若干回油用的小孔或窄槽。

不少发动机将油环减薄，在其背后加装弹性衬簧，如图 2-53（b）所示。这样既保证了对缸壁的压力，又有较好的柔性，改善了对缸壁贴合的适应性。此外，也显著减小了因环面磨损而使弹力下降的影响，从而延长了环的使用寿命。

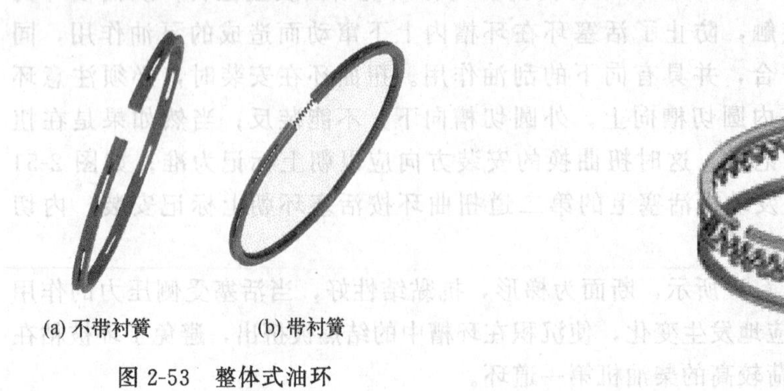

图 2-53　整体式油环

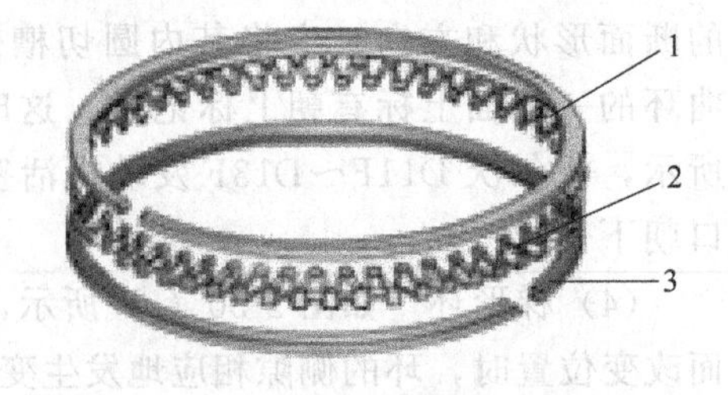

图 2-54　组合式油环

1—上刮片；2—衬簧；3—下刮片

(2) 组合式　组合式油环由起刮油作用的钢片（也叫刮油片）和产生径向、轴向弹力作用的衬簧组成，如图 2-54 所示。它由两片钢片和一个兼起径向、轴向弹力作用的衬簧组成。这种衬簧之所以能产生轴向弹力，是因为自由状态时衬簧和两个钢片的总厚度大于环槽的高度，径向弹力使两钢片分别贴合在环槽上的上、下侧，使第二密封面密封，并消除了侧隙。图 2-54 所示是由四片钢片和径向、轴向两个衬簧组成的组合式油环，片多而薄，顺应性好，而且各片开口错开，更有利于密封。

组合式油环的钢片表面都是镀铬的，否则易产生粘着磨损。由于组合式油环没有侧隙，所以环不能在环槽内浮动，从而关闭了润滑油经背隙和侧隙窜油的通道，再加上其弹力大，三个方向的回油能力强，以及因上下刮片分别动作而适应性强，使刮油效果显著优于整体式，因而组合式油环应用越来越广泛，有取代整体式油环之势。

二、活塞环的检修

活塞环的损伤主要有活塞环的磨损、弹性减弱、断裂等。

1. 活塞环的选配

在发动机大修时应更换所有活塞环，更换时应按汽缸修理级别选用，必须与汽缸、活塞选用同一修理级别的活塞环。在维护和小修中，如需更换活塞环时，选用的活塞环修理尺寸级别应与被更换的活塞环相同，不允许用加大级别的活塞环来代替较小级别的活塞环使用。

为保证活塞环与活塞环槽及汽缸的良好配合，在选配活塞环时，还应检测活塞环间隙、弹力和漏光度，当其中任一项不符合要求时，应重新选配活塞环。

2. 检测活塞环的端隙和侧隙

(1) 端隙

① 将活塞环放在汽缸内，用活塞顶将活塞环推正。

② 如图 2-55 所示，用厚薄规插入活塞环开口处进行端隙检测，其值应符合要求。

(a) 厚薄规

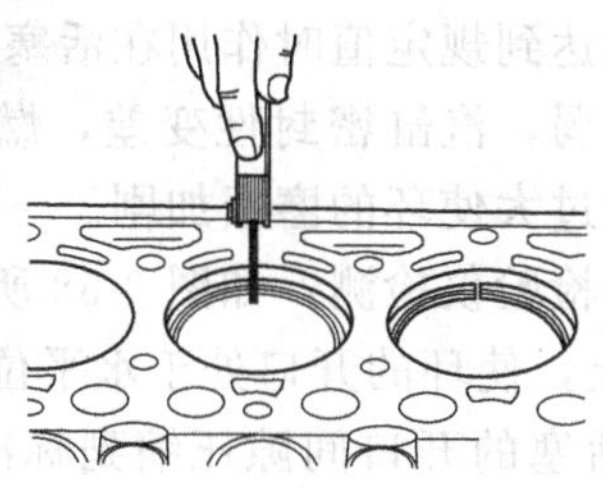

(b) 示意图

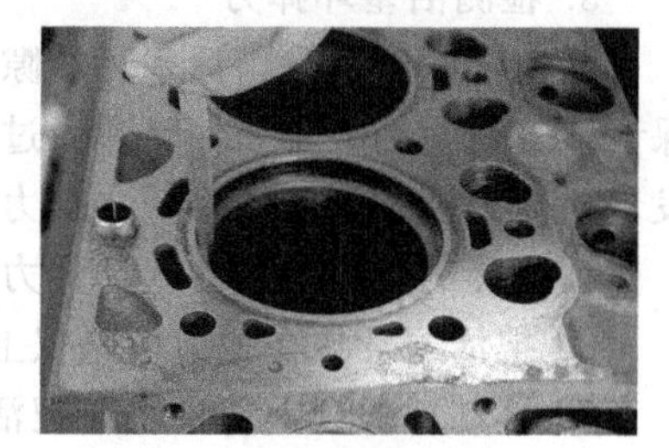

(c) 实物图

图 2-55　活塞环端隙的检测

③ 活塞环端隙大于规定时，应另选活塞环；小于规定时，可对环口的一端加以锉修。锉修时，应注意环口平整，锉修后环外口应去掉毛刺，以防锋利的环口刮伤汽缸。

(2) 侧隙

① 经验法，将活塞环放入环槽内，围绕环槽滚动一周，应能自由滚动，既不松动，又无阻滞现象。

② 用厚薄规按图 2-56 所示的方法测量（也可按图 2-57 所示的方法测量），其值应符合要求。

③ 如侧隙过小，可将活塞环放在有平板的砂布上研磨，不允许加工活塞；如侧隙过大，

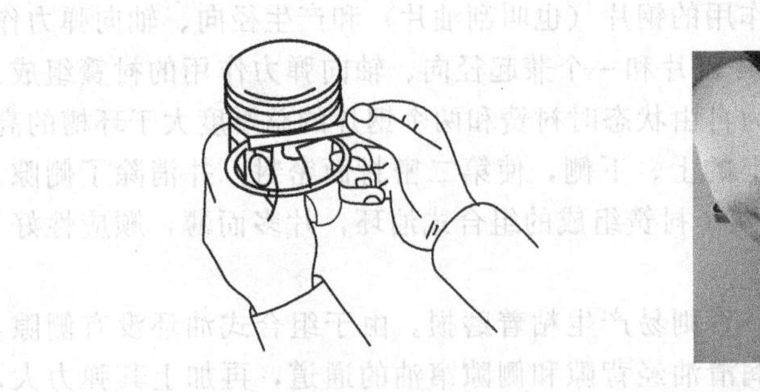

(a) 示意图

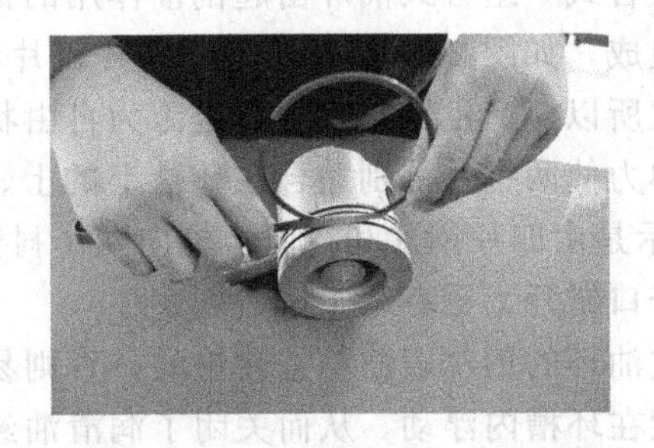

(b) 实物图

图 2-56　活塞环侧隙的检测（一）

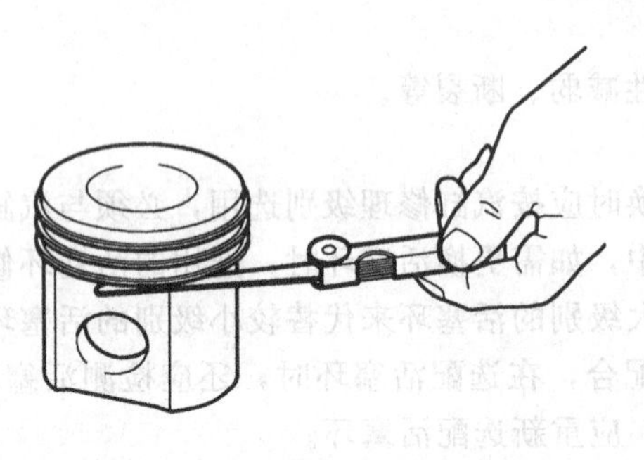

(a) 示意图

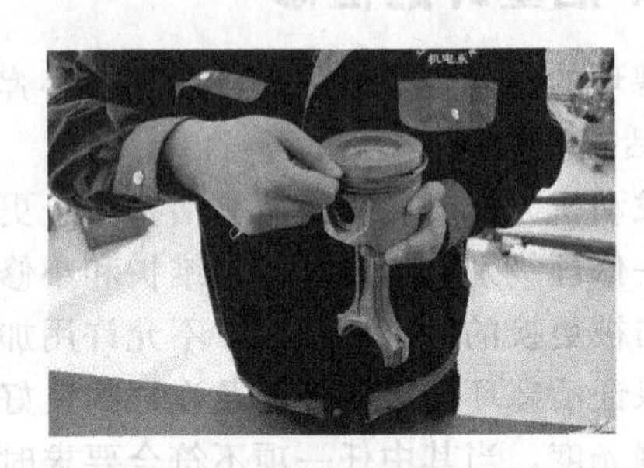

(b) 实物图

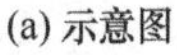

图 2-57　活塞环侧隙的检测（二）

则应另选活塞环。

3. 检测活塞环弹力

活塞环的弹力是指活塞环端隙达到规定值时作用在活塞环上的径向力。活塞环的弹力是保证汽缸密封的必要条件。弹力过弱，汽缸密封性变差，燃料消耗增加，燃烧室积炭严重，发动机动力性、经济性降低；弹力过大使环的磨损加剧。

活塞环的弹力可用活塞环弹力检验仪检测，如图 2-58 所示。

① 把活塞环放在弹力检验仪上，使环的开口处于水平位置。

② 移动检验仪上的量块，把活塞的开口间隙压缩到标准值，观察秤杆上的质量，其值应符合规定的要求。

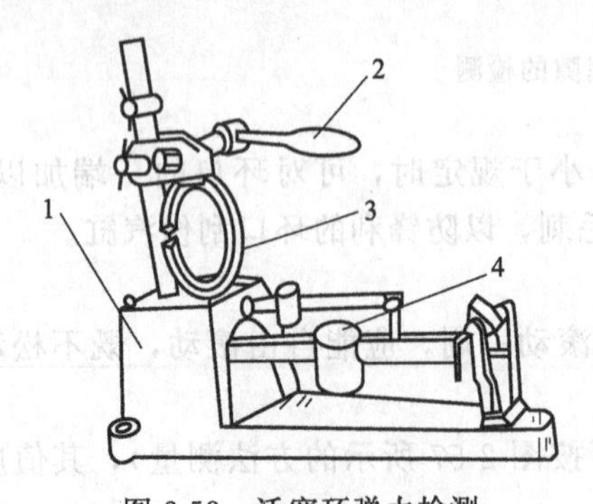

图 2-58　活塞环弹力检测

1—弹力检验仪；2—施压手柄；3—活塞环；4—量块

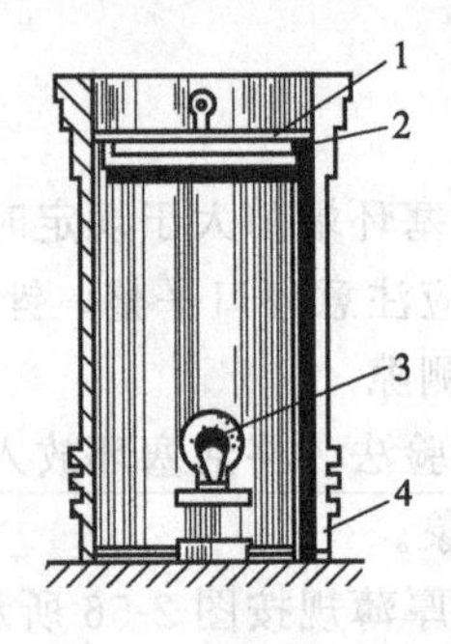

图 2-59　漏光度检测

1—盖板；2—活塞环；3—灯泡；4—缸套

4. 检测活塞环漏光度

活塞环漏光度用于检查活塞环的外圆与缸壁贴合的良好程度。漏光度的检测方法如图2-59所示。

① 将活塞环平正地放入汽缸内，用活塞顶部把它推平。

② 在汽缸下部放置一发亮的灯泡，在活塞环上放一直径略小于汽缸内径、能盖住活塞环内圆的盖板。

③ 从汽缸上部观察活塞环外圆与汽缸壁之间是否漏光。

一般要求活塞环局部漏光每处不大于25°；最大漏光缝隙不大于0.03mm；每环漏光处不超过2个，每环总漏光度不大于45°；在活塞环开口处30°范围内不允许有漏光现象。

5. 活塞环的安装

① 用清洁的机油润滑活塞和裙部，如图2-60（a）所示。

② 用活塞环拆装钳将活塞环安装到相应的活塞环槽内，如图2-60（b）所示。

③ 将环的开口互相错开120°。油环的衬簧开口相对于刮油环开口成180°，如图2-60（c）所示。

④ 注意安装标记应朝上，如图2-60（d）所示。

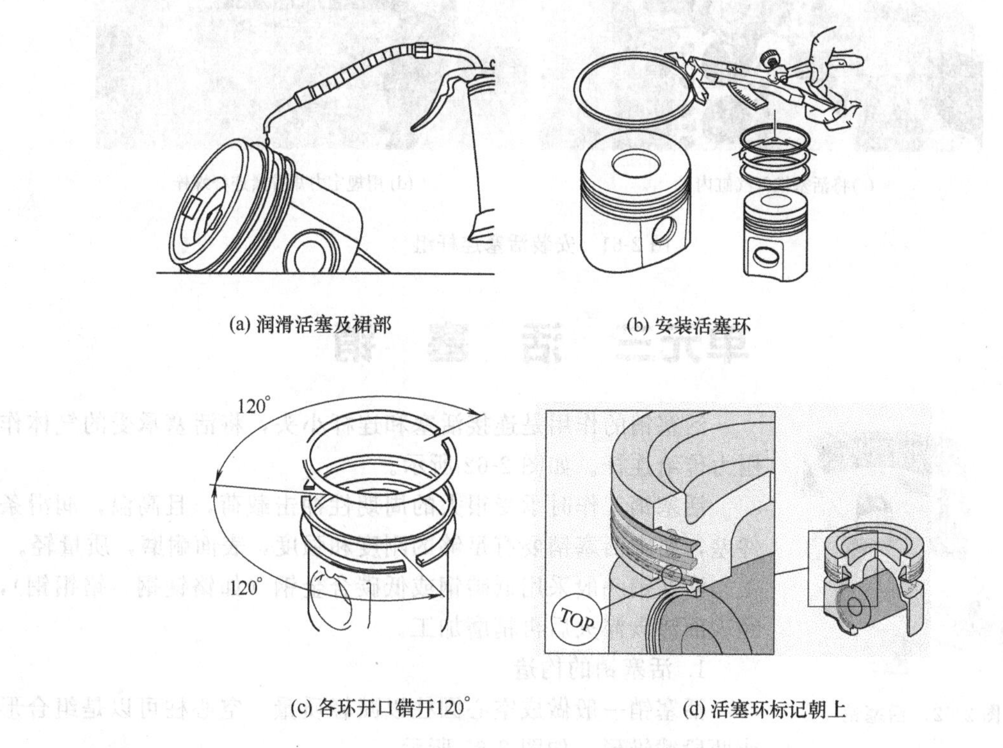

(a) 润滑活塞及裙部　(b) 安装活塞环

(c) 各环开口错开120°　(d) 活塞环标记朝上

图2-60　安装活塞环

6. 活塞连杆组的安装

在活塞环、活塞裙部、连杆小头两侧及连杆轴承上涂上适量机油，根据活塞及连杆上的标记，将活塞连杆组自缸体上方装入各汽缸中，用活塞环卡箍［图2-61（a）］约束活塞环［如图2-61（b）所示］，用手锤木柄或橡胶锤将活塞推入汽缸内［如图2-61（c）所示］，使连杆大头落于曲轴连杆轴颈上，盖上连杆盖，用规定力矩拧紧连杆螺栓，如图2-61（d）所示。

(a) 活塞环卡箍

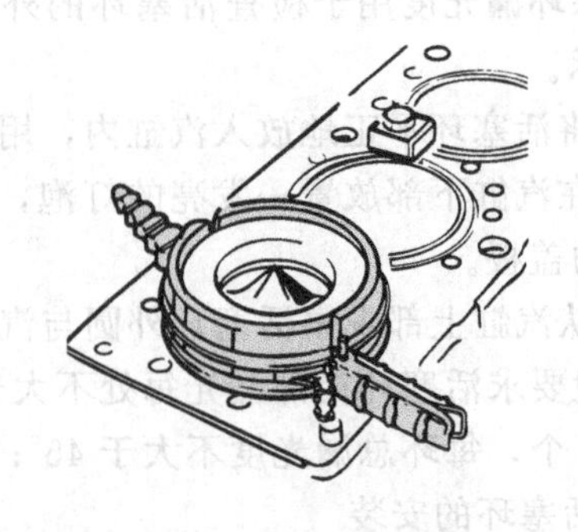

(b) 用活塞环卡箍约束活塞环

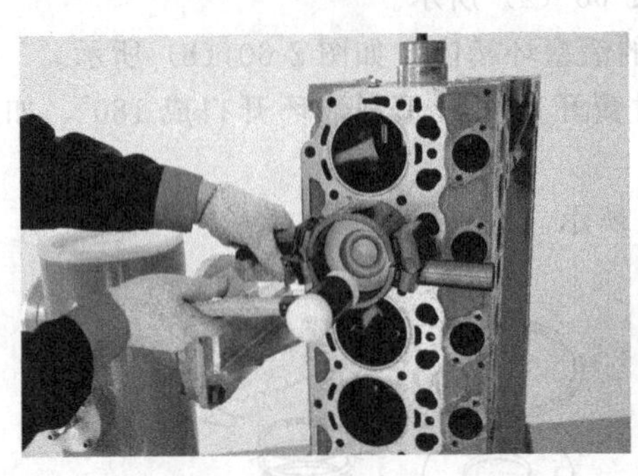

(c)将活塞推入汽缸内

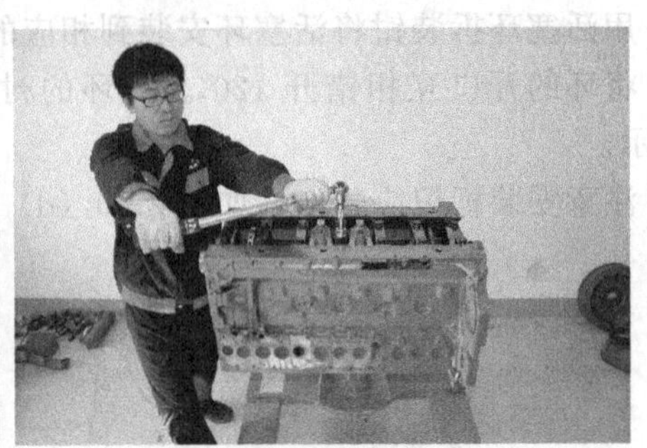

(d) 用规定力矩拧紧连杆螺栓

图 2-61　安装活塞连杆组

单元三　活　塞　销

图 2-62　活塞销

活塞销的作用是连接活塞和连杆小头，将活塞承受的气体作用力传给连杆。如图 2-62 所示。

活塞销工作时承受很大的周期性冲击载荷，且高温，润滑条件差，要求活塞销要有足够的刚度和强度，表面耐磨，质量轻。

活塞销一般采用低碳钢或低碳合金钢（如铬锰钢、铬钼钢），经表面渗碳淬火后再精磨加工。

1. 活塞销的构造

活塞销一般做成空心圆柱以减轻质量。空心柱可以是组合形或两段截锥形，如图 2-63 所示。

2. 活塞销的连接方式

活塞销的连接方式有两种，即全浮式和半浮式，如图 2-64 所示。

全浮式连接是指在发动机工作时，活塞销与销座、活塞销与连杆小头之间都是间隙配合，可以相互转动。这种连接方式增大了实际接触面积，减小了磨损且使磨损均匀，被广泛采用。为防止工作时活塞销从孔中滑出，必须用卡环将其固定在销座孔内。

半浮式连接是指销与座孔或销与连杆小头两处，一处固定，一处浮动。其中大多数采用销与连杆小头固定的方式。可以将活塞销压配在连杆小头孔内，也可将活塞销中部与连杆小

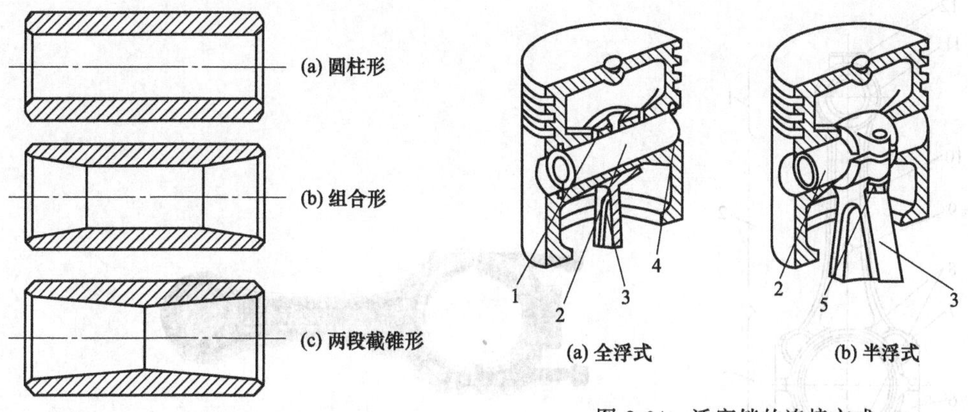

图 2-63　活塞销的内孔形状

图 2-64　活塞销的连接方式

1—连杆衬套；2—活塞销；3—连杆；4—卡环；5—连杆螺栓

头用紧固螺栓连接。这种方式不需要卡环，也不需要连杆衬套。

3. 检修活塞销

下面以沃尔沃 D6E 发动机为例介绍一下活塞销、连杆小头磨损情况及活塞销与连杆小头配合情况的检查。

① 用外径千分尺测量活塞销直径，如图 2-65（a）所示，注意应多个截面、多个方向测量，其正常值应该在 39.994～40mm 之间。

② 将衬套压入连杆小头，按照图 2-65（b）所示在点 1 和点 2 用内径百分表测量连杆小头的轴承衬套在平面 a 和平面 b 的内径，如图 2-65（c）所示，其正常范围值为 40.035～40.045mm。

③ 计算轴承衬套与活塞销的配合间隙。用测得的最大轴承衬套的内径减去测得的最小活塞销直径，得到活塞销与衬套的最大配合间隙，其正常范围为 0.025～0.041mm。

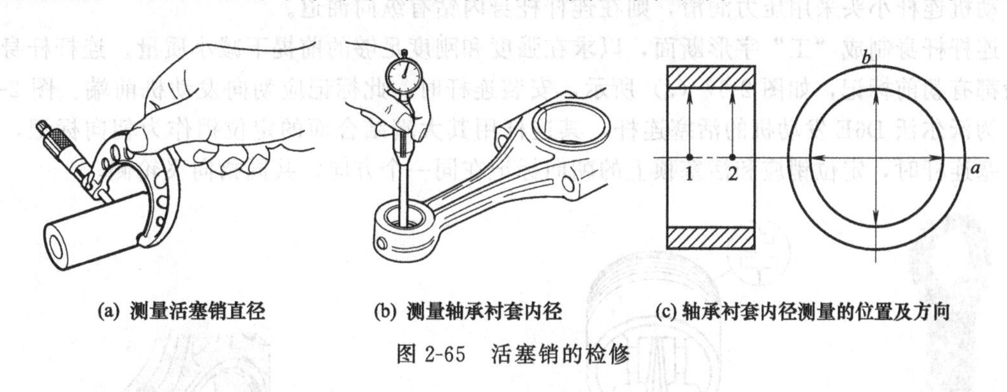

图 2-65　活塞销的检修

单元四　连杆组的构造与检修

一、连杆组的构造

连杆组包括连杆、连杆盖、连杆轴承、连杆螺栓等，如图 2-66 所示。连杆和连杆盖统称为连杆。

连杆工作时要承受活塞销传来的气体压力及本身摆动和活塞往复运动时的惯性力。这些

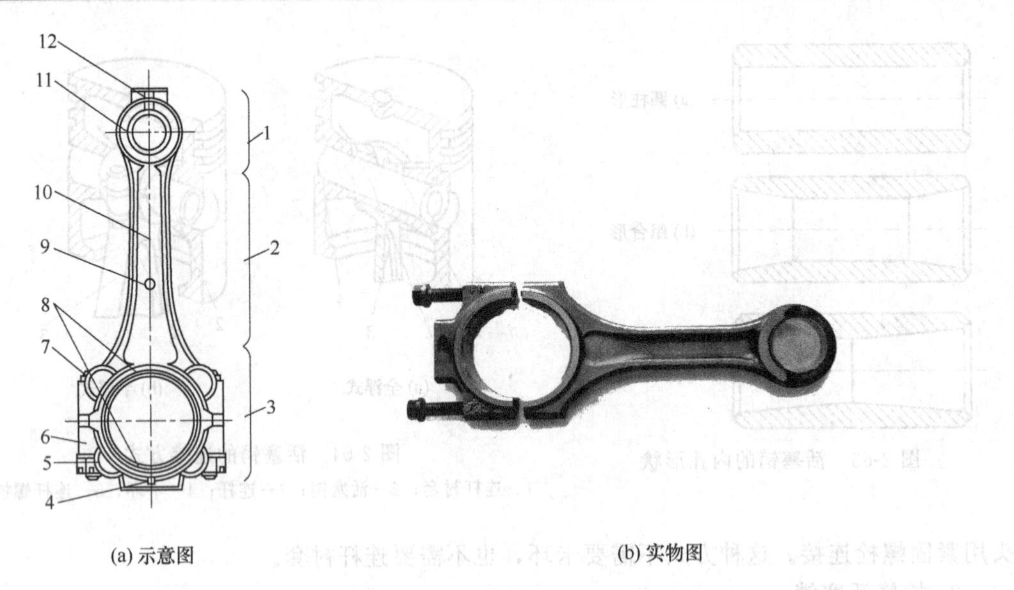

(a) 示意图　　　　(b) 实物图

图 2-66　连杆组

1—小头；2—杆身；3—大头；4,9—装配记号（朝前）；5—螺母；6—连杆盖；7—连杆螺栓；8—轴瓦；10—连杆体；11—衬套；12—集油孔

周期性变化的力使连杆受到拉伸、压缩、弯曲等交变载荷的作用，因而要求连杆要有足够的刚度和强度，质量尽可能小。

连杆一般采用中碳钢或中碳合金钢经模锻成形，然后进行机加工和热处理。

1. 连杆

连杆由小头、杆身和大头三部分组成。连杆小头与活塞销连接。采用全浮式连接时，小头孔中有减摩青铜衬套，小头和衬套上钻有集油槽，用来收集飞溅到的润滑油进行润滑。有些发动机连杆小头采用压力润滑，则在连杆杆身内钻有纵向油道。

连杆杆身制成“工”字形断面，以求在强度和刚度足够的前提下减小质量。连杆杆身上一般都有朝前标记，如图 2-67（a）所示，安装连杆时，此标记应朝向发动机前端。图 2-67（b）为沃尔沃 D6E 发动机的活塞连杆，其连杆用其大端结合面的定位销作为朝向标记，安装活塞连杆时，定位销应和活塞顶上的朝向标记在同一个方向，共同指向飞轮侧。

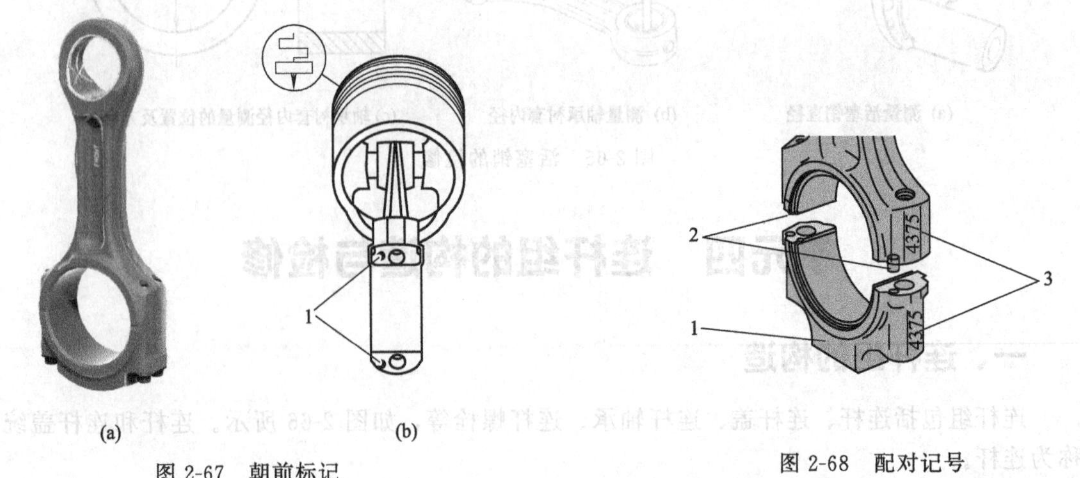

图 2-67　朝前标记

1—定位销

图 2-68　配对记号

1—连杆盖；2—定位销；3—配对记号

连杆大头与曲轴的连杆轴颈连接。为便于安装，连杆大头一般做成剖分式，被分开的部分称为连杆盖，用连杆螺栓紧固在连杆大头上。连杆盖与连杆大头是组合加工的，为防止装配时配对错误，在同一侧刻有配对记号，如图 2-68 所示。

连杆大头按剖分面的方向可分为平切口和斜切口两种。平切口如图 2-69（a）所示，切口的剖分面垂直于连杆轴线。一般连杆大头尺寸小于汽缸直径时，多采用平切口。斜切口连杆大头如图 2-69（b）所示。因为某些发动机连杆大头直径较大，为了拆装时能从汽缸内通过，采用了这种形式。剖分面与杆身中心线一般成 30°～60°（常用 45°）夹角，多用于柴油机。

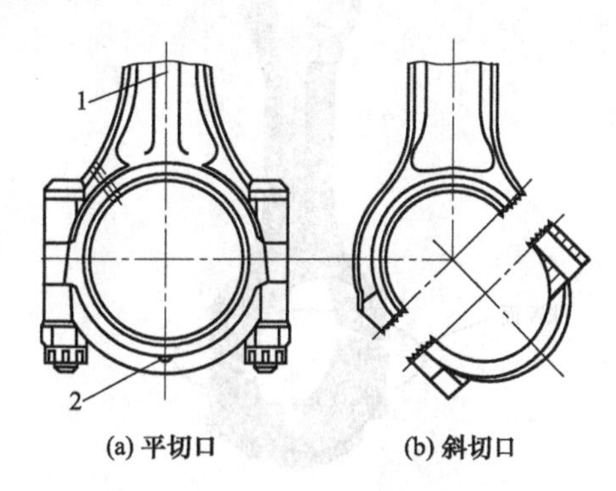

图 2-69　连杆大头剖切形式

1—连杆装配朝前标记；2—连杆盖装配朝前标记

连杆大头剖分面一般会加工一些定位结构，这样可以减轻连杆螺栓的受力，保证连杆大头内孔的正确形状。常见的切口定位方式有以下几种。

① 锯齿形定位。如图 2-70（a）所示，依靠结合面的齿形定位。这种定位方式的优点是贴合紧密，定位可靠，结构紧凑。

② 套或销定位。如图 2-70（b）、（c）所示，依靠套或销与连杆体（或盖）的孔紧密配合定位。这种形式能多向定位，定位可靠。

③ 止口定位。如图 2-70（d）所示，这种形式工艺简单。

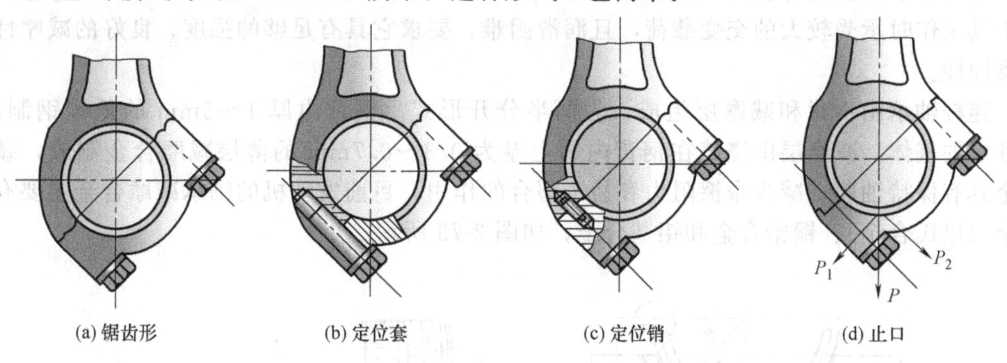

图 2-70　连杆大头定位方式

当然，连杆大头剖分面也有没有加工特殊定位结构的，这时连杆大头与连杆盖的定位采用连杆螺栓定位，如图 2-69（a）所示，它依靠连杆螺栓上的精加工圆柱凸台式光圆柱面部分与经过精加工的螺栓孔来保证定位。这种定位方式精度较差，一般用于不受横向力的平切口连杆，斜切口一般不采用。

另外，现在一种新型的连杆——胀断连杆，在连杆大头剖分面也不用加工特殊定位结构，它是采用胀断工艺将连杆盖从连杆本体上断裂而分离出来，这样装配时连杆大头与连杆盖的分离面完全啮合，连杆盖与连杆大头分离面的结合质量，不需要增压额外的定位装置。如图 2-71 所示为沃尔沃 D13F 型发动机采用的胀断连杆。

有些发动机在连杆大头与杆身连接处，面对汽缸主承压面（面对发动机的左侧）的一侧，钻一喷油孔（直径 1～1.5mm），如图 2-72 所示。当曲轴转至曲柄销的油道口与该喷油孔相对的瞬间（活塞处于上止点附近时），喷出润滑油，以润滑汽缸壁的承压面。喷油孔正好在上止点附近时连通，这样润滑油可以喷射到汽缸的大部分表面上。

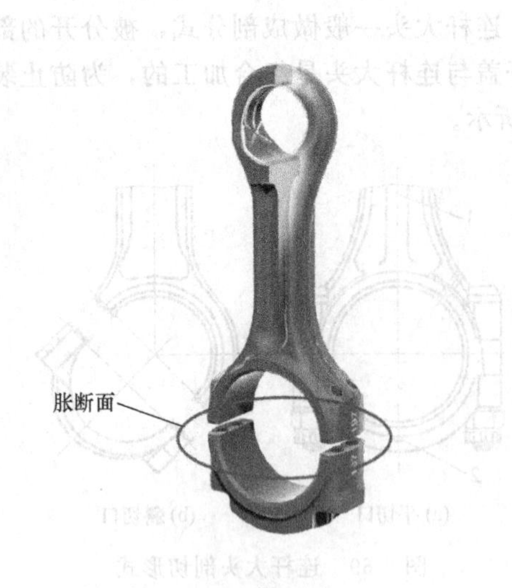

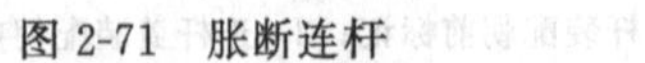

图 2-71　胀断连杆

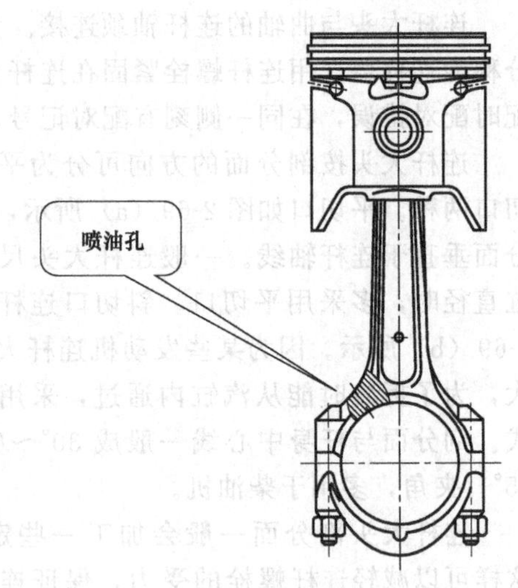

图 2-72　喷油孔

2. 连杆螺栓

连杆螺栓经常承受交变载荷的作用，一般采用韧性较高的优质合金钢或优质碳素钢锻制成形。拆装时，连杆螺栓必须以原厂规定的拧紧力矩，分 2～3 次均匀地拧紧。

3. 连杆轴承

连杆轴承也称连杆轴瓦（俗称小瓦），装在连杆大头内，保护连杆轴颈和连杆大头孔。由于其工作时承受较大的交变载荷，且润滑困难，要求它具有足够的强度、良好的减摩性和耐腐蚀性。

连杆轴承由钢背和减摩层组成，为两半分开形式。钢背由厚 1～3mm 的低碳钢制成，是轴承的基体，减摩层由浇铸在钢背内圆上厚为 0.3～0.7mm 的薄层减摩合金制成，减摩合金具有保持油膜、减少摩擦阻力和易于磨合的作用，目前发动机的轴承减摩合金主要有白合金（巴氏合金）、铜铅合金和铝基合金，如图 2-73 所示。

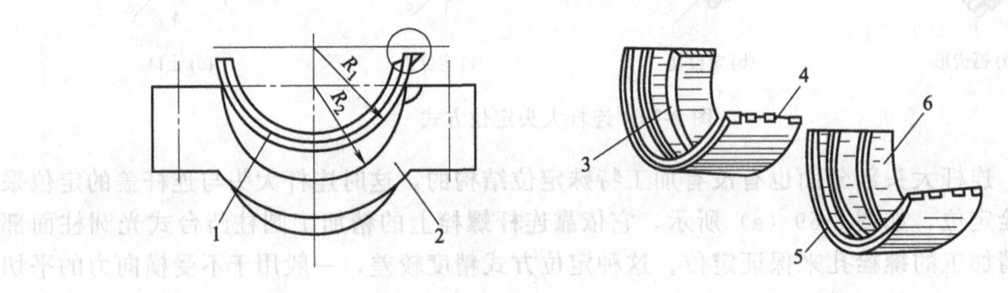

图 2-73　连杆轴承

1—轴承；2—连杆盖；3—油槽；4—定位凸唇；5—钢背；6—减摩合金层

半个连杆轴承在自由状态下并不是半圆形，即 $R_1 > R_2$。当它们装入连杆大头孔内时，由于过盈，故能均匀地紧贴在大头孔壁上及连杆盖上，具有很好的承载和导热能力。在两个连杆轴承的剖分面上，分别冲压出高于钢背面的两个定位凸唇，以防止连杆轴承在工作中发生转动或轴向移动。装配时，这两个凸唇分别嵌入在连杆大头和连杆盖上的相应凹槽中。在连杆轴承内表面上还加工有油槽，用以储油，保证可靠润滑。

二、连杆组的检修

连杆的损伤有杆身的弯曲变形，扭转变形，小头孔、大头侧面的磨损等。

1. 连杆变形的检测

连杆变形的检验在连杆检验仪上进行，如图 2-74 所示。连杆检验仪上的棱形支撑轴能保证连杆大端承孔轴向与检验平板垂直。测量工具是一个带 V 形槽的“三点规”，三点规上的三点构成的平面与 V 形槽的对称平面垂直，两下测点的距离为 100mm，上测点与两下测点连线的距离也是 100mm。

① 将连杆大头的轴承盖装好（不装轴承），按规定力矩把螺栓拧紧，检查连杆大头孔的圆度和圆柱度应符合要求，然后装上已修配好的活塞销。

② 把连杆大头装在检验仪的支撑轴上，拧紧调整螺钉使定心块向外扩张，把连杆固定在检验仪上。

③ 将 V 形检验块两端的 V 形定位面靠在活塞销上，观察 V 形三点规的 3 个接触点与检验平板的接触情况，即可检查出连杆的变形方向和变形量。

④ 连杆变形的检测结果。

a. 正值。三点规的 3 个测点都与平板接触，说明连杆没有变形。

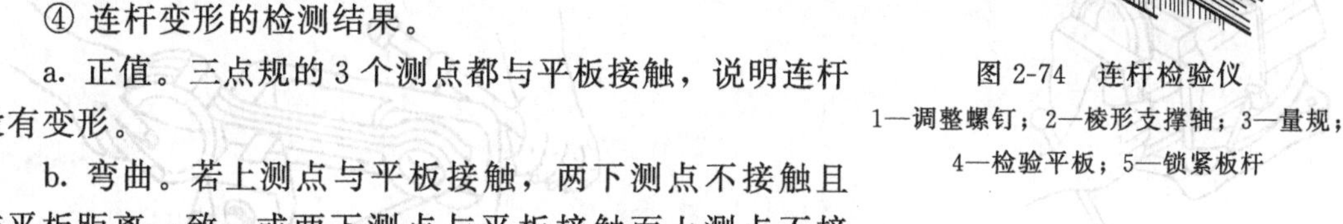

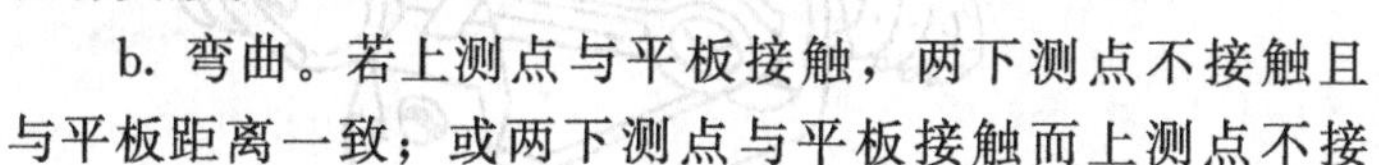

图 2-74　连杆检验仪

1—调整螺钉；2—棱形支撑轴；3—量规；4—检验平板；5—锁紧板杆

b. 弯曲。若上测点与平板接触，两下测点不接触且与平板距离一致；或两下测点与平板接触而上测点不接触，表明连杆弯曲。用厚薄规测出测点与平板的间隙，即为连杆在 100mm 长度上的弯曲度，如图 2-75 所示。

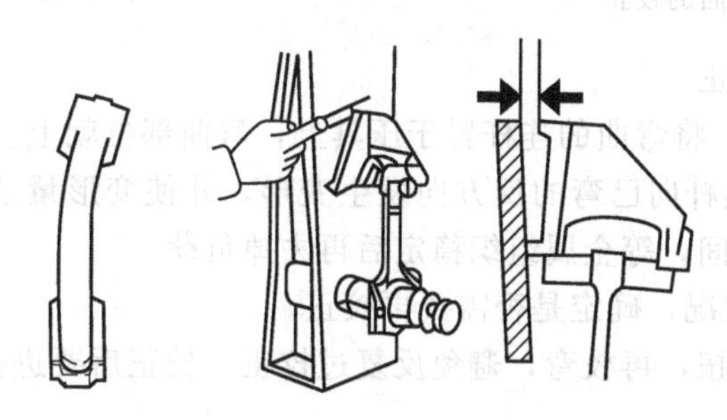

(a) 连杆弯曲变形　　(b) 连杆弯曲变形的检测

图 2-75　弯曲变形

c. 扭曲。若只有一个下测点与平板接触，另一个下测点与平板不接触，且间隙为上测点与平板间隙的两倍，这时下测点与平板的间隙即为连杆在 100mm 长度上的扭曲度，如图 2-76 所示。

d. 弯扭并存。如果一个下测点与平板接触，但另一个下测点与平板的间隙不等于上测点间隙的两倍，这时连杆弯扭并存。下测点与平板的间隙为连杆的扭曲度，上测点间隙与下测点间隙一半的差值为连杆的弯曲度。

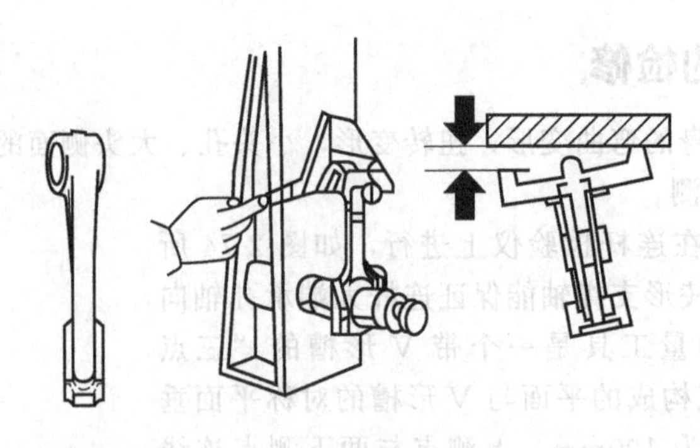

(a) 连杆扭曲变形　　(b) 连杆扭曲变形的检测

图 2-76　扭曲变形

2. 连杆变形的校正

（1）连杆扭曲的校正　将连杆盖装好，将连杆夹在虎钳上，用扭曲校正器（见图2-77）、长柄扳钳或管子钳进行校正。

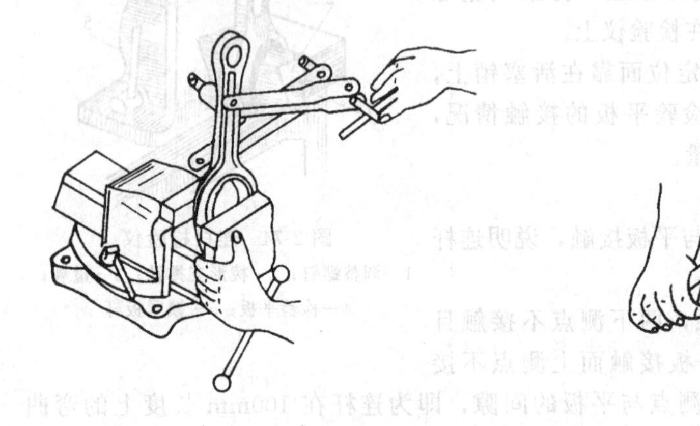

图 2-77　连杆扭曲的校正

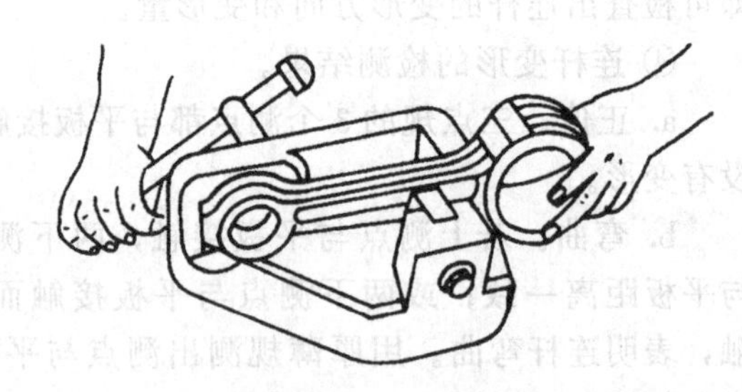

图 2-78　连杆弯曲的校正

（2）连杆弯曲的校正

① 如图 2-78 所示，将弯曲的连杆置于压具上，弯曲部位朝上。

② 施加压力，使连杆向已弯的反方向发生变形，并使变形量达到已弯曲部位变形量的数倍以上，停止一段时间，等金属组织稳定后再去掉负荷。

③ 重新复查校正情况，确定是否需要再校正。

注意：校正时先校扭，再校弯，避免反复过校正。校正后要进行时效处理，消除弹性后效作用。

单元五　活塞连杆组的拆装

一、从发动机上拆下活塞连杆组

① 将安装在拆装架上的发动机侧置，拆下离合器罩。

② 拧下油底壳上的所有螺栓，拆下油底壳及衬垫。

③ 拆除机油挡油板、曲轴前端油封支架、机油泵。

④ 摇转曲轴，将要拆卸的汽缸活塞转到处于下止点位置，同时检查活塞顶、连杆大头处有无装配记号，若无装配记号，应先按次序在活塞顶、连杆大头用钢字号码打上记号。

⑤ 用扭力扳手拆下连杆螺栓，取下连杆端盖和轴承，按顺序放好，以免搞错。

⑥ 用手将连杆向上推，使连杆大头与曲轴连杆轴颈分离，然后用手锤柄将活塞连杆组推出汽缸。

⑦ 取出活塞连杆组后，应将连杆盖和轴承、螺栓按原样装固。注意不要装错，并按缸号顺序整齐地放好。

二、分解活塞连杆组

① 用活塞环拆装钳依次将气环、油环从活塞上拆下，如图 2-79 所示。

图 2-79　活塞环的拆卸

② 将活塞销卡簧用尖嘴钳取下，如图 2-80 所示。使用专用工具将活塞销拆下，如图2-81所示。

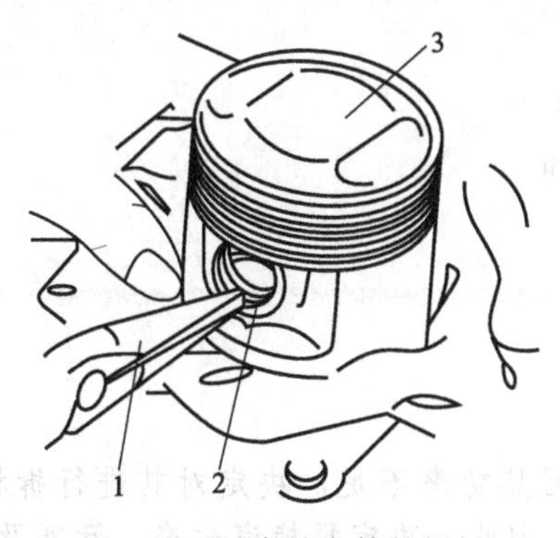

图 2-80　活塞销卡簧的拆卸

1—卡簧钳；2—活塞；3—活塞销卡簧

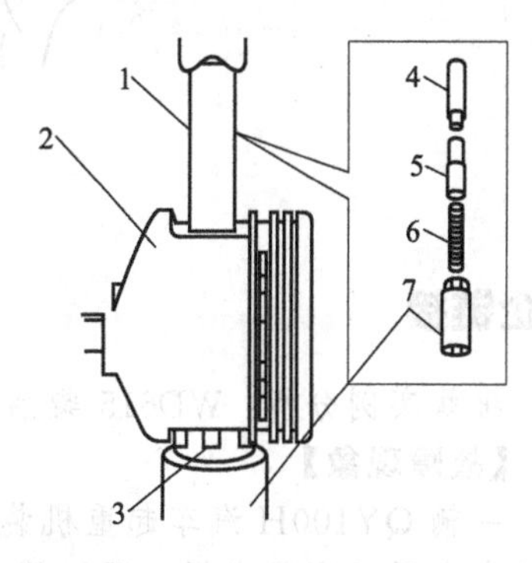

图 2-81　活塞销的拆卸

1—冲头；2—活塞；3,4—调整窗口；5—导管；6—活塞销；7—工具

③ 分解后依次按缸号分组放好，仔细观察活塞连杆组各零件间的相互装配位置。

三、装配活塞连杆组

① 将活塞放在水中加热至 60℃后取出，擦拭干净。

② 安装活塞销。在活塞销座孔、连杆小头衬套孔和活塞销上涂上一层薄薄的机油。若发动机采用全浮式连接的活塞销，安装时先将活塞在温度为 70～80℃的水中或机油中加热，然后再用手指将涂有润滑油的活塞销推入座孔，如图 2-82（a）所示。应注意，活塞上的朝前标记应和连杆杆身上的朝前标记在同一侧，如图 2-82（b）所示。

③ 安装活塞销两侧的卡簧，如图 2-83 所示。

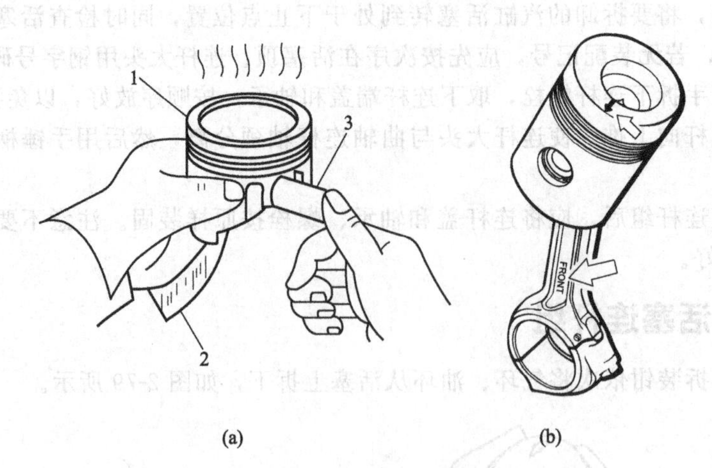

图 2-82 安装活塞销

1—热活塞；2—隔热布；3—活塞销

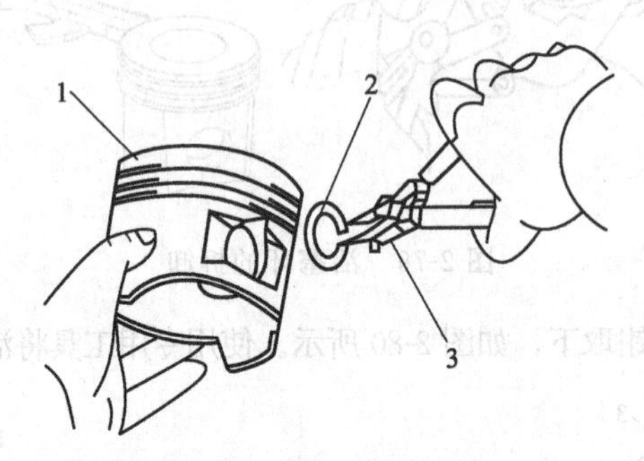

图 2-83 安装活塞销卡簧

1—活塞；2—卡簧；3—尖嘴钳

校企链接

维修实例分析：WD615 柴油机排气冒蓝烟

【故障现象】

一辆 QY100H 汽车起重机装用的 WD615 柴油机，因其功率不足，决定对其进行拆检。拆检中发现活塞环磨损，开口间隙变大，此外一切正常。因此，决定更换汽缸套、活塞及活塞环。更换了 6 只汽缸套、活塞及一组活塞环，并进行了冷磨合。冷磨合 8h 以后，进行了检查。接着在检查完好的基础上，又进行了热磨合。但在热磨合中，发现排气冒蓝烟。

【故障排除】

检查汽缸压力，其汽缸压缩压力为 2.7MPa，与标准值 2.8MPa 相差不多，符合规定。检查油底壳机油液面正常，进气道内无机油。查看装配检修记录，每个缸活塞和汽缸套的间隙都在 0.18mm 左右，活塞环的开口间隙也都在规定范围内。

鉴于上述情况，认为可能是第 2 道镀铬锥面环在装配中因粗心大意而装反所致。为了更好地查出原因，再次打开汽缸盖，抽出 6 只活塞连杆组件。拆检中，发现第 3 和 4 缸燃烧室内机油较多，且有积炭。为此，怀疑问题出在汽门油封上，这是因为如果油封损坏，润滑机油会沿着气门杆流入燃烧室。

仔细检查活塞环的安装情况时，发现第 3、4、5 缸的第 2 道气环均装反了。端面宽度较小的面本应该向上，而实际装配中宽度较小的面却向下。活塞环中气环的主要功能是密封汽缸和导热，为了更好地起到密封作用，使活塞环和汽缸套处于线接触状态，同时消除气环的泵油作用，气环大部分都制成带凹槽的矩形环和锥面环。

活塞环的装配中，其方向都有明确的规定。WD615柴油机活塞环上标有“TOP”的字样，这是向上的标记。若修理工不懂英文，又未用量具测量气环端面的宽度，拿过来就装配，造成方向性错误，必然加剧了活塞环的泵油作用。第2道气环上、下面的宽度差为0.06～0.09mm，宽度小的一面应向上，由于气环装反及气门油封漏油，机油经气门杆流入燃烧室。同时由于活塞环装反，将机油向上刮，机油进入燃烧室参与燃烧，即会因燃烧不完全而呈蓝色烟雾排出。

将活塞环取下重新安装，并更换了第3、4缸的气门油封后再试机，故障排除。

应用练习

一、填空题

1. 活塞环按其功用可分为________和________两种。
2. 活塞销是用来连接________和________的，其连接方式可分为______式和______式。
3. 活塞是由________、________和________三部分组成的。
4. 发动机工作时，为保证汽缸的密封性，防止环卡死在缸内或胀死于环槽中，安装时活塞环应留有________、________和________，简称“三隙”。

二、选择题

1. 活塞销的两端在活塞销座内能自由转动，活塞销中间与连杆小头使用固定连接，这种连接方式称为（　　）。

A. 全浮式连接　　B. 半浮式连接　　C. 刚性连接　　D. 柔性连接

2. 活塞的最大磨损部位通常是（　　）。

A. 头部　　B. 顶部　　C. 环槽　　D. 裙部

3. （　　）在工作时容易产生“泵油作用”。

A. 矩形环　　B. 桶面环　　C. 锥面环　　D. 梯形环

4. 为了减轻磨损，通常对（　　）进行镀铬处理。

A. 油环　　B. 第一道环　　C. 所有气环　　D. 所有环

5. 椭圆形活塞是指（　　）呈椭圆形。

A. 活塞裙　　B. 活塞顶　　C. 活塞环岸　　D. 活塞环槽

6. 活塞销偏置的目的是使（　　）。

A. 活塞容易装置于汽缸内　　B. 活塞销拆装容易

C. 可增加活塞之推力　　D. 可减少活塞对缸壁之冲击力

三、判断题

1. 活塞环的泵油作用有利于汽缸上部的润滑，因此是有利的。（　　）
2. 活塞裙部膨胀槽应开在受侧压力较大的一面。（　　）
3. 校正连杆一般是先校正弯曲后校正扭曲。（　　）
4. 活塞在汽缸内作匀速运动。（　　）
5. 为抵消活塞在工作中的变形，活塞应加工成上大下小的锥形。（　　）
6. 为抵消活塞在工作中的变形，活塞裙部应加工成椭圆形，其长轴应沿活塞销方向。（　　）

四、简答题

1. 活塞通常采用什么材料？为什么？
2. 活塞有何功用？由哪几部分组成？有何结构特点？
3. 活塞与汽缸选配的目的是什么？如何进行选配？

4. 活塞环分哪两大类？各有何用途？安装时应注意什么？
5. 活塞销的连接方式有几种？各有何特点？
6. 活塞销偏置的目的是什么？
7. 如何检验和校正连杆的弯曲变形与扭曲变形？

任务四　曲轴飞轮组的构造与检修

教学前言

1. 教学目标

(1) 掌握发动机曲轴飞轮组的机构组成；

(2) 掌握发动机曲轴飞轮组的拆卸、检测、装配；

(3) 掌握检测工具和专用工具的使用。

2. 教学要求

(1) 常用工程机械柴油机四缸或六缸发动机；

(2) 工程机械维修场地、布置、管理；

(3) PPT 课件（图片或动画或实拍）。

3. 引入案例（维修实例分析）

495 柴油机热机难启动故障诊断。

系统知识

曲轴飞轮组主要由曲轴、飞轮、扭转减振器、皮带轮、正时齿轮（或链轮）等组成，如图 2-84 所示。

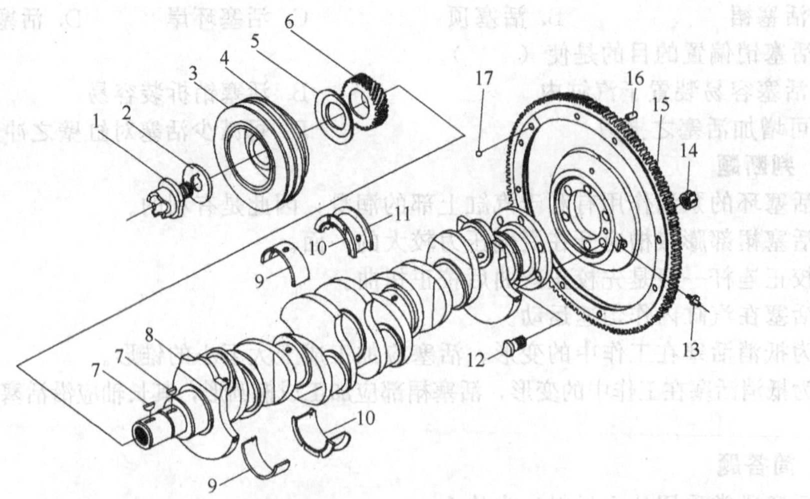

图 2-84　曲轴飞轮组

1—启动爪；2—启动爪锁紧垫圈；3—扭转减振器；4—皮带轮；5—挡油片；6—正时齿轮；7—半圆键；8—曲轴；9—主轴承上、下瓦；10—中间主轴承上、下瓦；11—止推片；12—螺柱；13—润滑脂嘴；14—螺母；15—飞轮与齿圈；16—离合器盖定位销；17—第一、第六活塞压缩上止点记号

单元一　曲轴的构造与检修

一、曲轴的构造

1. 功用与工作条件

曲轴的主要作用是把活塞连杆组传来的气体压力转变为转矩对外输出。另外，曲轴还用来驱动发动机的配气机构及其他各种辅助装置（如发电机、风扇、水泵、转向油泵等）。

工作时，曲轴承受气体压力、惯性力及惯性力矩等的作用，受力大而且受力复杂。同时曲轴又是高速旋转件，因此，要求曲轴具有足够的刚度和强度，具有良好的承受冲击载荷的能力，耐磨损且润滑良好。

2. 材料

目前曲轴大多采用优质中碳钢（如 45 钢）或中碳合金钢（如 45Mn2、40Cr 等）锻制，轴颈再经表面淬火处理。另外，球墨铸铁曲轴也广泛应用，球墨铸铁曲轴刚度大，耐磨性能好，还有良好的吸振性，但较脆。

3. 构造

曲轴有整体式和组合式两种。整体式曲轴如图 2-85 所示，曲轴的基本组成包括前端轴、主轴颈、连杆轴颈、曲柄、平衡重、后端轴等，一个连杆轴颈和它两端的曲柄及主轴颈构成一个曲拐。

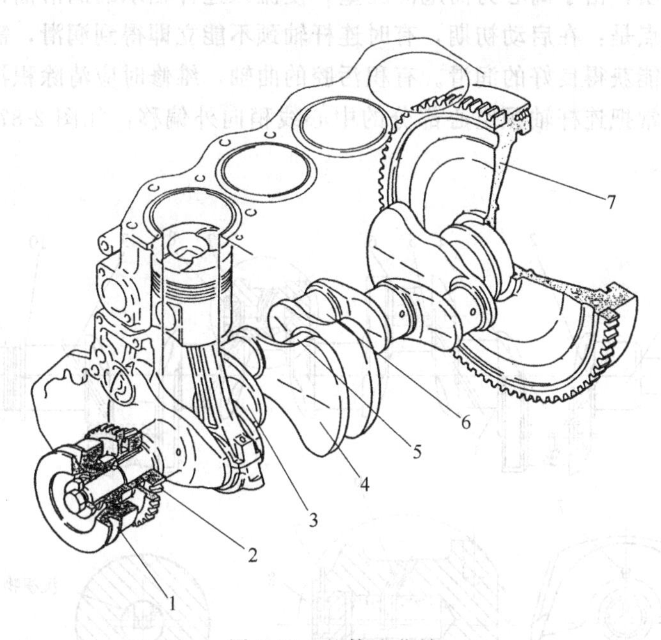

图 2-85　整体式曲轴

1—曲轴皮带轮；2—曲轴齿轮；3,5—主轴颈；4—曲柄；6—连杆轴颈；7—飞轮

(1) 主轴颈和连杆轴颈　主轴颈是曲轴的支承部分，每个连杆轴颈两边都有一个主轴颈者，称为全支承曲轴，如图 2-86 (a) 所示，显然它的主轴颈数比连杆轴颈数多一个。主轴颈数等于或少于连杆轴颈数者称为非全支承曲轴，如图 2-86 (b) 所示。全支承曲轴因其刚性好且主轴颈的负荷较小，用于柴油机和负荷较大的汽油机。非全支承曲轴结构简单且长度

较短，常用于中小负荷的汽油机。

因为前端轴驱动辅助装置和后端轴支承飞轮，增加了两端主轴颈的负荷。有些曲轴中间一道主轴颈两边的连杆轴颈在同一个方向，或中间两汽缸进气道短，充气量大，动力大，使得中间主轴颈负荷较大。所以，一般发动机曲轴两端的主轴颈和有些曲轴的中间主轴颈较长，使接触面积增大，可均衡各主轴颈的磨损。

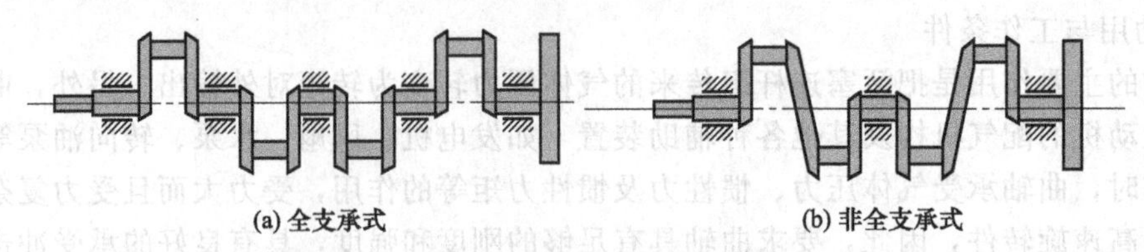

图 2-86　曲轴的支承形式示意图

连杆轴颈又叫曲柄销。在直列发动机上，连杆轴颈与汽缸数相同。在 V 形发动机上，因为绝大多数是在一个连杆轴颈上，装左右两列各一个汽缸的连杆，所以连杆轴颈为汽缸数的一半。

曲轴上钻有贯穿主轴颈、曲柄和连杆轴颈的油道，以使润滑油能够润滑主轴颈和连杆轴颈。油道口有倒角，以防刮伤轴承。有些连杆轴颈做成中空式，如图 2-87 所示。空腔的开口用螺塞 8 封闭，在连杆轴颈的油道内插有油管 6，管口伸入空腔，并弯成图示形状。这种中空式连杆轴颈，一方面减小了质量和离心力，另一方面又构成了积污腔，使从主轴承来的润滑油中的机械杂质，由于离心力而甩向腔壁，使流入连杆轴承的润滑油得到离心滤清而净化。这种结构的缺点是：在启动初期，有时连杆轴颈不能立即得到润滑，需待润滑油充满大部分空腔之后，才能获得良好的润滑。有积污腔的曲轴，维修时应清除积污，以保证连杆轴承的润滑。此外，常把连杆轴颈空心部分的中心线稍向外偏移，如图 2-87 所示，这是为了进一步减小离心力。

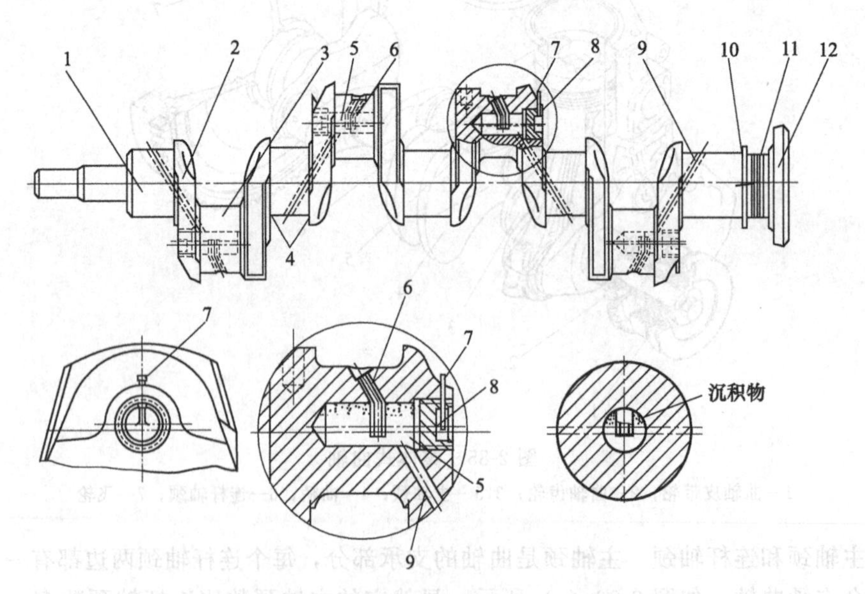

图 2-87　曲轴油道

1—主轴颈；2—轴柄；3—连杆轴颈；4—圆角；5—积污腔；6—油管；
7—开口销；8—螺塞；9—油道；10—挡油盘；11—回油螺纹；12—凸缘盘

（2）曲柄和平衡重　曲柄是用来连接主轴颈和连杆轴颈的。平衡重的作用是平衡连杆大头、连杆轴颈和曲柄等产生的离心力及其力矩，有时也平衡活塞连杆组的往复惯性力和力矩，以使发动机运转平稳，并且还可减小曲轴轴承的负荷。四缸以上的直列式发动机，虽从整体上来说，其惯性力矩是平衡的，但曲轴局部却受弯矩作用，如图 2-88（a）所示。图中惯性力 F_1、F_4 与 F_2、F_3 互相平衡，力矩 M_{1-2} 与 M_{3-4} 互相平衡，但两个力矩会造成曲轴弯曲并加重曲轴的负荷。为了减轻主轴承的负荷，改善其工作条件，一般都在曲柄的相反方向上设置平衡重，使其产生的力矩与上述惯性力矩相平衡，如图 2-88（b）所示。

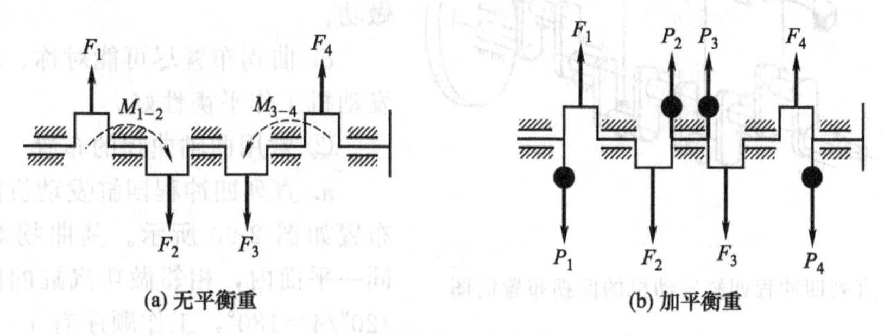

图 2-88　曲轴的平衡

F_1,F_2,F_3,F_4—曲拐和活塞连杆组的惯性力；

P_1,P_2,P_3,P_4—平衡重的离心力

平衡重有的与曲轴制成一体，有的则单独制成零件，再用螺钉固定于曲柄上，形成装配式平衡重，如图 2-89 所示。

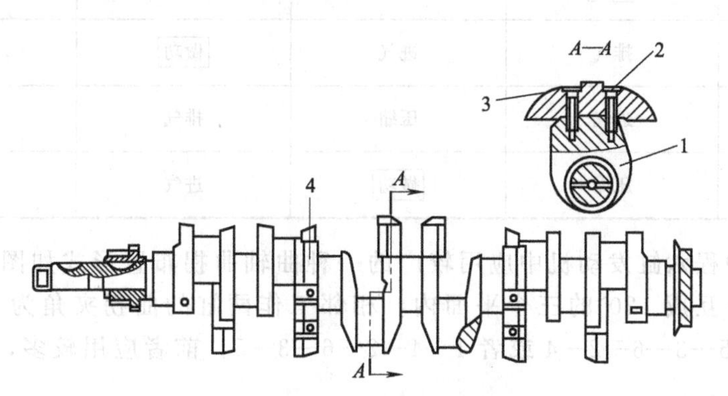

图 2-89　装配式平衡重曲轴

1—曲轴；2—螺栓；3—平衡重；4—紧固螺栓焊缝

无论有无平衡重，曲轴必须经过动平衡校验，对不平衡的曲轴常在其偏重的一侧钻去一部分质量，因此在平衡重外端或曲柄两端处，往往可见到一些不深的钻孔。

（3）曲拐的布置

① 曲拐布置的一般规律　多缸发动机曲轴曲拐的布置与汽缸数、汽缸的排列形式（直列、V 形）、发动机的平衡以及各缸工作顺序有关。

a. 各缸的做功间隔角要尽量均衡，以使发动机运转平稳，与此对应的是，对于直列式发动机来说，连续工作的两个汽缸相对的夹角（即连杆轴颈的分配角）要相等，并等于一个工作循环期间曲轴转角除以汽缸数。如四冲程六缸发动机，曲轴每转两圈（720°）各缸都应工作一次，则相邻做功的两汽缸相对应的曲拐互成 720°/6＝120°夹角。

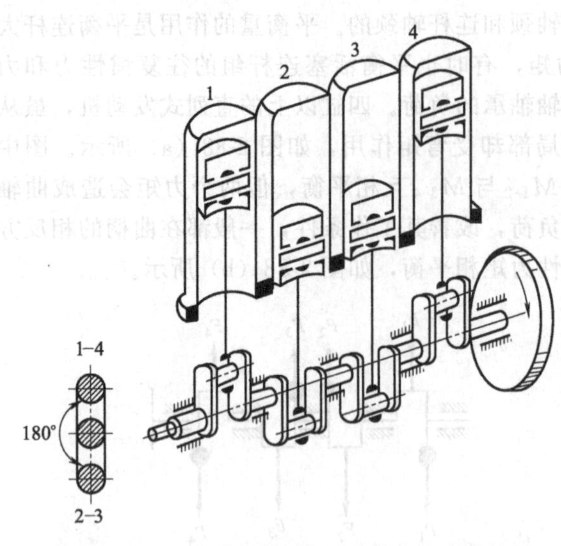

图 2-90 直列四冲程四缸发动机的曲拐布置简图

b. 连续做功的两缸相隔尽量远些，最好是在发动机的前半部和后半部交替进行，这样一方面可减少主轴承连续承载，另一方面避免相邻两缸进气门同时开启而发生抢气现象，可使各缸进气分配较均匀。

c. V形发动机左右两排汽缸尽量交替做功。

d. 曲拐布置尽可能对称、均匀，以使发动机工作平衡性好。

② 常用曲轴曲拐的布置

a. 直列四冲程四缸发动机曲轴曲拐的布置如图 2-90 所示。其曲拐对称布置于同一平面内，相邻做功汽缸的曲拐夹角为 720°/4=180°，工作顺序有 1—3—4—2 和 1—2—4—3 两种，在柴油机上前者应用较多，工作循环见表 2-2。

表 2-2 直列四冲程四缸发动机工作循环表（工作顺序 1—3—4—2）

曲轴转角/(°)	第一缸	第二缸	第三缸	第四缸
0～180	做功	排气	压缩	进气
180～360	排气	进气	做功	压缩
360～540	进气	压缩	排气	做功
540～720	压缩	做功	进气	排气

b. 直列四冲程六缸发动机中应用较广的一种曲轴曲拐布置形式如图 2-91 所示，曲拐均匀地布置在互成 120°的三个平面内，相邻工作两缸的曲拐夹角为 720°/6=120°，工作顺序为 1—5—3—6—2—4 或者 1—4—2—6—3—5，前者应用较多，工作循环如表 2-3 所示。

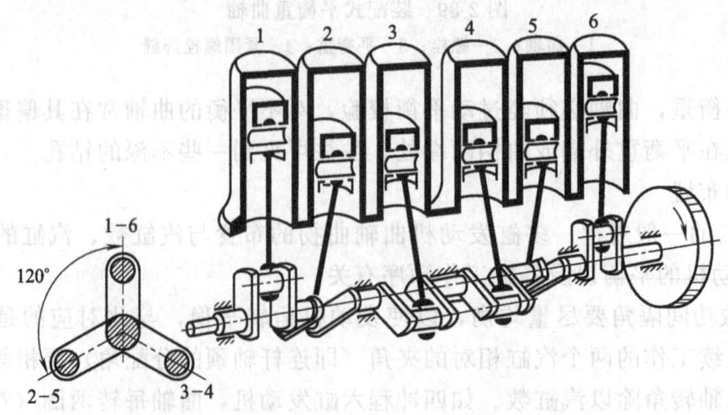

图 2-91 直列四冲程六缸发动机曲拐布置简图

表 2-3　直列四冲程六缸发动机工作循环表（1—5—3—6—2—4）

曲轴转角/(°)		第一缸	第二缸	第三缸	第四缸	第五缸	第六缸
0～180		做功	排气	进气	做功	压缩	进气
	60			压缩	排气		
	120		进气			做功	
180～360		排气					压缩
	240			做功	进气		
	300		压缩			排气	
360～540		进气					做功
	420			排气	压缩		
	480		做功			进气	
540～720		压缩					排气
	600			进气	做功		
	660		排气			压缩	

c. V形八缸四冲程发动机曲轴有四个曲拐，结构形式有正交两平面内布置的空间曲拐（图 2-92）和平面曲拐（与图 2-90 直列四缸布置相同）两种。因空间曲拐平衡性较好，应用较多。

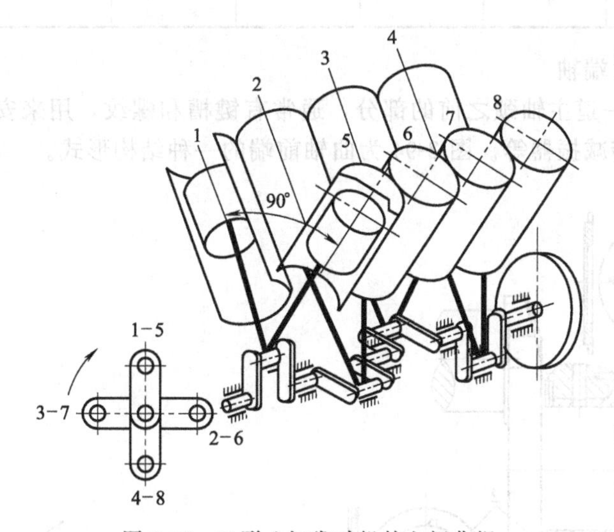

图 2-92　V形八缸发动机的空间曲拐

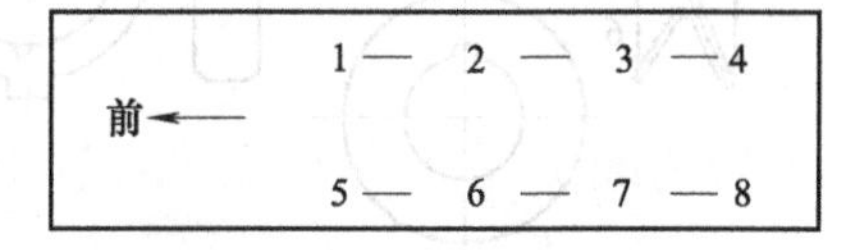

图 2-93　V形发动机汽缸序号的排列

两种曲拐的发动机有数种工作顺序，若将汽缸序号的排列作图 2-93 所示规定，则图 2-92 所示空间曲拐，其发动机工作顺序有 1—5—4—8—6—3—7—2 和 1—5—4—2—6—3—7—8 等数种。空间曲拐发动机汽缸中线夹角均为 90°，各缸做功间隔为 720°/8＝90°。表 2-4 列出了一种工作循环。为了显示多缸做功过程的重叠，表中的缸号是按工作顺序排列的。

平面曲拐的发动机工作顺序有 1—8—2—7—4—5—3—6 和 1—8—3—6—4—5—2—7 等。它的汽缸中线夹角有的不为 90°，如太脱拉 T-928 型柴油机夹角为 75°，所以它的做功间隔角不等，是 75°和 105°相间进行的。

事实上，V形发动机汽缸序号的排列方法因机型而异。有的以左右顺序排列，有的以左右交叉排列。所以说，要想知道V形发动机的工作顺序，必须先弄清该发动机汽缸序号的排列。

表 2-4　四冲程V形八缸发动机工作循环表（工作顺序1—5—4—8—6—3—7—2）

曲轴转角/(°)	第一缸	第五缸	第四缸	第八缸	第六缸	第三缸	第七缸	第二缸
0～90	做功	压缩	压缩	进气	进气	排气	排气	做功
90～180		做功		压缩		进气		排气
180～270	排气		做功		压缩		进气	
270～360		排气		做功		压缩		进气
360～450	进气		排气		做功		压缩	
450～540		进气		排气		做功		压缩
540～630	压缩		进气		排气		做功	
630～720		压缩		进气		排气		做功

（4）前端轴与后端轴

① 前端轴是第一道主轴颈之前的部分，通常有键槽和螺纹，用来安装正时齿轮、皮带轮以及启动爪、扭转减振器等。图2-94为曲轴前端的一种结构形式。

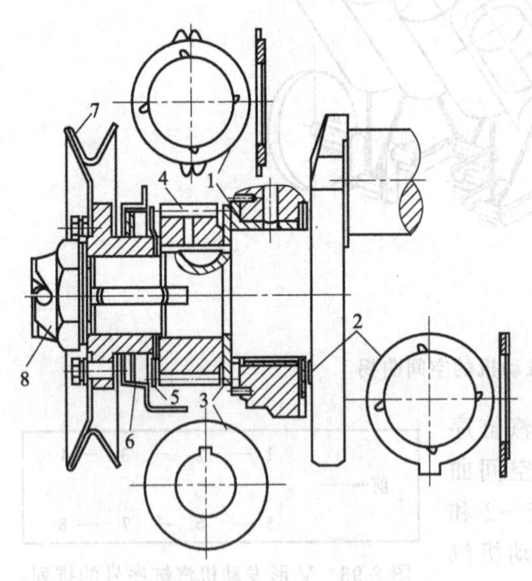

图 2-94　曲轴的前端

1，2—滑动推力轴承；3—止推片；4—正时齿轮；5—甩油盘；6—自紧油封；7—皮带轮；8—启动爪

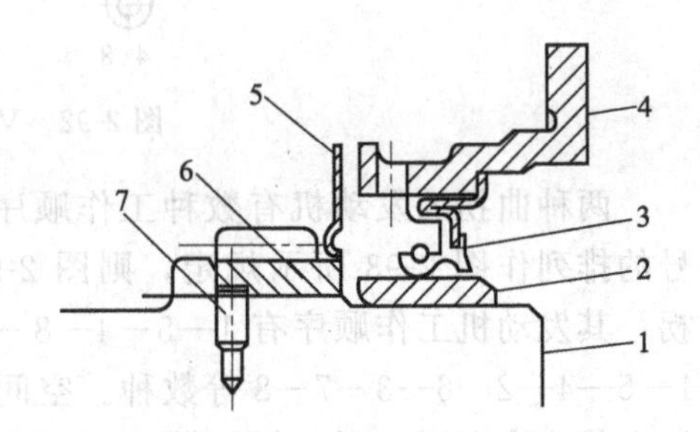

图 2-95　装自紧油封的曲轴后端

1—曲轴；2—衬套；3—自紧油封；4—油封护圈；5—甩油盘；6—信号发生器齿轮；7—定位销

后端轴是最后一道主轴颈之后的部分，一般在其后端有凸缘盘，用以安装飞轮。另外，轴颈上通常还有一些防漏装置。不少曲轴没有凸缘盘，飞轮用螺栓紧固于曲轴后端面，整体式自紧油封装于后端，密封功能好，油封更换方便，此类结构日渐广泛使用。其中，有的还

在该段装有产生点火和喷油脉冲的（汽油喷射发动机）信号发生器齿轮，如图 2-95 所示。

② 前后端的密封曲轴前后端都伸出曲轴箱，为了防止润滑油沿轴颈流出，在曲轴前后都设有防漏装置。常用的防漏装置有挡油盘、填料油封、自紧油封、回油螺纹等。一般发动机都采用两种或两种以上防漏装置组成所谓复合式防漏结构。但一般都有起主要防漏作用的挡油盘。

图 2-94 是曲轴前端的一种复合式防漏结构，皮带轮 7 内端装有甩油盘 5，正时齿轮室盖上装有自紧油封 6。其防漏过程是：当飞溅的润滑油落在甩油盘上时，由于盘随曲轴高速旋转产生离心力，使油甩到正时齿轮室内，流回油底壳。剩下少量润滑油落在甩油盘与油封之间的轴颈上，被自紧油封所密封，从而达到防漏的目的。

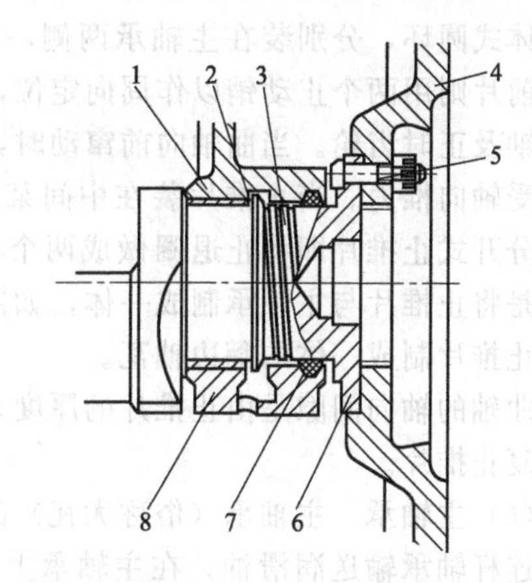

图 2-96　曲轴的后端

1—轴承座（曲轴箱体）；2—甩油盘；3—回油螺纹；4—飞轮；5—飞轮螺栓、螺母；6—曲轴凸缘盘；7—盘根；8—轴承盖

图 2-96 是曲轴后端的复合防漏结构，由与曲轴制成一体的甩油盘、回油螺纹、扣合式填料油封（油质石棉盘根）组成。其防漏过程是：从主轴缝隙中流向后端的润滑油主要被甩油盘甩入轴承座孔后面的凹槽内，并经轴承盖上的回油孔流回油底壳，少量润滑油流至回油螺纹区，被回油螺纹返回到甩油盘而甩回油底壳，再有少量润滑油流至回油螺纹以外，便由填料油封所密封，从而起到了防漏作用。

曲轴上的回油螺纹是车制的矩形或梯形右旋螺纹。其回油原理是：当润滑油流至回油螺纹区的轴与孔之间的缝隙时，由于孔壁对油的黏附作用，使油层的转速低于轴的转速，这时可相对地将润滑油看做套在螺纹上不旋转的螺母。由于轴作顺时针旋转（从前向后看），油层就被向前旋回油底壳。使用回油螺纹防漏，孔和轴的配合间隙不能过大，其同轴度的要求也较高。因为热车时机油黏度降低，如果间隙过大，靠近孔壁的一层机油不能随曲轴转回，使密封效能降低。

图 2-97　分开式止推片

无论前端后端，自紧油封应使其刃口朝向曲轴箱内，才能良好地发挥其密封作用。挡油盘应使其凹面朝外，如前端的凹面应朝前，一方面防止其外沿碰撞正时齿轮，更重要的是为了遮盖轴颈，减小油封的负荷。

(5) 曲轴的轴向定位　曲轴作为长杆形转动件，必须与其固定件之间有一定的轴向间隙。间隙过小，曲轴转动阻力大；间隙过大，曲轴发生轴向窜动而影响活塞连杆组的正常运动和其他机件的正常工作，因此曲轴必须有轴向定位装置。

曲轴的轴向定位装置是装在某一道主轴承两侧的止推片。止推片与轴瓦相似，也是在低碳钢背上浇铸一层减摩合金，且制有若干凹穴，以便机油进入摩擦表面。

止推片装在前端第一道主轴承时，一般是整体式的。图 2-94 是一种结构形式，它是两片整体式圆环，分别装在主轴承两侧，后片外圆上有一舌榫，舌榫伸入轴承盖相应的凹槽内，前片则用两个止动销以作周向定位，防止转动。止推片有减摩合金的一面应朝向转动件的曲轴及正时齿轮。当曲轴向前窜动时，后止推片承受轴向推力。曲轴向后窜动时，前止推片承受轴向推力。当止推片装在中间某道主轴承上时，一般采用分开式的止推片或翻边轴瓦。分开式止推片即将止退圈做成两个半圆止推片，如图 2-97 所示，这样安装方便；翻边轴瓦是将止推片与主轴承制成一体，如图 2-84 所示，装在中间第四道的主轴承 10、11，就是与止推片制成一体的翻边轴瓦。

曲轴的轴向间隙是由止推片的厚度来调整的，在使用中垫片磨薄，间隙增大，则应更换或修复止推片。

(6) 主轴承　主轴承（俗称大瓦）的基本构造与连杆轴承大体相同，主要不同点是：为了向连杆轴承输送润滑油，在主轴承上都开有周向油槽和主油孔。有些负荷不太大的发动机，为了通用化起见，上下两片轴承都制有油槽。有些发动机只在上轴承上开油槽式通油孔。而负荷较重的下轴承不开油槽，相应的主轴颈上开径向通孔。这样，主轴承便能不间断地向连杆轴承供给润滑油。但应注意，后一种主轴承上下片不能互换，否则主轴承的来油通路将被堵塞。

二、曲轴的检修

曲轴本身结构形状复杂，沿长度上各处断面尺寸差异很大，曲轴的抗弯强度低，连杆轴颈与曲柄臂交接处应力集中相当严重。在工作时，既要承受周期限性的不断变化着的燃烧气体压力和活塞连杆组往复运动的惯性力，还要承受自身旋转运动的离心惯性力，以及这些力所形成的力矩的作用。如果曲轴的扭转刚度不够或动不平衡值逾限，在高速运动时就会引起曲轴强烈的扭转共振。另外，曲轴各道轴颈表面要承受很大的单位压力，且有很高的滑动摩擦速度，摩擦副的散热条件也较差。上述工况可能导致曲轴的弯曲、扭转、断裂破坏和轴颈磨损。对曲轴进行适时的检验和及时的修理，可有效地提高发动机的性能和延长使用寿命。

1. 曲轴的耗损与检验

(1) 曲轴的耗损

① 轴颈的磨损　曲轴主轴颈和连杆轴颈的磨损是不均匀的，但磨损部位有一定的规律性。

主轴颈和连杆轴颈径向最大磨损部位相互对应，即各主轴颈的最大磨损靠近连杆轴颈一侧；而连杆轴颈的最大磨损部位在主轴颈一侧，如图 2-98 所示。

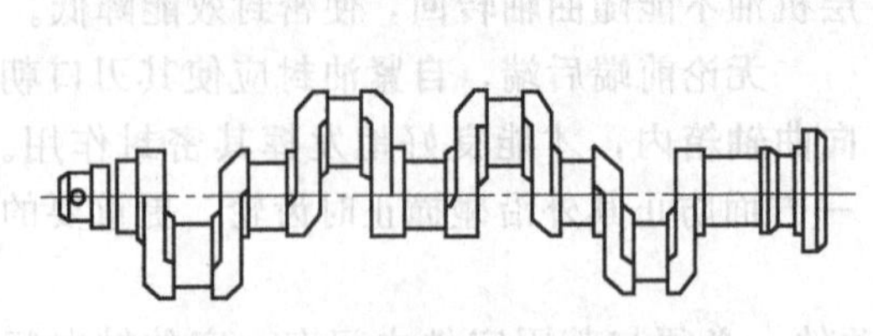

图 2-98　曲轴轴颈的磨损规律

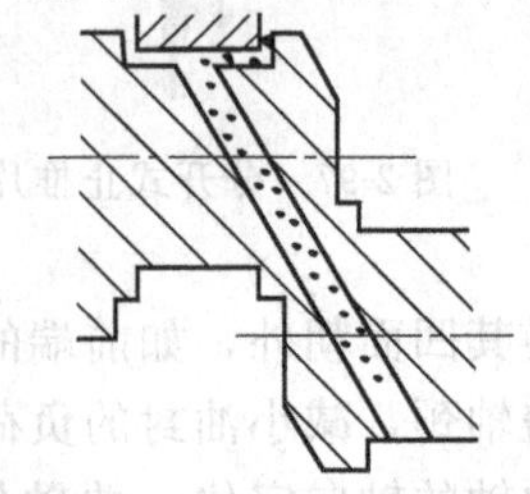

图 2-99　偏积在连杆轴颈上的润滑油中的杂质

曲轴轴颈沿轴向还有锥形磨损。

连杆轴颈的径向不均匀磨损是由于作用在轴颈上的力沿圆周方向分布不均匀引起的。发动机工作时，连杆轴颈承受着由连杆传来的周期性变化的气体压力、活塞连杆组往复运动的惯性力及连杆大端回转运动的离心力作用，这些力的合力作用在连杆轴颈内侧，方向始终沿曲柄半径向外，使连杆大头始终压紧在连杆轴颈内侧，因而连杆轴颈的内侧磨损最大。

连杆轴颈轴向也呈不均匀磨损。由于通往连杆轴颈的油道是倾斜的，曲轴旋转时，在离心力的作用下，与油流相背的一侧的轴承间隙形成涡流，使机械杂质偏积在连杆轴颈的这端，因而加速了这一端轴颈的磨损，使连杆轴颈磨损呈锥形。此外，连杆弯曲、连杆大头不对称等结构原因，造成轴颈受力不均匀都会使轴颈沿轴向呈不均匀磨损，如图 2-99 所示。

主轴颈径向的不均匀磨损，主要是受连杆、连杆轴颈及曲柄臂离心力的影响，使靠近连杆轴颈一侧的轴颈与轴承间发生的相对磨损较大。如图 2-98 所示，五个主轴颈中，二、四道主轴颈由于两边都有连杆轴颈，受力较均匀，磨损也较均匀，而其余三道轴颈的磨损是靠近连杆轴颈的一侧磨损严重。

实践证明，连杆轴颈的磨损比主轴颈的磨损严重，这主要是由于连杆轴颈的负荷较大、润滑条件较差等原因所造成的。同时，主轴颈的不均匀磨损后果也相当严重，各轴颈不同方向的磨损，导致主轴颈同轴度的破坏，这往往是某些曲轴断裂的原因。

轴颈表面还可能出现擦伤和烧伤。擦伤主要是机油不清洁，其中较大的机械杂质在轴颈表面划成沟痕。烧瓦后，轴颈表面会出现严重的擦伤划痕，轴颈表面烧灼变成蓝色。

② 曲轴弯曲与扭曲变形　所谓曲轴弯曲是指主轴颈的同轴度误差大于 0.05mm，称为弯曲。若连杆轴颈分配角误差大于 0°30′，则称为曲轴扭曲。曲轴产生弯曲和扭曲变形，是由于使用不当和修理不当造成的。如发动机在爆震和超负荷等条件下，个别汽缸不工作或工作不均衡，各道主轴承松紧度不一致，主轴承承孔同轴度偏差增大等，都会造成曲轴承载后的弯扭变形。曲轴弯曲变形后，将加剧活塞连杆组各汽缸的磨损，以及加剧曲轴和轴承的磨损，甚至导致曲轴的疲劳折断。

曲轴的扭曲变形，也将影响发动机的配气正时和点火正时。经验证明，扭曲变形主要是由于烧瓦和个别活塞卡缸（胀缸）造成的。当个别汽缸壁间隙过小或活塞热膨胀过大，活塞运动阻力将增大，曲轴运转不均匀，发展到活塞卡缸，未及时发现或卡缸发生后处理不当，便会导致曲轴的扭曲。此外，拖挂时起步过猛和紧急制动（未踩下离合器）时以及起步、超载等，都会引起曲轴的扭曲变形及其他耗损。

③ 曲轴的断裂　曲轴的裂纹多发生在曲柄臂与轴颈之间的过渡圆角处以及油孔处。前者是横向裂纹，严重时将造成曲轴断裂；后者多为轴向裂纹，沿斜置油孔的锐边向轴向发展。

曲轴的横向、轴向裂纹主要是应力集中引起的，曲轴变形和修磨不慎也会使过渡区的应力陡增，易导致曲轴的疲劳断裂。

④ 曲轴的其他损伤　曲轴的其他损伤有：启动爪螺纹孔的损伤、曲轴前后油封轴颈的磨损、曲轴后凸缘固定飞轮的螺栓孔磨损、凸缘盘中间支承孔磨损，以及皮带轮轴颈和凸缘圆跳动误差过大等。

（2）曲轴的检验　曲轴的检验主要包括裂纹的检验、变形的检验和磨损的检验等。

① 裂纹的检验　曲轴清洗后，首先应检查有无裂纹。它可用磁力探伤法、浸油敲击法或荧光探伤等方法进行裂纹的检验。

② 曲轴弯曲的检验　检验弯曲应以曲轴两端主轴颈的公共轴线为基准，检查中间主轴颈的径向圆跳动误差。检验时，将曲轴两端主轴颈分别放置在检验平板的 V 形块上，将百分表触头垂直地抵在中间主轴颈上（与两端主轴颈相比较，因中间主轴颈两侧汽缸进气阻力最小，中间主轴颈负荷最大，因而往往在此处的弯曲呈最大），如图 2-100 所示。慢慢转动曲轴一圈，百分表指针所示的最大摆差，即为中间主轴颈的径向圆跳动误差值。若大于 0.15mm，则应进行压力校正。低于此限可结合磨削主轴颈予以修正。

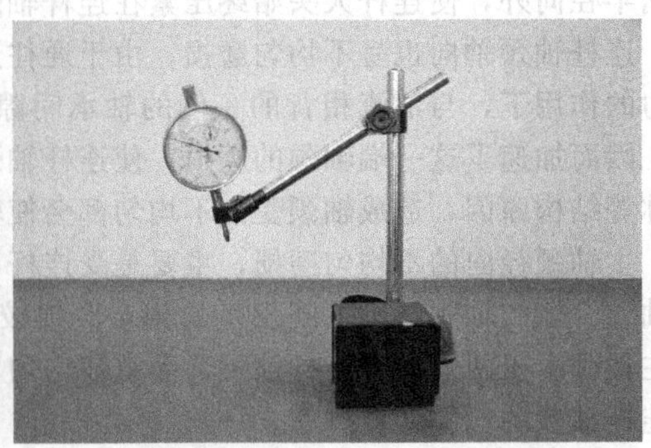

图 2-100　曲轴弯曲、扭曲的检验

③ 曲轴扭曲变形的检验　以六缸发动机曲轴为例，将第一、第六缸连杆轴颈转到水平位置，用百分表分别测量第一缸连杆轴颈和第六缸连杆轴颈至平板的距离，求得同一方位上两个连杆轴颈的高度差 ΔA。扭转变形的扭转角若大于 $0°30'$，可进行表面加热校正或敲击校正。扭转角 θ 用以下公式进行计算

$$\theta=360\Delta A/2\pi R=57\Delta A/R$$

式中　R——曲柄半径，mm。

6135ZG 柴油机的 R 为 70mm，12V135AG 柴油机的 R 为 75mm，机型的曲轴半径可查阅有关资料。

④ 曲轴轴颈磨损的检验　经探伤检查对允许修复的曲轴，进行轴颈磨损量的检查。首先检视轴颈有无磨痕和损伤，然后测量主轴颈和连杆轴颈计算其圆度误差和圆柱度误差，测量方法如图 2-101 所示，在点 1 和点 2 所在截面用外径千分尺分别测量在平面 a 和平面 b 的外径（平面 a 和平面 b 中应有一个平面为其最大磨损位置所在平面）。部分发动机的曲轴轴颈标准尺寸见表 2-5。

对曲轴短轴颈的磨损以检验圆度误差为主，对长轴颈则必须检验圆度与圆柱度误差，用外径千分尺测量连杆轴颈（如图 2-101 所示）、主轴颈，计算其圆度与圆柱度误差。曲轴主轴颈和连杆轴颈的圆度、圆柱度误差不得大于 0.025mm（参考值，不同品牌此数字会有出入，如沃尔沃 D6E 型号的发动机曲轴主轴颈和连杆轴颈的圆度、圆柱度误差不得大于 0.01mm），超过该值，则按修理尺寸对轴颈进行磨削修理。

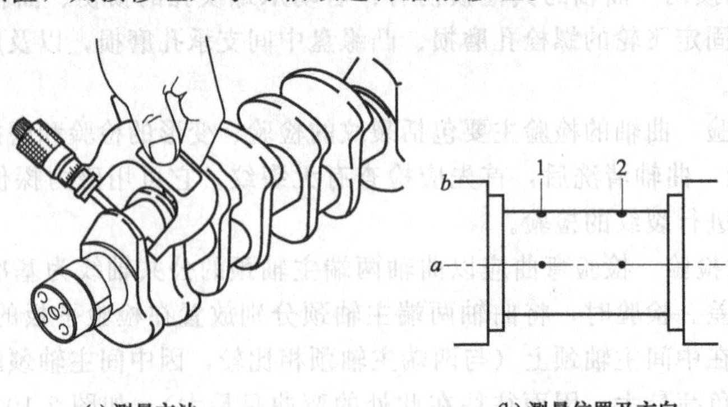

图 2-101　用外径千分尺测量曲轴主轴颈与连杆轴颈

表 2-5　部分发动机的曲轴轴颈标准尺寸　　mm

发动机型号	沃尔沃 D6E 柴油机	康明斯 K38K50 柴油机	135 系列柴油机
主轴颈	84.00～83.98	165.05～165.10	179.75～180
连杆轴颈	70.026～70.065	107.87～107.95	94.92～94.94

曲轴检验分类时应注意：曲轴轴颈和连杆轴颈圆度误差＞0.025mm或表面划伤时，应磨削修理；当轴颈的圆度、圆柱度误差＜0.025mm，表面无其他类型的损伤，且圆跳动误差≤0.15mm时，可直接使用，无需修磨；虽然两种轴颈圆柱度误差＞0.025mm或有其他类型的损伤，但圆跳动误差≤0.15mm，可直接修磨并通过修磨校正变形；否则必须先进行校正至＜0.15mm，才能进行修磨。

某些进口发动机采用软氮化工艺强化的曲轴，表面硬度为64～67HRC，不仅具有很好的耐磨性，还具有极好的抗粘着、抗擦伤性能，而且疲劳强度可提高60%左右，强化层的深度可达0.20mm。因此，这种曲轴无修理尺寸（俗称一次性曲轴）。检验时，用有机溶剂洗净表面的油污，再喷洒5%～10%的氯化铜溶液，待30～40s后，若不改变颜色可继续使用（轴颈的圆度误差必须在公差范围内）。若溶液由浅蓝色变为透明，轴颈表面变为铜色，说明强化层已磨损耗尽，则应更换新轴。在使用维修过程中，应注意此种曲轴的轴承间隙一般不得大于0.08mm，使用极限间隙不得大于0.12mm。

曲轴连杆轴颈和主轴颈的修理尺寸，是根据曲轴轴颈前一次的修理尺寸、磨损程度和磨削余量来选择的。

曲轴连杆轴颈和主轴颈的修理尺寸，柴油机可达六级。相邻两级修理尺寸的级差以0.25mm递减，并在数值前加“-”作为其代号。

现在曲轴的修理尺寸等级比以前有所减少，具体修理尺寸应根据发动机的设计要求决定。

在保证磨削质量的前提下，应尽可能选择最接近的修理尺寸级别，以延长曲轴的使用寿命。曲轴的连杆轴颈和主轴颈，应分别磨削成同一级别的修理尺寸，以便于选配轴承，保证合理的配合间隙。

2. 曲轴轴承的选配

为适应高速、重载、高自锁性能的要求，达到便于大批量生产和降低成本的目的，现代发动机的主轴承和连杆轴承普遍采用薄型多层合金（3～5层）的滑动轴承。改善了轴承与承孔的贴合能力，提高了轴承的疲劳强度。表面镀层使轴承具有良好的抗咬性、顺应性、嵌藏性和亲油性等表面性能。现代发动机曲轴轴承均为直接选配，再也不允许用刮削法修配曲轴轴承了。

另外，轴承在结构设计上预留了高出量（压缩量），确保曲轴与承孔的配合过盈，使钢背与承孔产生足够的摩擦力而锁死轴承自身，防止工作中轴承转动而烧瓦。因此，轴承上已不再允许加垫片了。

综上所述，直接选配、不刮瓦、不加垫片就是现代曲轴轴承的修理特点。

(1) 轴承的耗损　轴承耗损形式有磨损、合金疲劳剥落、轴承疲劳收缩及粘着咬死等。轴承的径向间隙逾限后，因轴承对润滑油流动阻尼能力减弱，使主油道压力降低，可能破坏轴承的正常润滑。加之引起的冲击载荷，又造成轴承疲劳应力剧增，使轴承疲劳而导致粘着咬死，发动机将丧失工作能力。因此，若发现瓦响应立即停机检修。二级维护时，必须检查轴承间隙，发现轴承间隙逾限时，即更换轴承。若因曲轴异常磨损造成上述故障，就应进行修磨或校正曲轴。发动机总成修理时，应更换全部轴承。

(2) 轴承的选配　轴承的选配包括选择合适内径的轴承以及检验轴承的高出量、自由弹开量、横向装配标记——凸唇、轴承钢背表面质量等内容。

① 选择轴承内径　根据曲轴轴颈的直径和规定的轴承径向间隙选择合适内径的轴承。现代发动机曲轴轴承制造时，根据选配的需要，其内径直径已制成一个尺寸系列，每种型号的发动机有多种不同内径的轴承供选用。

② 检验轴承钢背质量　钢背光整无损，横向定位凸唇完好。

③ 检验轴承弹开量　轴承弹开量：柴油机一般为1.5～2.5mm，如图2-102 (a) 所示。

汽油机轴承高出量一般为0.04～0.09mm。柴油机轴承负荷大，高出量也大些。检验时，把轴承装入承孔，按原厂规定的紧固力矩拧紧两侧的紧固螺栓。然后，完全松开一侧的紧固螺栓，再用厚薄规检查轴承承孔剖分面的间隙，此间隙就是轴承的高出量，如图2-102 (b) 所示。

轴承高出量过小，轴承装配后与承孔的过盈不足，自锁能力弱，在工作中容易产生转动而引起烧瓦。高出量过大，装配后轴承局部可能翘起，在冲击载荷下，合金层不但容易疲劳剥落，加速轴承疲劳，引起烧瓦，还可能造成承孔穴蚀，也同样破坏轴承的自锁性能。

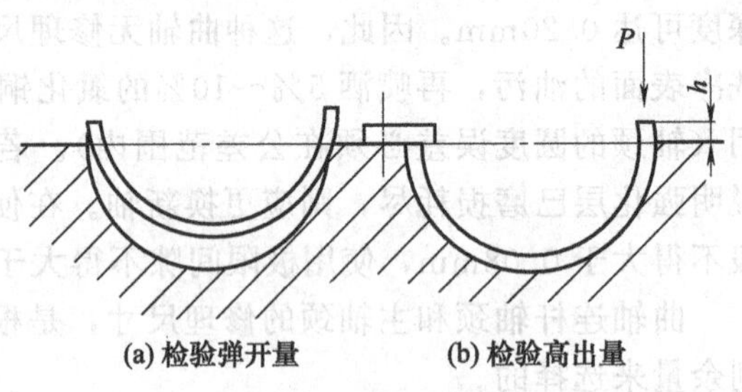

图2-102　轴承的检验

④ 装配轴承　装配轴承是个非常重要的修理工艺过程，它将影响整个发动机的运转情况。

将选择好的轴承嵌入轴承承孔及盖内，轴瓦应与承孔及盖密合，凸口应与承孔及盖的凹槽相嵌合，以及轴承上的油孔应与承孔座上的油道相通。

轴承嵌入承孔后，其两端边缘须高出承孔平面相应的高出量，以使装合后能得到更好的密合。

(3) 轴承间隙的检查　曲轴轴承间隙是指曲轴的径向和轴向间隙。这两种间隙都是为了适应发动机在运转中机件受热膨胀的需要而规定的。曲轴轴承间隙的检查包括曲轴主轴承径向间隙、轴向间隙检查和曲轴连杆轴承径向间隙检查。

① 曲轴主轴承的径向间隙检查　轴承与轴颈之间的间隙，称为轴承的径向间隙。检查的方法有以下几种。

a. 方法一　将轴承盖螺栓按规定顺序及力矩拧紧后，用适当的力矩（四道轴承的用30～40N·m，七道轴承的用60～70N·m）转动曲轴，以试其松紧度；或用双手扭动曲轴臂使曲轴转动，试其松紧，这是最简单的方法，但须有一定的经验。

b. 方法二　用内径千分尺和外径千分尺分别测量轴颈的外径和轴承的内径，测得的这两个尺寸之差，就是它们之间的间隙。沃尔沃D6E发动机曲轴径向间隙的检查过程如下：

a) 在点1和点2用外径千分尺测量主轴颈在平面 a 和平面 b 的外径，其正常值应该在83.980～84.0mm（小号83.73～83.75mm）之间，测量方法如图2-101所示。

b) 把主轴瓦安装到主轴承盖中，把主轴承盖安装在发动机缸体中。按照图2-103所示在点1和点2用内径百分表测量主轴承在平面 a 和平面 b 的内径，其正常范围值为83.98～84mm。

c) 计算主轴承与主轴颈的配合间隙。用测得的最大主轴承的内径减去测得的最小主轴颈的外径，得到主轴承与主轴颈的最大配合间隙，其正常范围为0.03～0.092mm。

c. 方法三　用塑胶量规测量检查，剪取与轴承宽度相同的塑胶量规，与轴颈平行放置，盖上轴承盖并按规定扭力拧紧螺栓（注意不要转动曲轴）。拆下螺栓，取下轴承盖，使用塑胶量规袋上的量尺，对比测量被压扁的塑胶最宽点的宽度，换算成径向间隙值（注意，测量后应立即彻底清洁塑胶间隙规尺）。如果其值不在规定的范围，就要更换轴承。

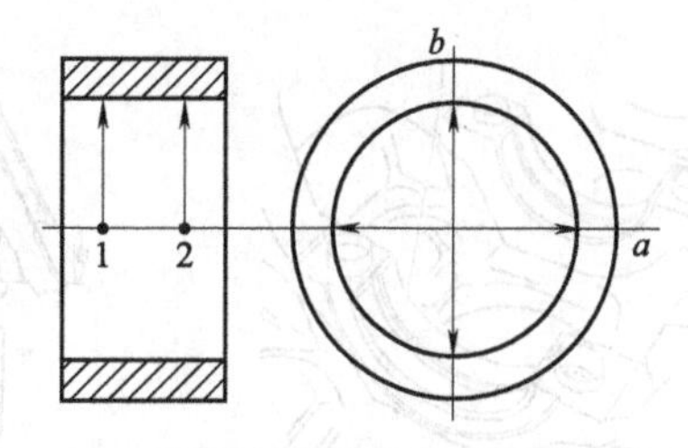

图 2-103　测量主轴承内径时的位置及方向

② 曲轴主轴承的轴向间隙检查　曲轴主轴承的轴向间隙是指轴承承推端面与轴颈定位肩之间的间隙。间隙过小，会在机件受膨胀时而卡滞；间隙过大，曲轴前后窜动，则给活塞连杆组的机件带来不正常的磨损。所以，在装配曲轴时，应进行曲轴轴向各间隙的检查，检查的方法有以下两种。

a. 方法一　擦拭干净轴承盖及两侧止推轴承，然后将两个带有凸缘的止推轴承安装到轴承盖两侧［如图 2-104（a）所示］，用外径千分尺测量其整体宽度［如图 2-104（b）所示］；用内径百分表量取对应曲轴主轴颈的宽度，如图 2-104（c）所示；然后用曲轴主轴颈的宽度减去测量的轴承盖与止推轴承的整体宽度就可得出轴承的轴向间隙。不同厂家不同型号的发动机曲轴轴向间隙值不同，如沃尔沃 D6E 型发动机的曲轴轴向间隙为 0.1～0.28mm。如轴向间隙过大或过小，则应更换止推轴承，如沃尔沃 D6E 型发动机配备的有标准止推轴承（厚度 2.0～2.05mm）和加厚止推轴承（厚度 2.20～2.25mm），若采用标准止推轴承曲轴轴向间隙过大，则可更换为加厚止推轴承。

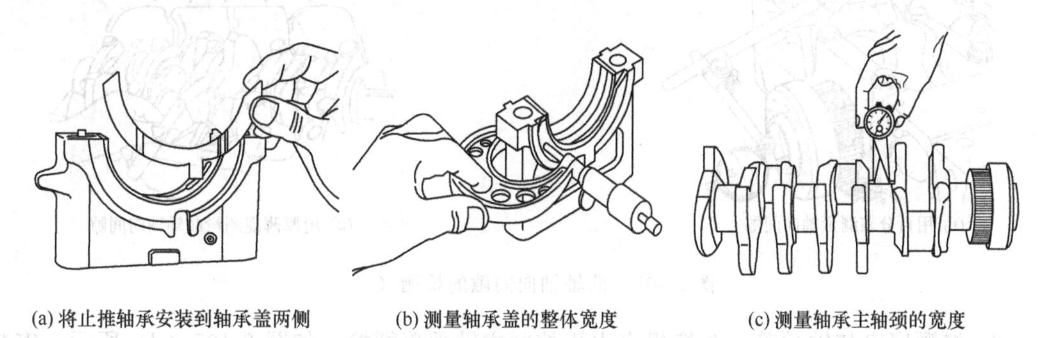

(a) 将止推轴承安装到轴承盖两侧　(b) 测量轴承盖的整体宽度　(c) 测量轴承主轴颈的宽度

图 2-104　曲轴轴向间隙的检测（一）

b. 方法二

a）将曲轴安装到发动机上，步骤如下：

ⅰ. 将主轴承座孔、主轴承盖、主轴承、止推轴承擦拭干净。

ⅱ. 将曲轴主轴承安装到发动机主轴承座孔中，如图 2-105（a）所示，注意安装前应在主轴承内侧涂少量润滑油。

ⅲ. 用吊带将曲轴调至正确位置，将曲轴安装到发动机机体上，如图 2-105（b）所示。

ⅳ. 将不带凸缘的止推轴承插入到曲轴下方，如图 2-105（c）所示，注意带油槽的侧面应朝向曲柄侧。

ⅴ. 如图 2-105（d）所示，在轴承盖内安装主轴承，在轴承盖的两侧面安装带凸缘的止推轴承，注意安装前应在主轴承及止推轴承的工作面涂少量润滑油，止推轴承带油槽的侧面应朝向外侧。

(a) 将主轴承放入主轴承座孔

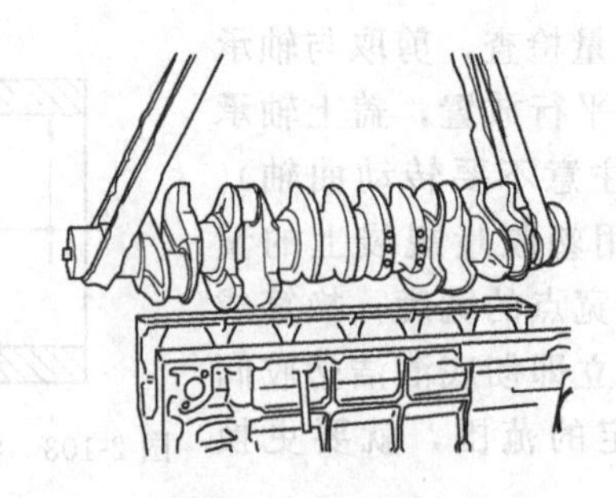

(b) 将曲轴安装到主轴承座孔中

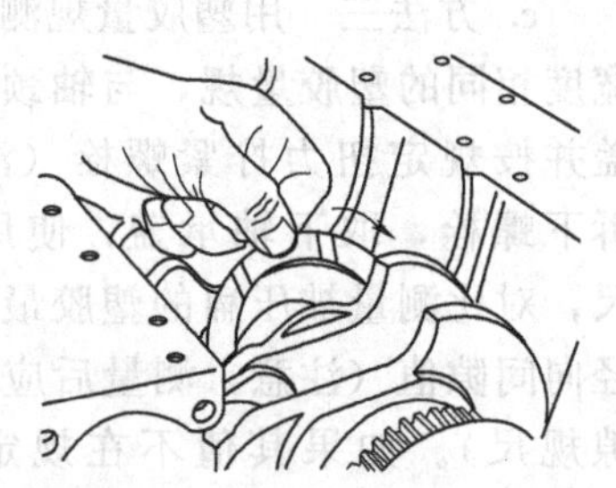

(c) 将不带凸缘的止推轴承插入曲轴下方

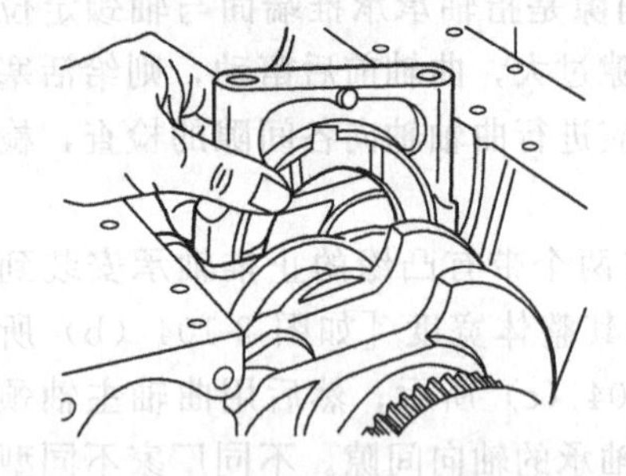

(d) 在轴承盖内安装主轴承、止推轴承；安装轴承盖，按规定力矩拧紧主轴承盖螺栓

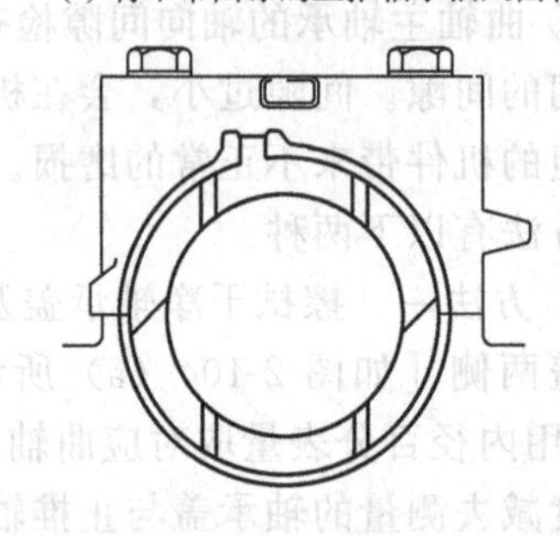

(e) 主轴承座孔内上、下止推轴承的正确匹配

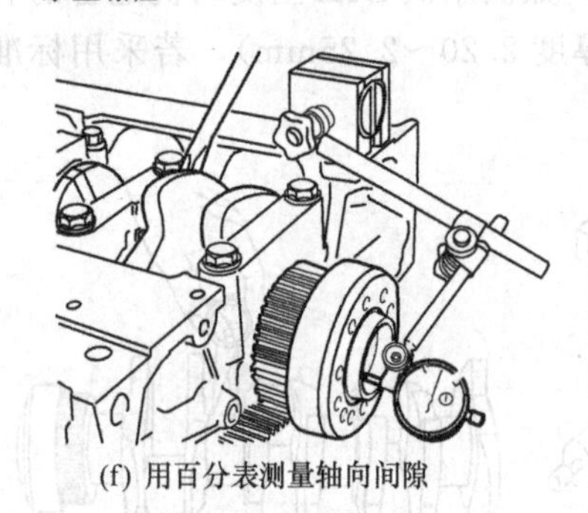

(f) 用百分表测量轴向间隙

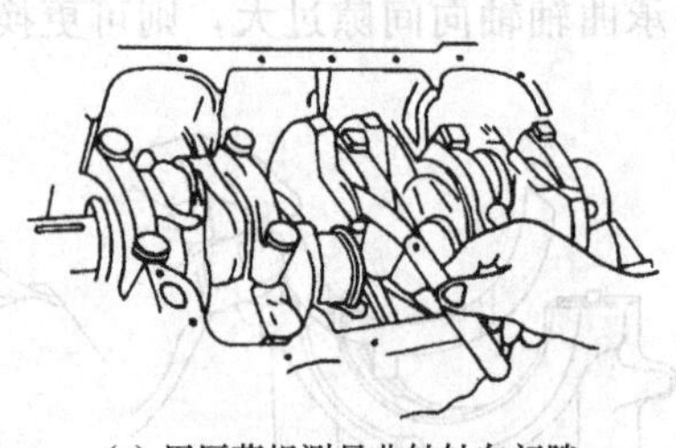

(g) 用厚薄规测量曲轴轴向间隙

图 2-105　曲轴轴向间隙的检测（二）

ⅵ. 按顺序安装轴承盖，并按规定力矩拧紧主轴承盖螺栓，如图 2-105（d）所示。安装时应注意轴承盖上止推轴承与曲轴上止推轴承的正确匹配，如图 2-105（e）所示。

b）将带有磁力表座的百分表固定在汽缸体上，调整表架使百分表测量杆与曲轴轴向方向平行，用撬杠左右撬动曲轴，百分表的最大摆差就为曲轴的轴向间隙，如图 2-105（f）所示。

c）安装好曲轴后，也可采用厚薄规测量曲轴的轴向间隙。先将曲轴定位轴肩向轴承的承推端面的一边靠合，用撬棒将曲轴挤向后端，然后用厚薄规片在曲轴臂与止推轴承或止推垫圈之间测量，如图 2-105（g）所示。

③ 曲轴连杆轴承径向间隙的检查　用内径千分尺和外径千分尺分别测量连杆轴颈的外径和连杆轴承的内径，测得的这两个尺寸之差，就是它们之间的间隙。沃尔沃 D6E 发动机曲轴连杆轴承径向间隙的检查过程如下：

a. 在点 1 和点 2 用外径千分尺测量连杆轴颈在平面 a 和平面 b 的外径，其正常值应该在 70.026～70.065mm（小号 69.775～69.815mm）之间，测量方法如图 2-101 所示。

b. 把连杆轴瓦安装到连杆大头中，安装连杆盖，用规定力矩拧紧连杆螺栓。按照图2-106所示在点1和点2用内径百分表测量主轴承在平面 a 和平面 b 的内径，其正常范围值为70.026～70.065mm（小号69.775～69.815mm）。

c. 计算主轴承与主轴颈的配合间隙。用测得的最大主轴承的内径减去测得的最小主轴颈的外径，得到主轴承与主轴颈的最大配合间隙，其正常范围为0.036～0.095mm。

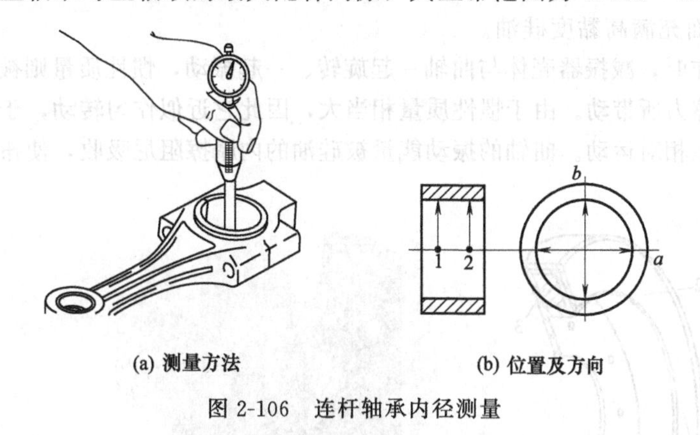

图 2-106　连杆轴承内径测量

单元二　扭转减振器的构造与检修

一、扭转减振器的构造

1. 扭转振动

发动机等速运转时，由于飞轮的惯性很大，可以认为是等速运转。而各缸气体压力和往复运动件的惯性力是周期变化地作用在曲轴连杆轴颈上，给曲轴一个周期变化的扭转外力，使曲轴发生忽快忽慢的转动。于是可把飞轮看作相对静止件，曲轴的飞轮端看作固定端，另一端看作自由端，在上述周期变化的外力作用下，曲轴相对飞轮发生强迫扭转振动。同时，由于曲轴的弹性及曲柄、平衡重、活塞连杆组等运动件质量的惯性，曲轴要发生自由扭转振动。曲轴上的这两种振动会发生共振，从而引起功率损失、曲轴扭转变形甚至扭断以及正时齿轮产生冲击噪声等不良现象。发生共振的转速称为临界转速。

2. 扭转减振器的功用

扭转减振器的功用就是吸收曲轴扭转振动的能量，消减扭转振动。

一般低速发动机不易达到临界转速，因而在曲轴上不加装扭转减振器。但曲轴刚度小，旋转质量大，缸数多及转速高的发动机，由于自振动频率低，强迫振动频率高，容易达到临界转速而发生强烈共振，因而应加装曲轴扭转减振器。

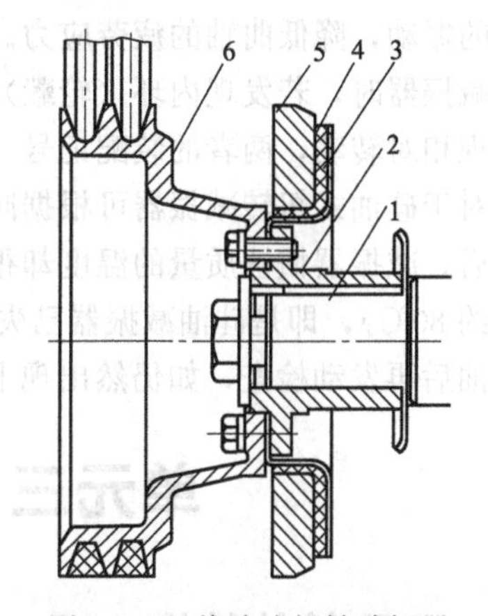

图 2-107　橡胶式扭转减振器

1—曲轴前端；2—皮带轮毂；3—减振器圆盘；4—橡胶层；5—惯性盘；6—皮带轮

3. 扭转减振器的构造和工作原理

常用的扭转减振器有干摩擦式、橡胶式、黏液式（硅油）及橡胶-黏液式数种。

图 2-107 为一种橡胶式扭转减振器。减振器圆盘 3、皮带轮 6 和轮毂 2 用螺栓紧固在一起，橡胶层 4 与圆盘及惯性盘 5 硫化在一起。当曲轴发生扭转振动时，力图保持等速转动的惯性盘与橡胶层发生了内摩擦，从而消耗了扭转振动的能量，消减了扭振。

图 2-108 为硅油式扭转减振器，由钢板冲压而成的减振器壳体 4 与曲轴连接。侧盖 2 与减振器壳体 4 组成密封腔，其中嵌套着扭转振动惯性质量 3。惯性质量 3 与密封腔之间留有一定的间隙，里面充满高黏度硅油。

当发动机动作时，减振器壳体与曲轴一起旋转、一起振动，惯性质量则被硅油的黏性摩擦阻尼和衬套的摩擦力所带动。由于惯性质量相当大，因此它近似作匀转动，于是在惯性质量与减振器壳体间产生相对运动。曲轴的振动能量被硅油的内摩擦阻尼吸收，使扭振消除或减轻。

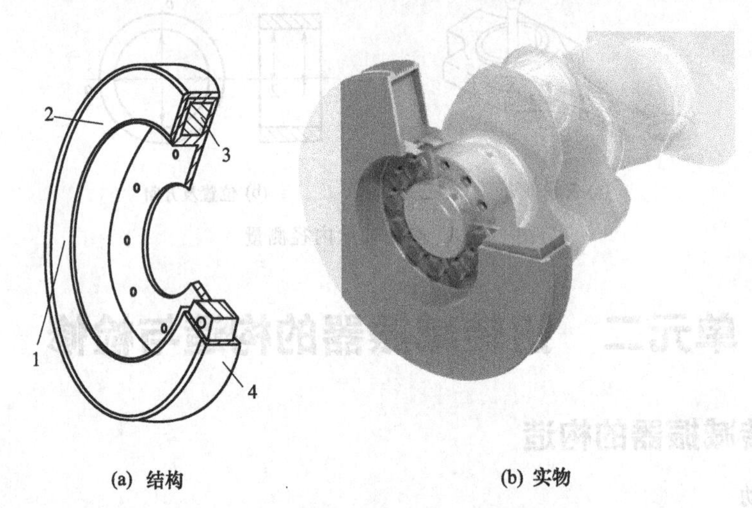

(a) 结构　　(b) 实物

图 2-108　硅油式扭转减振器

1—硅油加注螺塞；2—侧盖；3—扭转振动惯性质量；4—减振器壳体

二、扭转减振器的检修

现代发动机曲轴的前端多数都有扭转减振器，用于减小曲轴的共振倾向和平衡曲轴前、后两端的振动，降低曲轴的疲劳应力。目前比较普遍使用的是橡胶式扭转减振器。在检查橡胶式扭转减振器时，若发现内环（轮毂）与外环（风扇皮带或平衡盘）之间的橡胶层脱层，内、外环出现相对转动，两者的装配记号（刻线）相错，说明扭转减振器已丧失了工作能力，必须更换。对于硅油式扭转减振器可根据减振器惯性质量温度判断其工作情况，如果发动机工作一段时间后，减振器惯性质量的温度却很低，甚至没有温度感觉（减振器工作正常时，其惯性环的温度约 80℃），即是硅油减振器已失效。这时，某些硅油减振器可卸下硅油加注口的螺塞，添加硅油后再发动检查，如仍然出现上述情况，则应拆下硅油减振器送厂修复或更换。

单元三　飞轮的结构与检修

一、飞轮的结构

1. 功用

飞轮的主要功用是储存做功行程的能量，用以在其他行程中克服阻力完成发动机的工作循环，使曲轴的旋转角速度和输出转矩尽可能均匀，并改善发动机克服短暂超负荷的能力。同时，将发动机的动力传给离合器。

2. 构造

飞轮是一铸铁圆盘，其构造如图 2-84 之 15 所示，用螺栓固定于曲轴后端凸缘或后端面（无凸缘者）上。为了在同样质量下增大转动惯量，飞轮的外缘做得较厚。飞轮外缘镶有齿圈，与启动机齿轮啮合。齿圈与飞轮有很大的配合过盈，是将齿圈加热进行镶配的。

飞轮上有第一缸上止点记号（有的刻在前端皮带盘上），不少刻有供油提前角刻度线（柴油机），以便调整和检验供油提前角和气门间隙。

图 2-109 为一种柴油机飞轮上的刻记，在外圆柱面上刻有一缸上止点记号和供油提前角刻度线。当飞轮上的刻度线 0 与窗口凸缘的边缘 A 对正时，一缸活塞正处于上止点位置，当飞轮上的刻度线 15 对正边缘 A 时，为一缸开始供油的位置。图 2-110 为第一缸上止点记号刻在前端皮带盘上的发动机，在发动机体上固定一 0～20 度的刻度盘，当皮带盘上的一缸上止点记号与刻度盘上的 0 刻度线对齐时，一缸活塞正处于上止点位置。

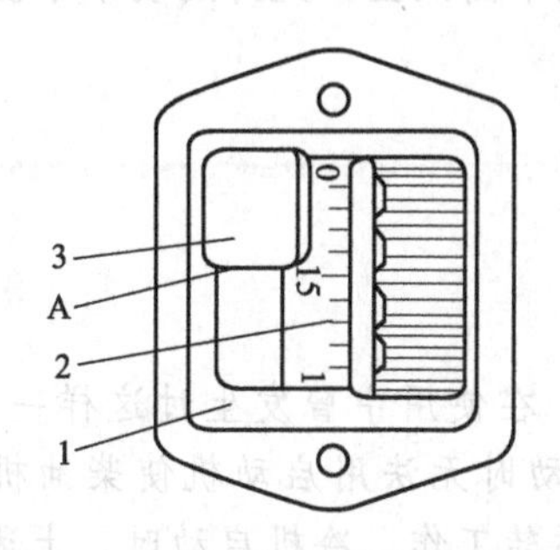

图 2-109　柴油机飞轮上的刻记

1—检查窗孔；2—飞轮上的刻线；3—凸缘；A—凸缘边缘

图 2-110　刻在前端皮带盘上的一缸上止点记号

由于飞轮与曲轴装配后进行过动平衡校验以及飞轮上有确定上述位置的标记，为避免装错影响动平衡和造成上述记号错乱，飞轮和曲轴的装配都有周向定位装置，如固定螺孔采用不对称布置、两种不同直径的固定螺栓或定位销等。

二、飞轮的修理

1. 更换齿圈

飞轮齿圈有断齿或齿端冲击耗损，与启动机齿轮啮合困难时，更换齿圈或飞轮组件。齿圈与飞轮配合过盈，更换时先将齿圈加热，进行热压配合，如沃尔沃发动机飞轮齿圈的更换过程如下。

① 拆卸飞轮固定螺栓，安装吊耳和吊索，用吊车卸下飞轮，如图 2-111（a）所示。

② 加热新的飞轮齿圈至 210℃以上。如果采用烤箱加热，应当在拆卸旧齿圈前加热；如果采用乙炔加热，在安装之前加热即可。

③ 拆卸旧齿圈。用钻头在旧齿圈的两个轮齿之间（即齿槽部位）钻一个直径为 10mm、深为 9mm 的孔，如图 2-111（b）所示；然后用台虎钳夹持飞轮，用冷凿敲击在飞轮齿圈上所钻的孔，如图 2-111（c）所示，直至飞轮齿圈在钻孔处断开，取下旧齿圈。

④ 安装飞轮齿圈。取出保温箱中加热后或用乙炔加热后的新齿圈，安装到飞轮上，如图 2-111（d）所示。要保证齿圈底部贴住飞轮法兰。

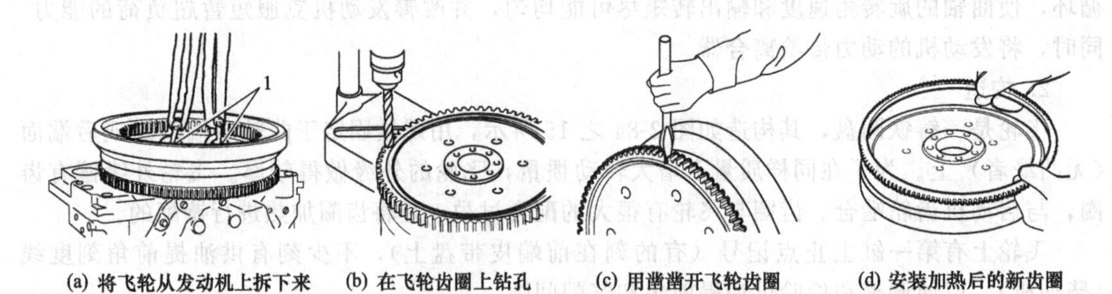

(a) 将飞轮从发动机上拆下来　(b) 在飞轮齿圈上钻孔　(c) 用凿凿开飞轮齿圈　(d) 安装加热后的新齿圈

图 2-111 飞轮齿圈的更换

2. 修理飞轮工作平面

飞轮工作平面有严重烧灼或磨损沟槽深度大于 0.50mm 时，应进行修整。修整后，工作平面的平面度误差不得大于 0.10mm；飞轮厚度极限减薄量为 1mm；与曲轴装配后的端面圆跳动误差不得大于 0.15mm，还应在平衡机上进行动平衡试验，允许的动不平衡应符合原厂标准。

校企链接

维修实例分析：495 柴油机热机难启动故障诊断

【故障现象】

一辆公路用 ZYT6/8 光碾压路机装用的 495 柴油机，在使用中曾发生过这样一种故障：尽管蓄电池容量充足，电启动设备性能良好，但热车启动时无法用启动机使柴油机启动着火，而必须采用拖车或推车的办法，才能使柴油机正常运转工作。冷机启动时，上述现象又不复存在，一切正常。

【故障排除】

经检查，其故障原因是喷油泵柱塞偶件严重磨损所致。这是因为冷机启动时，柴油的黏度较大，泄漏较少，尚能喷入足够的燃油启动。当热机启动时，由于喷油泵及柴油滤清器的温度较高，柴油较稀，启动转速又低，因此大部分柴油从磨损处泄漏，造成启动油量不足，无法启动但用拖车或推车方法启动时，则因抬离合器的瞬间柴油机的转速很高、燃油来不及从柱塞偶件磨损处漏失，故能启动。

在工作现场采用临时急救的方法，可将最大油量控制螺钉退回几圈。这样做的目的，一可增大供油量，二可避免接触到柱塞原先磨损较大的常用位置，使泄漏减少，油量增大，便于启动。

【故障解析】

除上述原因分析外，以下一些原因也可能导致该柴油机热机难发动：

(1) 活塞和汽缸套的配合间隙太小　如果配合间隙小，就不能保证热机工况时应有的工作间隙，致使活塞与汽缸壁形成局部无间隙或间隙极小，使活塞无膨胀余地，而形成活塞咬缸。此时热机停车再启动，当然启动困难。

另外，若柴油机冷却系统内水垢过多，则会引起散热不良，使活塞因此产生过热，同样会破坏热机状态时应有的工作间隙，出现难以顺利启动故障。

(2) 活塞环侧隙偏小　汽缸密封是靠活塞环的弹力，使环周边紧贴汽缸套内壁获得的。活塞环的侧隙安装时若偏小（指环与活塞环槽的间隙），或因积炭黏结等，同样会使热车时无间隙或间隙很小，使环在环槽内无法正常运动而咬合，严重时甚至折断形成拉缸。同时由于环失去弹力而不起作用，曲轴箱负压增大。此时停机再启动，将因大量燃气窜入曲轴箱，以致造成因压缩力不足而难以启动运转。

(3) 曲轴轴向间隙过小　如果安装曲轴时，使曲轴的轴向间隙很小甚至无间隙，则当柴油机运转到热机时随着温度的升高，轴颈端会产生碰擦现象，此时停机再摇车会感到沉重，造成启动困难。

应用练习

一、填空题

1. 曲轴的支承形式有________和________两种，一般发动机采用________。

2. 曲轴的作用是________________。

3. 曲轴的曲拐数取决于________和__________，直列式发动机曲轴的曲拐数等于______；V形发动机曲轴的曲拐数等于______________。

4. 曲轴前端装有驱动配气凸轮轴的_______，驱动风扇和水泵的_______，止推片等，有些中小型发动机的曲轴前端还装有________，以便必要时用人力转动曲轴。

二、选择题

1. 四冲程V形六缸发动机的做功间隔角为（　　）。

A. 60°　　B. 90°　　C. 120°　　D. 180°

2. 曲轴（　　）的作用是降低曲轴的扭转振动。

A. 平衡重　　B. 减振器　　C. 飞轮　　D. 带轮

3. 直列式四缸发动机的曲轴销的间隔角度是（　　）。

A. 1—4与2—3各销在同一平面，并相隔180°

B. 1—3与2—4各销在同一平面，并相隔180°

C. 1—2与3—4各销在同一平面，并相隔180°

D. 1、2、3、4各销在同一平面，并相隔90°

4. 曲轴上的平衡重一般设在（　　）。

A. 曲轴前端　　B. 曲轴后端　　C. 曲柄上

5. V形发动机曲轴的曲拐数等于（　　）。

A. 汽缸数　　B. 汽缸数的一半　　C. 汽缸数的一半加1　　D. 汽缸数加1

三、判断题

1. 直列发动机的全支承曲轴，其主轴颈数目等于汽缸数。（　　）

2. 直列发动机曲轴的曲拐数等于汽缸数。（　　）

3. 飞轮的质量越大，发动机运转的均匀性就越好。（　　）

4. 按1—5—3—6—2—4顺序工作的发动机，当一缸压缩到上止点时，五缸处于进气行程。（　　）

5. 当飞轮上的点火正时记号与飞轮壳上的正时记号刻线对准时，第一缸活塞无疑正好处于压缩行程上止点位置。（　　）

四、简答题

1. 曲轴为什么要加平衡重？

2. 曲轴是如何轴向定位的？其轴向间隙如何检查与调整？

3. 飞轮的主要功用是什么？飞轮上所刻的标记有何用途？

项目三　配气机构的构造与检修

任务一　认识配气机构的组成和配气相位

教学前言

1. 教学目标

(1) 了解配气机构的作用、组成；

(2) 了解配气机构的分类；

(3) 了解配气相位。

2. 教学要求

(1) 常用工程机械柴油机四缸或六缸发动机；

(2) 发动机拆装工作台，拆装专用工具，检测工量具等；

(3) 工程机械实验设备；

(4) PPT 课件（图片或动画或实拍）。

3. 引入案例（维修实例分析）

6BTA5.9 的康明斯发动机大修时，出现凸轮和挺柱过度磨损，是什么原因？如何预防？

系统知识

单元一　配气机构的组成

一、配气机构的功用

按照发动机每个汽缸内所进行的工作循环和发火次序的要求，定时开启和关闭汽缸的进、排气门，使新鲜可燃混合气（汽油机）或空气（柴油机）得以及时进入汽缸，废气得以及时从汽缸排出。

二、配气机构的组成

配气机构由气门组件和气门传动组两部分组成（见图 3-1）。按凸轮轴位置分为凸轮轴下置、凸轮轴中置及凸轮上置三种。按气门数分有双气门式（见图 3-1）和四气门式（见图 3-2）。按曲轴和凸轮轴的传动方式可分为：齿轮传动（见图 3-3）、链传动及齿型带传动（见图 3-4）。工程机械通常采用齿轮传动。

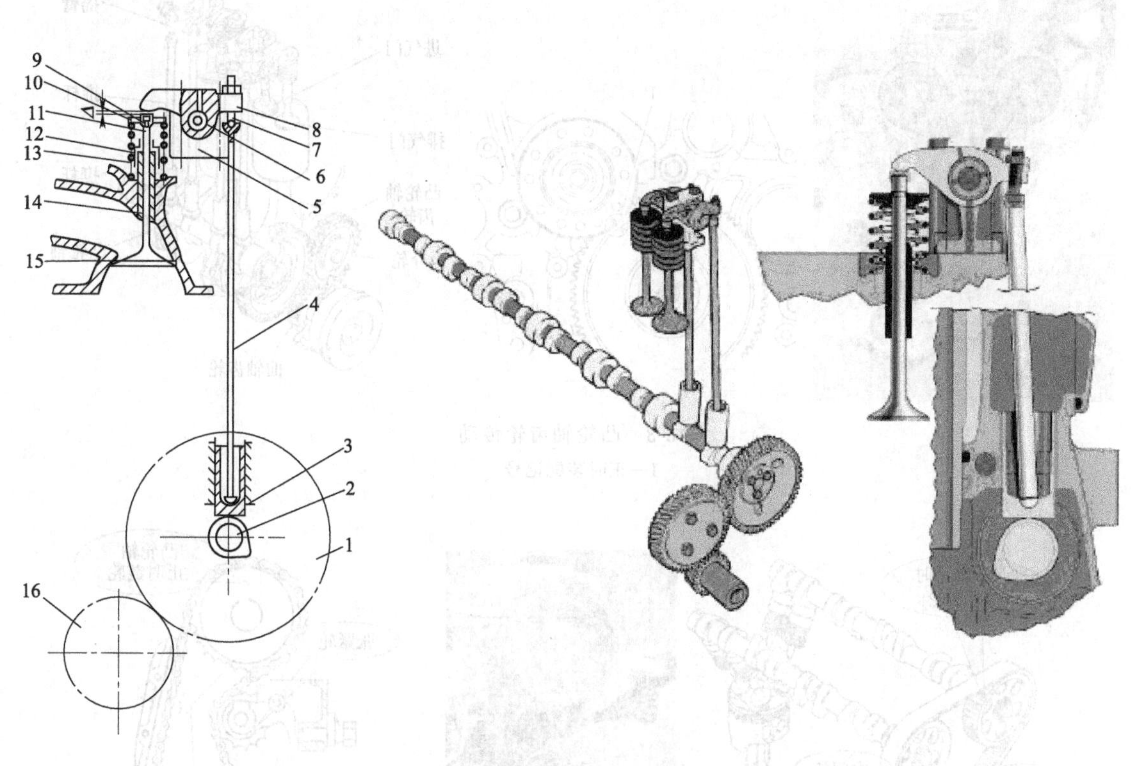

图 3-1　配气机构的组成

1—凸轮轴正时齿轮；2—凸轮轴；3—气门挺柱；4—推杆；5—摇臂轴支架；6—摇臂轴；
7—调整螺钉及锁紧螺母；8—摇臂；9—气门锁片；10—气门弹簧座；11—气门；
12—防油罩；13—气门弹簧；14—气门导管；15—气门座；
16—曲轴正时齿轮；Δ—气门间隙

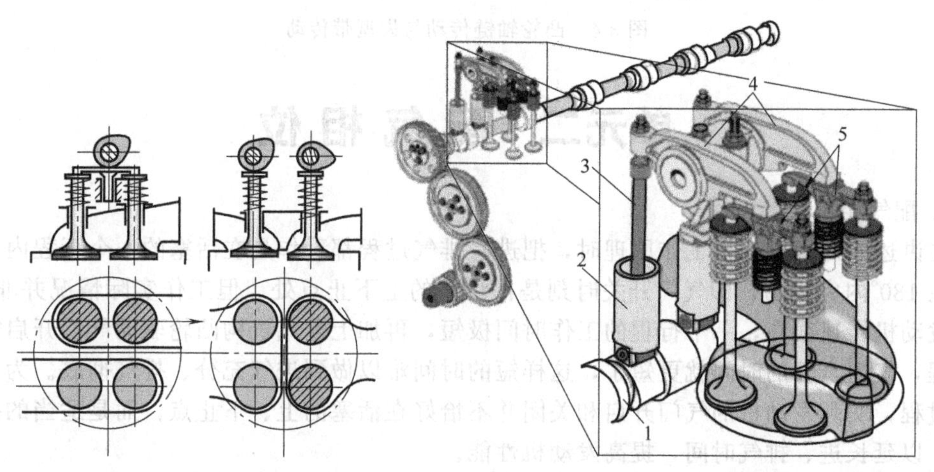

图 3-2　四气门机构

1—凸轮轴；2—随动柱（挺杆）；3—推杆；4—摇臂；5—气门过桥

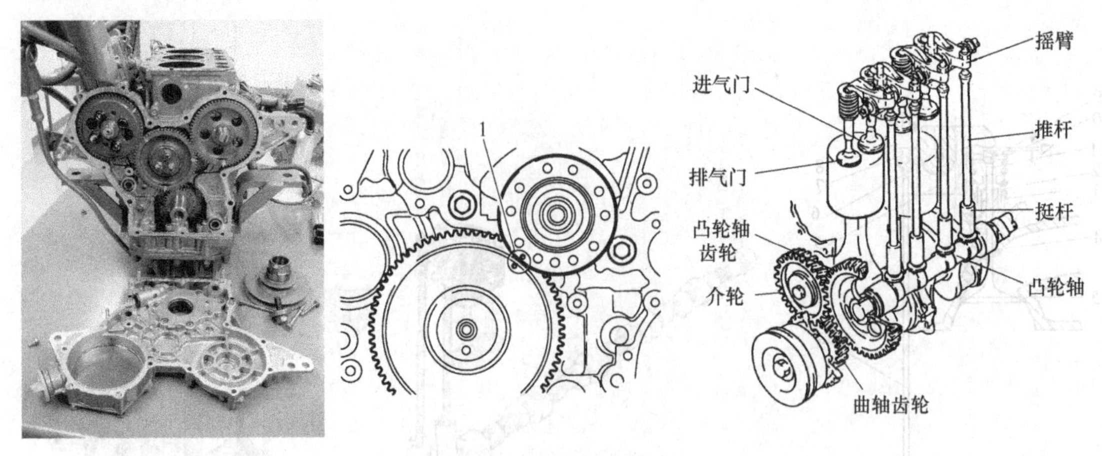

图 3-3 凸轮轴齿轮传动

1—正时装配记号

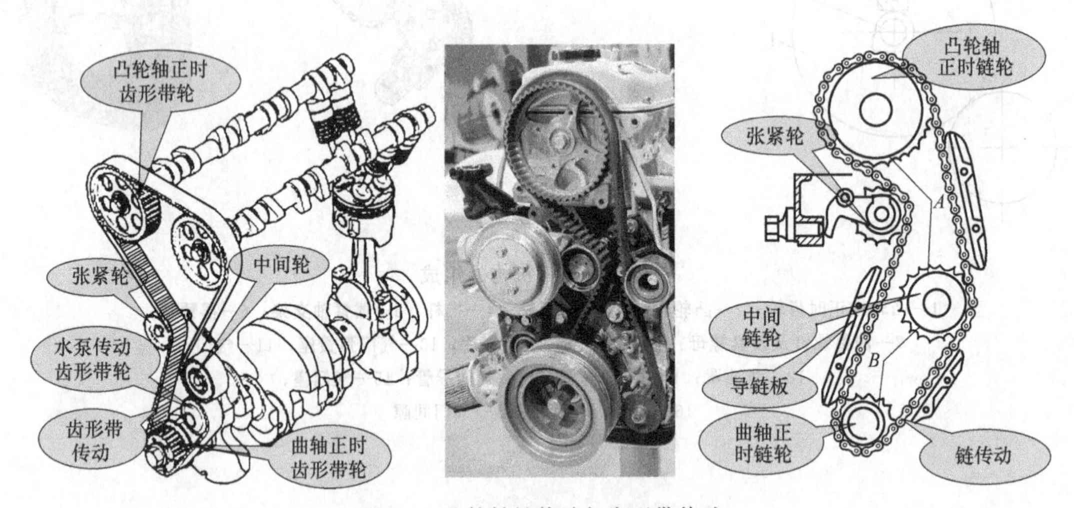

图 3-4 凸轮轴链传动与齿型带传动

单元二 配 气 相 位

1. 配气相位

在讲述四冲程发动机工作原理时，把进、排气过程都看作是在活塞的一个行程内，曲轴转角在180°内完成的，即气门开关时刻是在活塞的上下止点处。但工作实际情况并非如此。由于发动机转速很高，一个行程的工作时间极短，再加上配气机构凸轮驱动气门开启需要一个过程，气门全开的时间就更短了，这样短的时间难以做到进气充分、排气彻底。为了改善换气过程，实际发动机的气门开启和关闭并不恰好在活塞的上、下止点，而是适当的提前和迟后，以延长进、排气时间，提高发动机性能。

气门从开始开启到最后关闭的曲轴转角，称为配气相位，通常用配气相位图表示，如图3-5所示。

进气提前角 α：从进气门开始开启到活塞到达上止点所对应的曲轴转角称为进气提前角。进气门早开能使新鲜空气多一些进入汽缸。

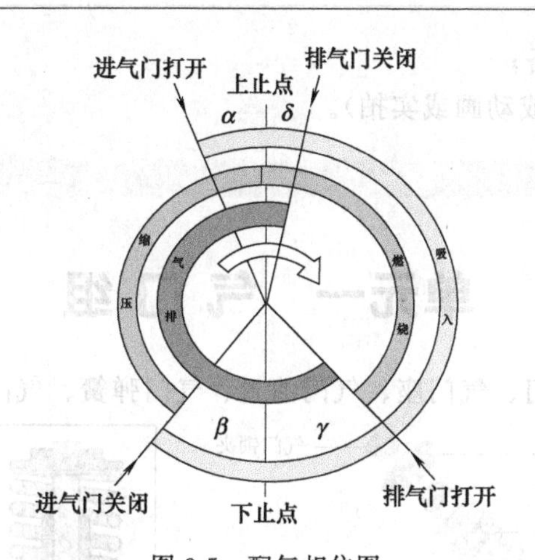

图 3-5 配气相位图

$\alpha=10^\circ\sim30^\circ$；$\beta=40^\circ\sim70^\circ$；$\gamma=40^\circ\sim60^\circ$；$\delta=10^\circ\sim30^\circ$

进气迟后角 β：从下止点到进气门关闭所对应的曲轴转角称为进气迟后角。利用气流惯性和压差继续进气，有利于充气。

排气提前角 γ：从排气门开始开启到活塞到达下止点所对应的曲轴转角称为排气提前角。这样，可使活塞上行时所消耗的功率大为减小，防止发动机过热。

排气迟后角 δ：从上止点到排气门关闭所对应的曲轴转角称排气迟后角。利用气流的惯性和压差可以把废气排放得更干净。

2. 气门重叠角

配气相位图中显示，由于进气门早开和排气门晚关，出现了一段进、排气门同时开启的现象，称为气门重叠角，同时开启的角度（$\alpha+\beta$）。

由于气门重叠角的开度很小，且新鲜空气和废气流的惯性保持原来的流动方向，所以，适当的气门重叠角不会产生废气倒排回进气管和新鲜气体随废气排出的问题。相反，由于废气气流周围有一定真空度，从进气门进入的少量新鲜气体可对此真空度加以填补，有助于废气的排出。

任务二 配气机构零部件结构特点分析

教学前言

1. 教学目标

（1）掌握配气机构气门组、气门驱动组的结构组成；

（2）掌握配气机构气门组、气门驱动组的结构特点及拆装要点；

（3）掌握配气机构气门间隙调整的具体方法；

（4）掌握检测工具和专用工具使用。

2. 教学要求

（1）常用工程机械柴油机四缸或六缸发动机；

（2）发动机拆装工作台，拆装专用工具，检测工量具等；

（3）工程机械实验设备；

（4）PPT 课件（图片或动画或实拍）。

系统知识

单元一　气门组

配气机构气门组由气门、气门座、气门油封、气门弹簧、气门导管等组成。见图 3-6。

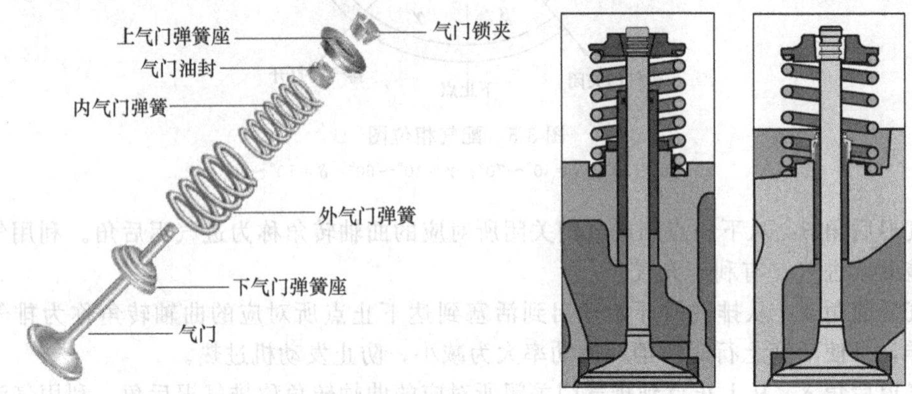

图 3-6　配气机构气门组的构造

1. 气门

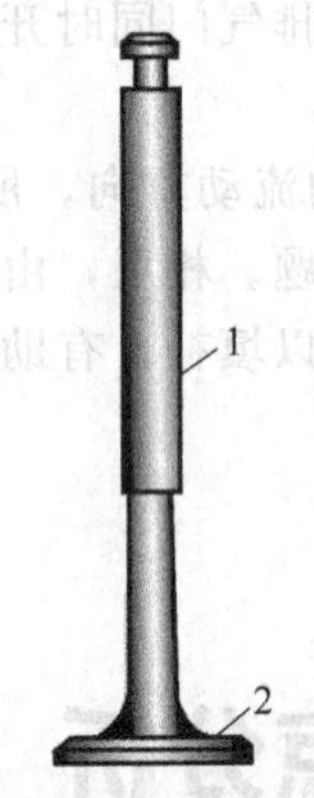

图 3-7　气门结构

1—杆身；2—头部

工作条件：承受气体高温、高压作用，承受气门落座的冲击及润滑困难。

要求：气门应该具有足够的强度、刚度、耐磨、耐高温、耐腐蚀、耐冲击，与气门导管有适当的配合间隙，同时又要有较轻的质量。

材料：进气门采用合金钢（铬钢或镍铬等），排气门采用耐热合金钢（硅铬钢等）。

构造：气门由头部、杆身和尾部组成，如图 3-7 所示。

气门头部（如图 3-8 所示）用来封闭气道，是一个具有圆锥斜面的圆盘，通常进气门用 30°锥角，增大进气通道面积；排气门用 45°锥角，增加气门强度。气门头部边缘应保持一定厚度，一般为 1～3mm，以防工作中冲击损坏和被高温烧蚀。气门密封锥面与气门座配对研磨。

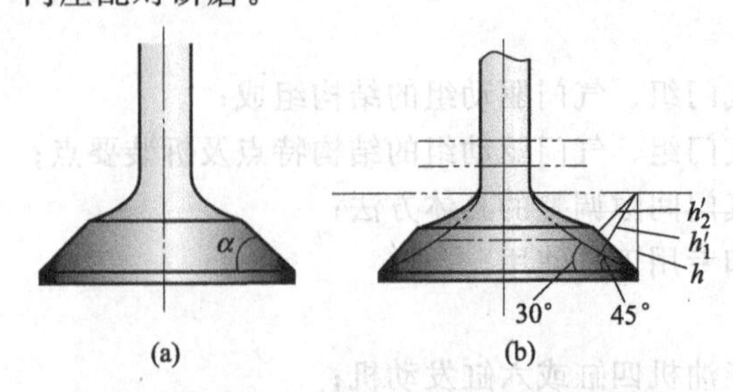

图 3-8　气门锥角及其对气门通道截面的影响

气门杆身起导向作用，气门杆身与气门导管留有0.05～0.12mm的微量间隙。

气门尾部的形状决定了上气门弹簧座的固定方式。采用剖分成两半且外表面为锥面的气门锁夹来固定上气门弹簧座，结构简单，工作可靠，拆装方便，因此得到了广泛的应用。气门锁夹内表面有多种形状，相应地气门尾端也有各种不同形状的气门锁夹槽。有些发动机的气门，在杆部锁片槽下面另有一条切槽装一卡环，如图3-9所示，以防万一气门弹簧折断时气门有落入汽缸发生捣缸的危险。

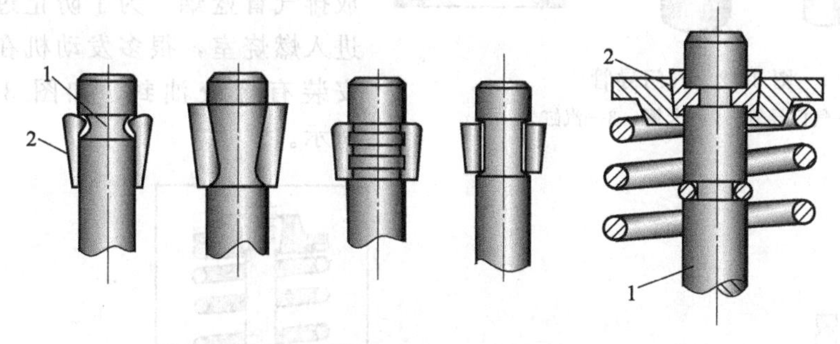

图3-9 气门尾端的形状及固定方式

1—气门杆；2—卡环

2. 气门座圈

汽缸盖的进、排气道与气门锥面相结合的部位称为气门座圈，它也有相应的锥角。大多数发动机在缸盖上镶气门座圈；其主要优点是提高了使用寿命、提高耐磨性、便于修理更换，缺点是导热性差，座圈脱落容易造成事故。如图3-10所示。

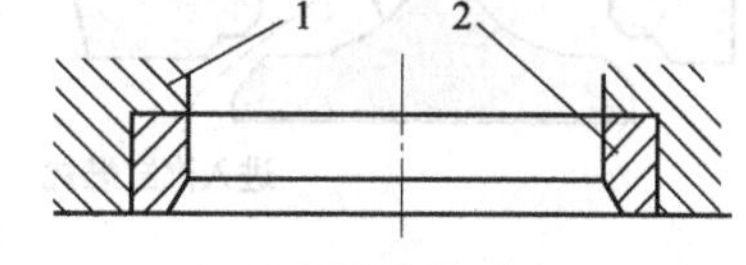

图3-10 气门座圈

1—汽缸盖；2—气门座圈

气门座圈的材料：耐热钢，合金铸铁或特种青铜。

气门座圈锥角由三部分组成，如图3-11所示，其中45°或30°锥面为与气门配合的密封锥面，为了使密封更可靠，密封锥面的宽度一般为1～2.5mm。15°和75°锥角是用来修正密封锥面的宽度及上下位置的。

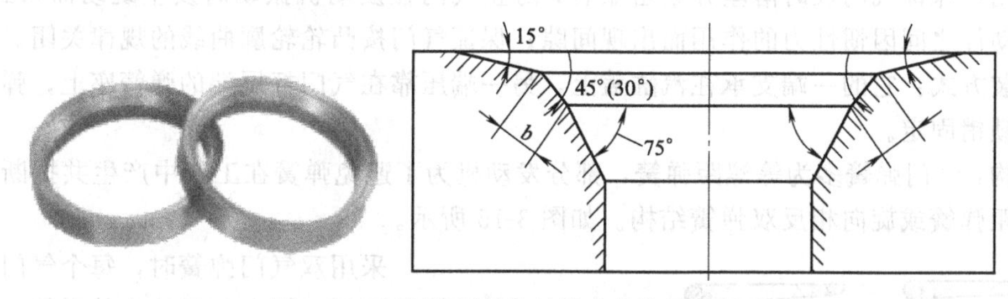

图3-11 气门座圈结构及锥角结构示意图

3. 气门导管和油封

如图3-12所示，气门导管的作用是在气门做往复直线运动时进行导向，以保证气门与气门座之间的正确配合与开闭。另外，气门导管还在气门杆与汽缸盖之间起导热作用。气门导管多用灰铸铁、球墨铸铁或粉末冶金制成。当凸轮直接作用于气门杆端时，承受侧向作用力。气门导管与汽缸盖上的气门导管孔为过盈配合，气门导管内、外圆柱面经加工后压入汽缸盖中，然后精铰内孔。为防止气门导管在工作中松落，有的采用卡环定位。

气门与气门导管间留有0.05～0.12mm的微量间隙，使气门能在导管中自由运动，适

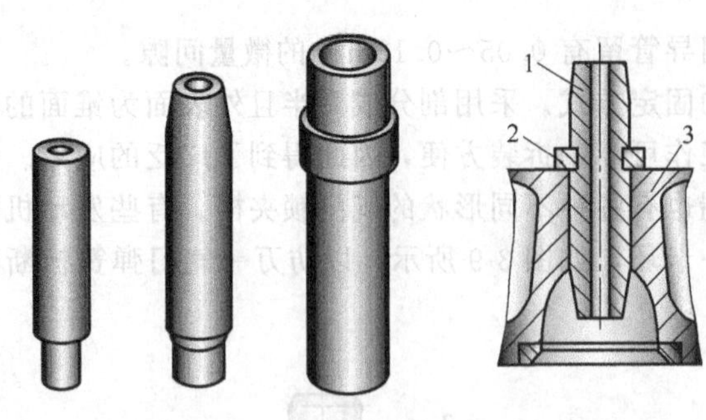

图 3-12 气门导管
1—气门导管；2—卡簧；3—汽缸盖

量的配气机构飞溅出来的润滑油由此间隙对气门杆和气门导管进行润滑。该间隙过小，会导致气门杆受热膨胀与气门导管卡死；间隙过大，会使机油进入燃烧室燃烧，产生积炭，加剧活塞、汽缸和气门磨损，增加润滑油消耗，同时造成排气冒蓝烟。为了防止过多的润滑油进入燃烧室，很多发动机在气门导管上安装有橡胶油封，如图 3-13、图 3-14 所示。

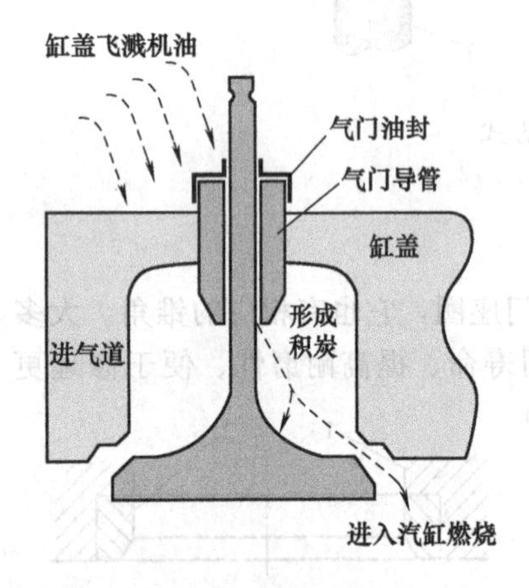

图 3-13 气门导管和油封（一）

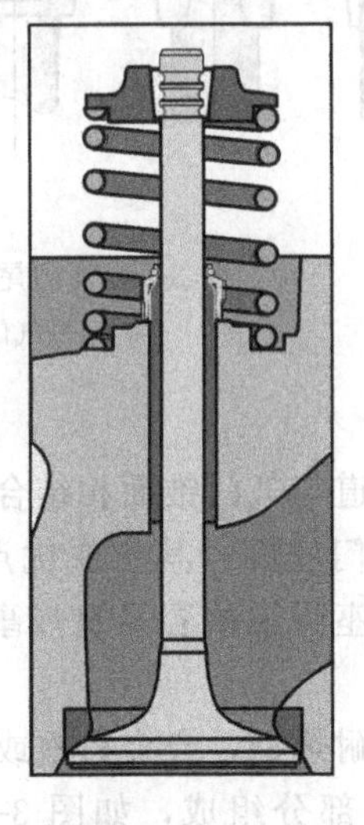

图 3-14 气门导管和油封（二）

4. 气门弹簧

作用：保证气门及时落座并紧密贴合；防止气门在发动机振动时发生跳动而密封不严；防止传动件之间因惯性力的作用而出现间隙；保证气门按凸轮轮廓曲线的规律关闭。

安装方式：它的一端支承在汽缸盖上，另一端压靠在气门杆尾端的弹簧座上，弹簧座用锁片或锁销固定。

结构：气门弹簧多为等螺距弹簧，部分发动机为了避免弹簧在工作中产生共振断裂，采用变螺距弹簧或旋向相反双弹簧结构。如图 3-15 所示。

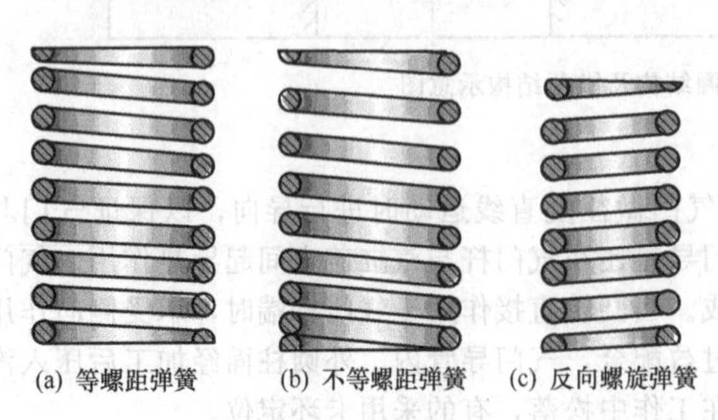
(a) 等螺距弹簧　(b) 不等螺距弹簧　(c) 反向螺旋弹簧

图 3-15 气门弹簧

采用双气门弹簧时，每个气门装两根直径不同、旋向相反的内外弹簧，两弹簧的自然振动频率不同，当某一弹簧发生共振时，另一弹簧可起减振作用。旋向相反，可以防止一根弹簧折断时卡入另一根弹簧内，导致好的弹簧被卡住或损坏。另外，万一某根弹簧折断时，另一根弹簧仍可保持气门不落入汽缸内。不等螺距弹簧在工作时，螺距小的一端逐渐叠合，有效圈数逐渐减小，自然频率也就逐渐提高，无法形成共振。不等螺距的气门弹簧安装时，螺距小的一端应朝向气门头部。

单元二　气门驱动组

如图 3-1 所示，气门驱动组由传动正时齿轮、凸轮轴、挺柱、挺杆、摇臂等组成。

1. 凸轮轴

凸轮轴由凸轮、轴颈及其他附属件组成，如图 3-16 所示。

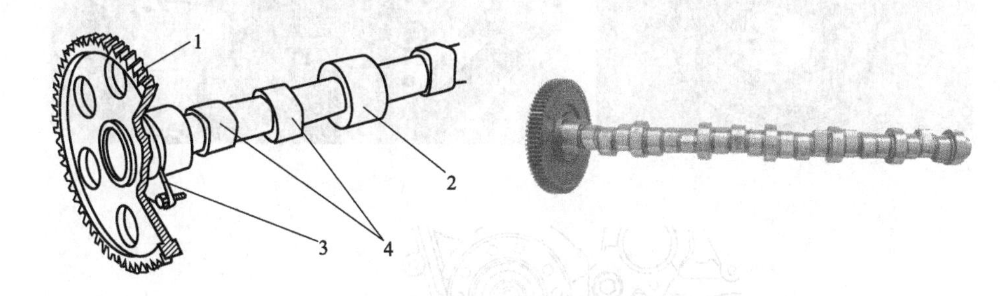

图 3-16　凸轮轴

1—传动齿轮；2—支承轴颈；3—止推板；4—进、排气凸轮

(1) 凸轮

功用：控制气门运动。

各个汽缸的进、排气凸轮按照配气相位和发火顺序的关系配置在凸轮轴上，如图 3-17 所示，凸轮数目决定于汽缸数目及其传动关系。

高度及形线：决定了气门打开、关闭的时刻和气体流通截面的大小，如图 3-18 所示轮形线应保证气门平稳光滑地移动，并在正常工作所允许的惯性力的情况下，能足够快速打开和关闭气门。

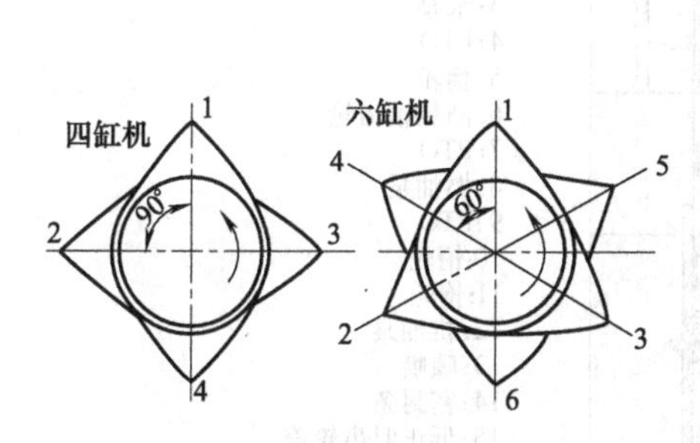

图 3-17　同名凸轮夹角

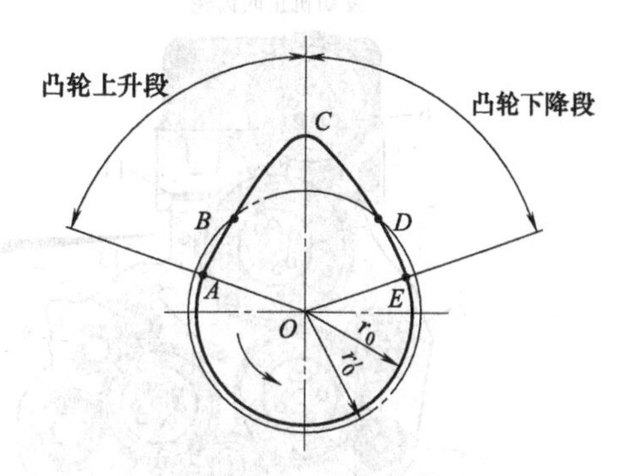

图 3-18　凸轮轮廓

表面要求：由于受到气门间歇性开启的周期性冲击载荷，因此对凸轮表面要求耐磨，对凸轮本身则要求有足够的韧性和刚度，在工作中变形最小。

(2) 凸轮轴颈　凸轮轴各轴颈的直径一般均取相同的，以使机械加工简单。但为了拆装方便，也有采用前端向后递减直径的。在小型内燃机上一般每两个汽缸用一个凸轮轴颈支撑，在大型发动机上相邻之间都有一个轴颈支撑。

(3) 传动方式　工程机械发动机凸轮轴的驱动方式多用正时齿轮，如图 3-19 所示，并按照记号安装，保证配气正时。

图 3-19　正时齿轮与正时记号

部分柴油机（例如 VOLVO D12D）采用凸轮轴记号装配、曲轴记号装配、中间惰轮保证间隙装配的方式，如图 3-20 所示。

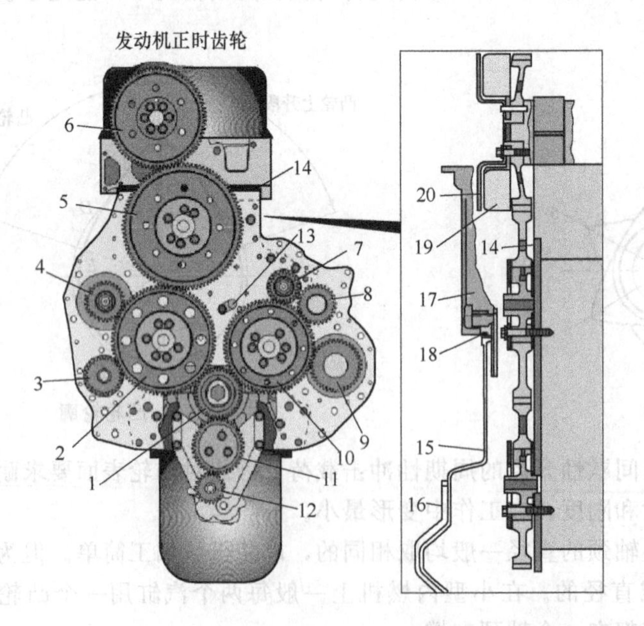

图 3-20　VOLVO D12D 发动机上置凸轮轴驱动

(4) 凸轮轴轴向定位　配气机构的正时齿轮多采用斜齿轮传动，因而易使凸轮轴产生轴向窜动，影响配气正时，因此凸轮轴须有轴向定位装置，凸轮轴轴向定位主要有以下三种方法：

① 止推片轴向定位。如图 3-21 所示。止推片 5 用螺钉 3 固定在汽缸体上，定位于凸轮轴与正时齿轮之间。止推片与正时齿轮之间留有一定的间隙，如 YC6105QC 型和 T815 系列柴油机分为 0.08～0.20mm 和 0.14～0.22mm。其间隙大小可通过调整环 4 来调整。

② 止推螺钉轴向定位。如图 3-22 所示。在凸轮轴中心处压入一止推销 6，在正时齿轮盖上装有止推螺钉 4。止推螺钉拧入并将凸轮轴压向一端靠紧后再退回 1/4 圈并锁紧，即形成所需要的轴向保留间隙。

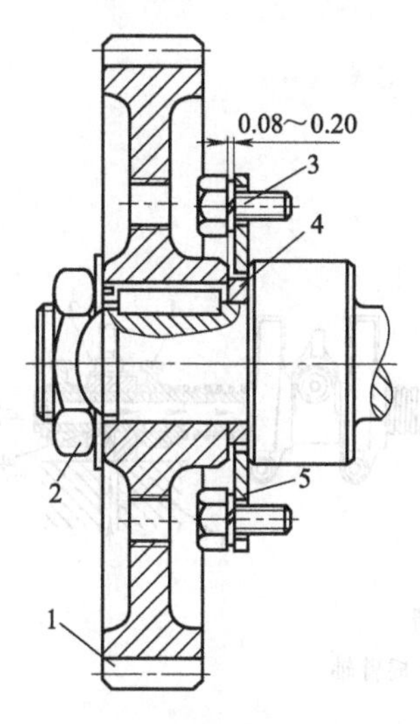

图 3-21　止推片轴向定位
1—凸轮轴正时齿轮；2—固定螺母；
3—螺钉；4—调整环；5—止推片

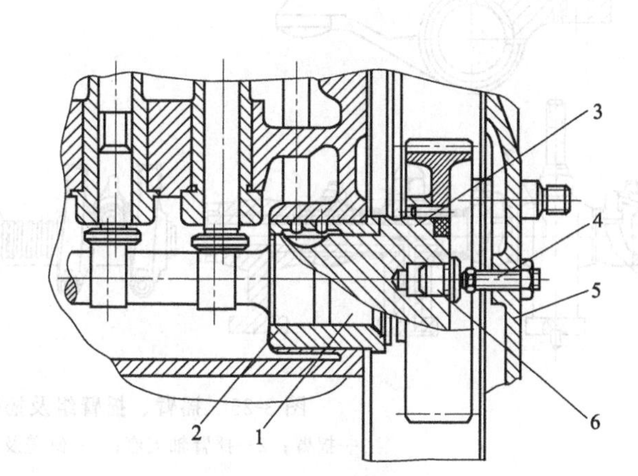

图 3-22　止推螺钉定位
1—凸轮轴；2—轴承；3—凸轮轴的凸缘；4—止推螺钉；
5—正时齿轮室盖；6—止推销

③ 翻边轴瓦定位。如图 3-23 所示，大功率的工程机械用柴油机（VOLVO D12D 等）多采用止推轴承的轴向定位方法。

2. 挺柱

挺柱应用于中置式凸轮轴、下置式凸轮轴的配气机构中，作用是把凸轮的曲线运动转化为自身的直线往复运动并传递给推杆的上下运动。如图 3-24 所示，根据其结构不同，挺柱分为球面挺柱、平面挺柱、滚子挺柱。

图 3-23　翻边轴瓦定位

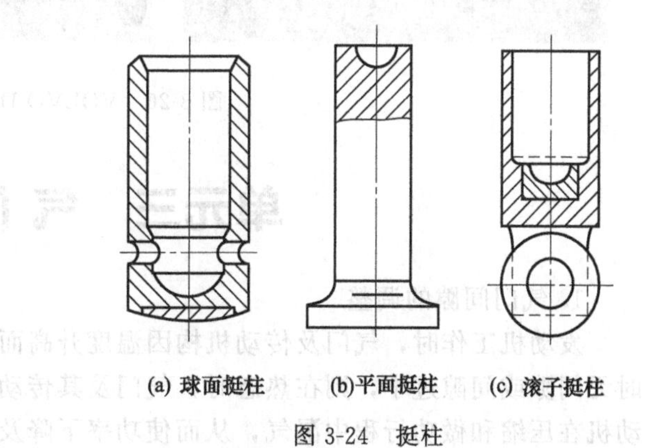

图 3-24　挺柱

挺柱的结构特点是刚性好，重量轻。为了减轻重量，挺杆一般用空心管制成。

3. 摇臂组与摇臂

摇臂组见图 3-25，主要由摇臂 1、摇臂轴 4、摇臂轴支座 2 和定位弹簧等组成，摇臂轴为空心轴，安装在摇臂轴支座孔内，支座用螺栓固定在汽缸盖上。为防止摇臂轴转动，在图示结构中是利用摇臂轴紧固螺钉将摇臂轴固定在支座上。中间支座上有油孔和汽缸盖上的油道及摇臂轴上的油孔相通。机油可进入空心的摇臂轴内，然后又经摇臂轴上正对着摇臂处的油孔进入到轴与摇臂衬套之间润滑，并经摇臂上的油道对摇臂的两端进行润滑。在摇臂轴上的两个摇臂之间套装着一个定位弹簧，以防止摇臂轴向窜动。

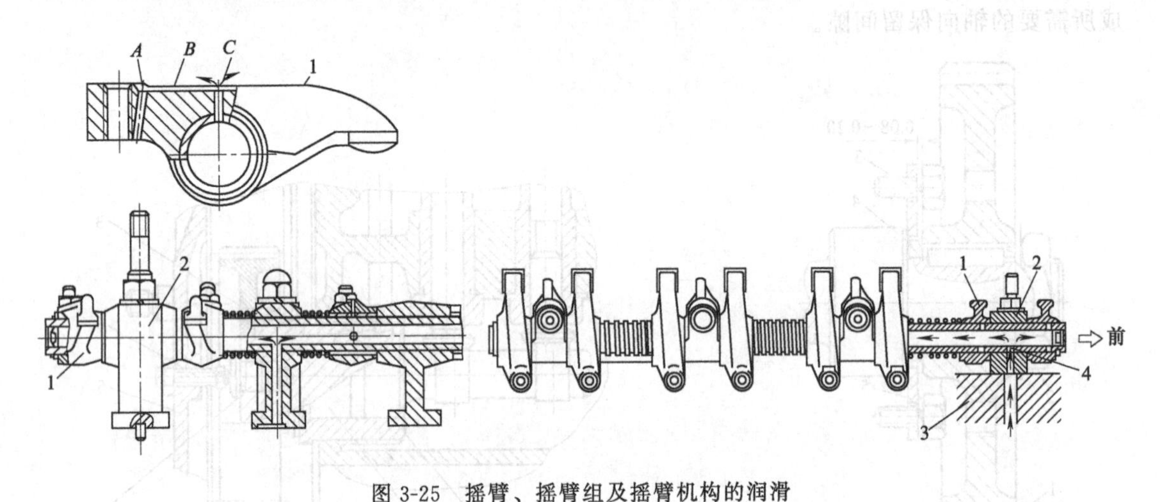

图 3-25　摇臂、摇臂组及摇臂机构的润滑

1—摇臂；2—摇臂轴支座；3—缸盖及缸盖油道；4—摇臂轴

如图 3-26 所示，VOLVO D6 发动机采用单组摇臂结构，摇臂轴座没有润滑油道，润滑是采用缸体油道至挺柱油道，通过中空推杆传递给中空摇臂螺钉至摇臂及润滑部位。

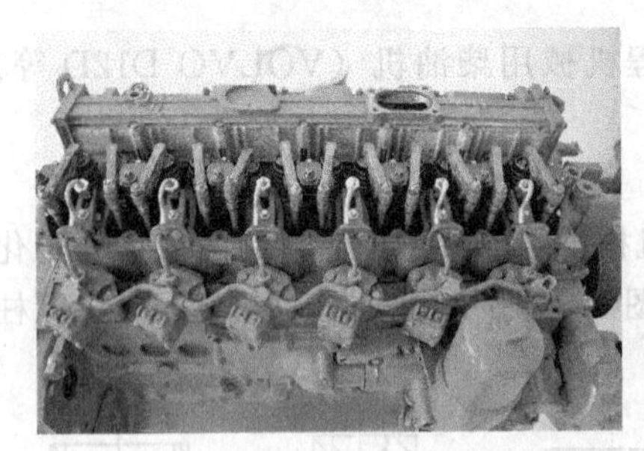

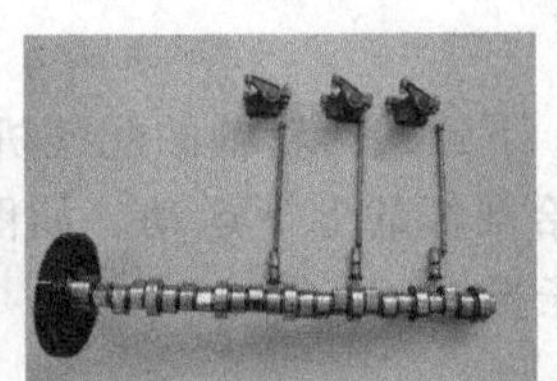

图 3-26　VOLVO D6D 摇臂组

单元三　气门间隙

1. 气门间隙的调整

发动机工作时，气门及传动机构因温度升高而膨胀；如果气门及其传动件之间，在冷态时无间隙或间隙过小，则在热态时，气门及其传动件的受热膨胀引起气门关闭不严，造成发动机在压缩和做功行程中漏气，从而使功率下降及严重时损害零部件；因此，在发动机冷态

装配时，气门与其传动机构中，留有适当的间隙，以补偿配气机构零部件受热后的膨胀量，这一间隙通常称为气门间隙。

发动机在使用过程中，气门间隙通常会因配气机构零件的磨损变形而发生变化，导致气门间隙过大或过小而影响发动机的正常工作。因此在发动机使用和维护时，应对气门间隙进行检查和调整，使之符合原厂规定。

气门间隙的大小由发动机制造厂根据试验确定。一般在冷态时，柴油机进气门的间隙为0.25～0.30mm，排气门的间隙为0.30～0.35mm。如果气门间隙过小，发动机在热态下可能因气门关闭不严而发生漏气，导致功率下降，甚至气门烧坏。如果气门间隙过大，则使传动零件之间以及气门与气门座之间产生撞击响声，并加速磨损，同时也会使气门开启的持续时间减少，汽缸的充气以及排气情况变坏。

气门间隙的检查与调整必须在气门完全关闭状态下进行。在检查和调整气门间隙之前，必须分析判断各汽缸所处的工作行程，以确定可调气门。根据四冲程发动机工作原理可知：处于压缩行程上止点的汽缸，进气门和排气门均可调；处于排气行程上止点的汽缸，进气门和排气门均不可调；处于做气行程和压缩行程的汽缸，排气门可调；处于做功行程和排气行程的汽缸，进气门可调。

2. 四冲程发动机气门间隙的检查和调整

(1) 逐缸调整法　利用专用工具，旋转曲轴，观察四（或六）缸气门摇臂运动方式（排气门上行、进气门下行—气门重叠瞬间），按照发动机装配记号，如图3-27 (a) 所示，找出一缸活塞处于上止点的位置（同时也是压缩上止点）；在摇臂或摆臂上驱动气门的一端，安装有气门间隙调整螺钉及其锁紧螺母，用梅花扳手松开锁紧螺母，用一字螺丝刀调整气门间隙调整螺钉，同时用塞规测试气门间隙符合标准，再用锁紧螺母紧固调整螺钉；然后按照发动机工作顺序，旋转相应曲轴转角（720/汽缸数）调整下一缸的进、排气门，以此类推，逐缸调整完毕；再对应检测一遍。如图3-27 (b) 所示。

(a) 装配记号

(b) 气门间隙调整

图3-27　逐缸调整法

(2) 二次调整法　“二次调整法”同样是找出第一缸活塞处于压缩行程上止点。第一次当第1缸处于压缩行程上止点时，调整一缸的进排气门间隙，并按“双排不进”法（见表3-1）调整相应汽缸的气门间隙，飞轮按工作方向旋转360°时调整剩下的气门间隙。

表 3-1 二次气门间隙调整法

第一遍时汽缸调整顺序	1	5	3	6	2	4
第二遍时汽缸调整顺序	6	2	4	1	5	3
第一遍(一缸在压缩上止点)	双	排		不	进	
第二遍(六缸在压缩上止点)	双	排		不	进	

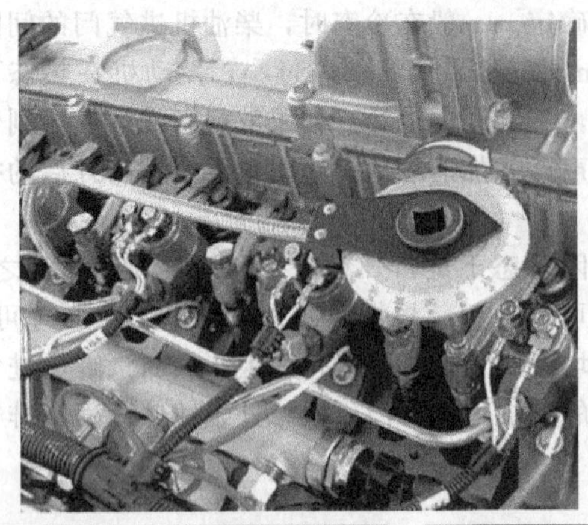

图 3-28 气门间隙调整

图 3-29 凸轮轴各缸气门调整刻度

3. 气门间隙调整特例

① VOLVO-D6D 发动机无法利用塞尺检测气门间隙，采用角度规的旋转判断气门间隙。如图 3-28 所示。以上同样两种方法，松开气门间隙锁紧螺母，用手旋转螺钉确定气门没有间隙，利用角度规反向旋转进气门 75°（或排气门 120°）后，锁紧螺母。

② VOLVO-D12D 发动机气门间隙调整，如图 3-29 所示，摇臂轴前端有调整气门间隙时刻记号，对应最前端凸轮轴瓦盖上有刻度记号，记号与刻度中间对齐时，调整相应气门间隙。

（153624 分别调整对应汽缸的进排气门间隙，如果发动机带有 VEB 发动机制动，153624 调整对应气缸的进气门间隙，V1V5V3V6V2V4 在刻度中间时调整排气门间隙）。

任务三 配气机构零件的检修

教学前言

1. 教学目标

(1) 掌握配气机构气门组和气门传动组零件的检修方法；

(2) 掌握配气机构异响等故障诊断与排除技巧；

(3) 掌握检测工具和专用工具使用。

2. 教学要求

(1) 常用工程机械柴油机四缸或六缸发动机；

(2) 发动机拆装工作台，拆装专用工具，检测工量具等；

(3) 工程机械实验设备；

(4) PPT 课件（图片或动画或实拍）。

3. 引入案例（维修实例分析）

6BTA5.9 的康明斯发动机大修时，出现凸轮和挺柱过度磨损，是什么原因？如何预防？

系统知识

单元一 气门组零件的检修

1. 气门的检修

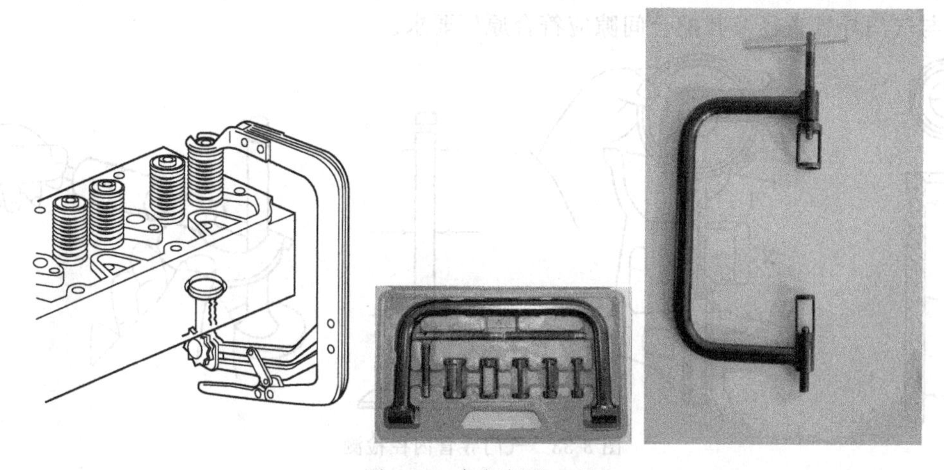

图 3-30 气门拆装工具

① 通常用如图 3-30 所示的专用工具拆装气门和气门弹簧。

② 清除气门头上的积炭。检视气门锥形工作面及气门杆的磨损、烧蚀及变形情况，视情更换气门。

③ 检查气门头圆柱面的厚度 H，如图 3-31 所示。柴油机一般进排气门应大于 0.80mm。

④ 检查气门尾部端面。该端面在工作时经常与气门摇臂碰擦，需检视此端面的磨损情况，有无凹陷现象。不严重时，可用油石修磨。如果修磨量超过0.5mm，则需更换气门。

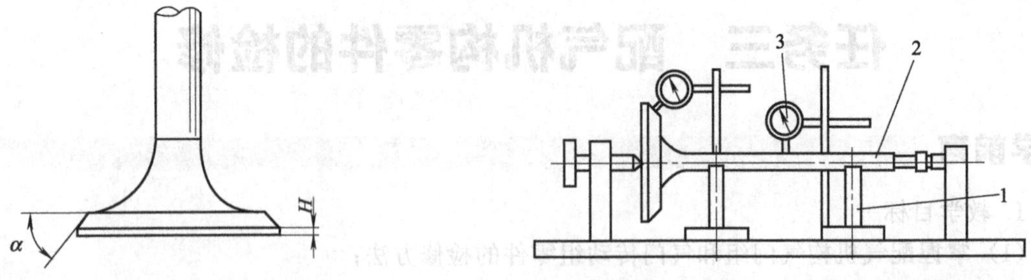

图 3-31　气门头圆柱面厚度检测

图 3-32　检查气门杆的弯曲变形及工作锥面的斜向圆跳动
1—等高V形铁；2—气门；3—百分表

⑤ 检查气门工作锥面的斜向圆跳动。使用百分表、等高V形铁和平板，如图3-32所示检查每个气门工作锥面的斜向圆跳动值。测量时，将V形铁1置于平板上，使百分表3的触头垂直于气门2的工作锥面，轻轻转动气门一周，百分表读数的差值即为气门工作锥面的斜向圆跳动。为使检测准确，需测量若干个斜面，取其中的最大差值作为气门工作锥面的斜向圆跳动值。其极限值为0.08 mm，如果测量值超过极限值，则需更换气门。

⑥ 检查气门杆的弯曲变形。气门杆的弯曲变形常用气门杆圆柱面的素线直线度表示，如图3-32所示，将气门2支承在V形铁1上，转动气门杆，百分表最大差值之半，作为气门素线的直线度误差。直线度误差值应不大于0.02mm，否则更换气门。

2. 气门导管的检修

① 清洗气门导管。

② 检查气门杆与气门导管的间隙（在气门的弯曲检验合格后进行）。用外径千分尺测量气门杆的直径，用内径百分表测量气门导管的直径，如图3-33所示。为使测量准确，需在气门杆和气门导管长度方向测得多个测量值，并注意气门和气门导管的对应性，不得装错。气门杆与气门导管直径及其配合间隙应符合原厂要求。

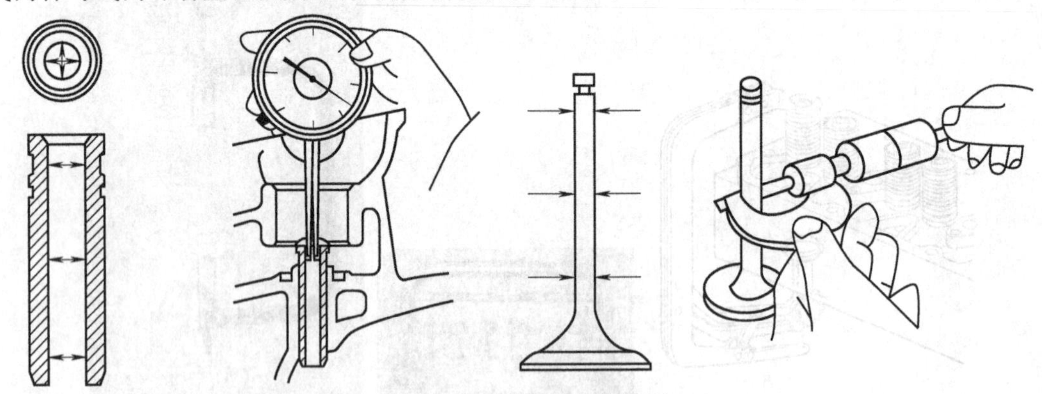

图 3-33　气门导管内径检测

该间隙的大小亦可通过百分表测量气门杆尾部的偏摆量间接地判断。如图3-34所示，导管内安装对应气门，用百分表触头顶住气门杆尾部，按1←→2的方向推动气门的尾部，观察百分表指针的摆差。气门杆尾部偏摆使用极限：进气门为0.12mm，排气门为0.16mm。如气门杆与气门导管配合间隙或气门杆尾部偏摆超限，则应根据测量的气门杆直径和气门导管内径情况，更换气门或气门导管。

图 3-34　气门与导管间隙测量（一）

如图 3-35 所示，同样方法检测气门与导管间隙，根据维修手册判断是否更换零部件。

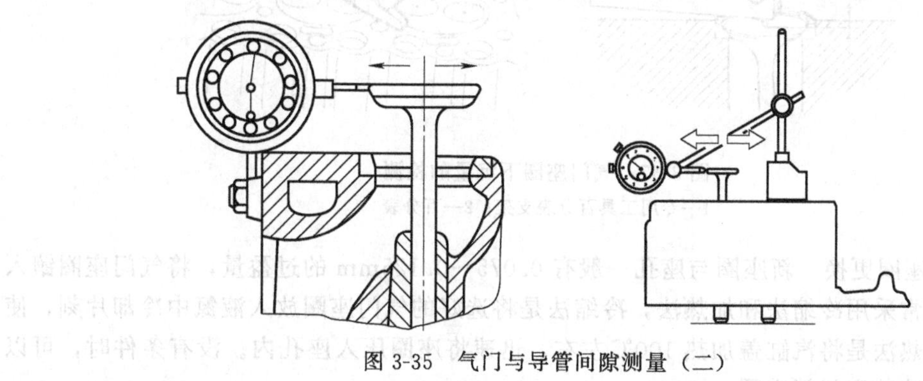

图 3-35　气门与导管间隙测量（二）

③ 气门导管的更换。气门导管与缸盖底孔是过盈配合，过盈量是 0.025～0.056mm。更换气门导管时，应先选用与气门导管尺寸相适应的专用工具，将旧导管在压力机上压出或用锤子直接拆下，除去毛边。因新导管的外径与汽缸盖上的导管孔有一定的过盈量，为便于导管压入和防止汽缸盖产生变形，在新导管外壁上应涂以发动机机油，有条件时，均匀地把汽缸盖加热至 80～100℃，再用专用工具将新气门导管压入锤子将气门导管轻轻敲入气门导管座孔内，如图 3-36 所示。上述操作应迅速进行，以便所有气门导管在较均衡的温度下被

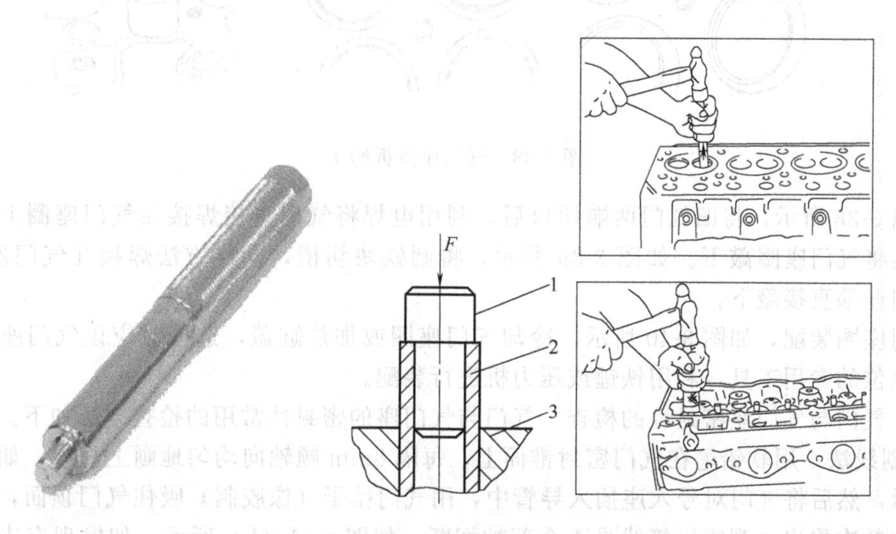

图 3-36　更换气门导管

1—专用工具；2—气门导管；3—汽缸盖

压进汽缸盖内。此时气门导管的伸出量 H 为15mm。

3. 气门座检查与维修

（1）外观检视气门座　气门座表面如有斑痕、麻点，则需用专用铰刀进行铰削；气门座如松动、下沉则需更换。

气门座圈下沉量的检测，如图 3-37 所示。利用专用工具或千分尺检测，检测结果参照维修手册进行维修或更换。

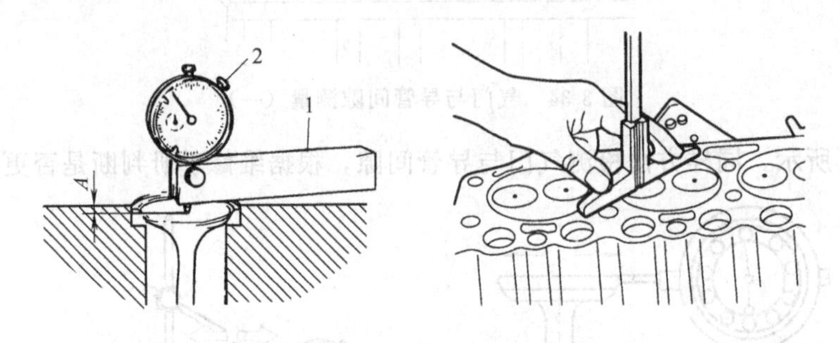

图 3-37　气门座圈下沉量的检测

1—专用工具百分表支架；2—百分表

（2）气门座圈更换　新座圈与座孔一般有 0.075～0.125mm 的过盈量，将气门座圈镶入座圈孔内，通常采用冷缩法和加热法，冷缩法是将选好的气门座圈放入液氮中冷却片刻，使座圈冷缩；加热法是将汽缸盖加热 100℃左右，迅速将座圈压入座孔内。没有条件时，可以直接采用冷压法装配气门座圈。

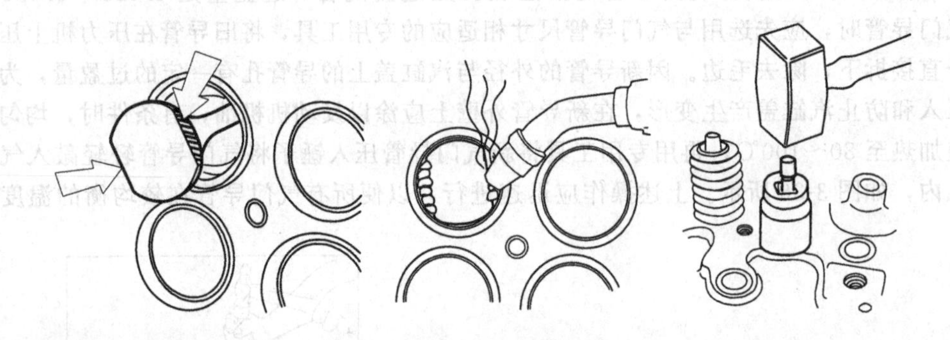

图 3-38　气门座圈拆卸 1

如图 3-38 所示，将旧气门两端切口后，利用电焊将气门直接焊接在气门座圈上，利用铁锤直接将气门座圈敲下。如图 3-39 所示，将圆铁块切槽，同样方法焊接在气门座圈上，利用气门杆部直接敲下。

气门座圈装配，如图 3-40 所示，冷却气门座圈或加热缸盖，选择对应该气门座圈和气门导管定位的专用工具，利用铁锤或压力机进行装配。

（3）气门与气门座密封性的检查　气门与气门座的密封性常用的检查方法如下。

① 划线法　用软铅笔在气门密封锥面上，每隔 8mm 顺轴向均匀地画上直线，如图 3-41（a）所示，然后将气门对号入座插入导管中，用气门捻子（橡胶制）吸住气门顶面，将气门上下拍击数次取出，观察铅笔线是否全部被切断，如图 3-41（b）所示。如发现有未被切断的线条，可将气门再插入原座，转动 1～2 圈后取出，若线条仍未被切断，说明气门有缺陷，

若线条被切断，则说明气门座有缺陷。

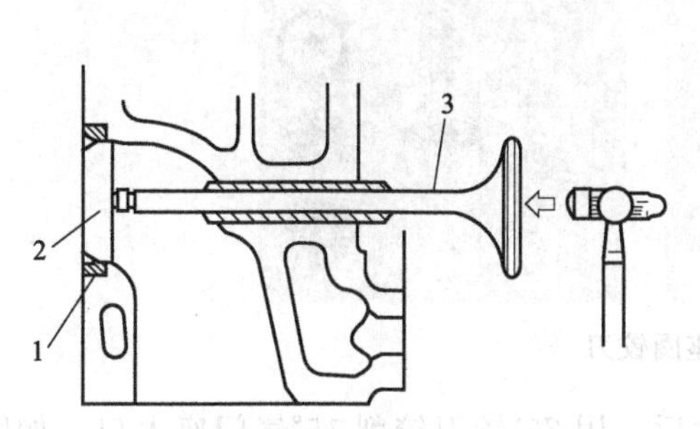

图 3-39 气门座圈拆卸 2

1—气门座圈；2—与气门座圈焊接在一起的铁筋；3—旧气门

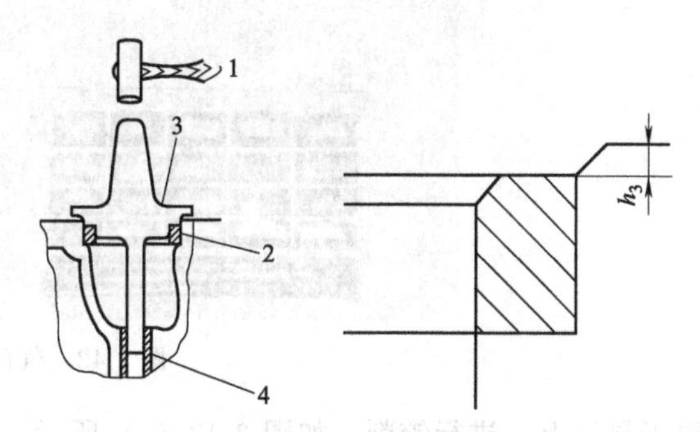

图 3-40 气门座圈装配

1—铁锤；2—气门座圈；3—专用工具；4—气门导管

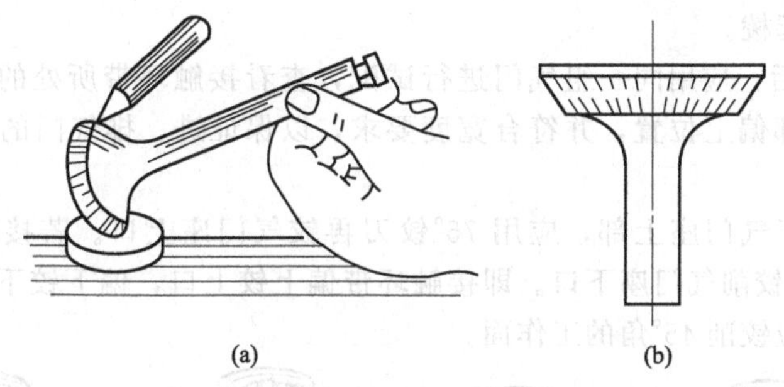

图 3-41 用铅笔画线法检查气门密封面

② 轻拍法 清洗气门和气门座圈，安装对应气门，在气门头部距离气门座圈 20～30mm 时，用手将气门轻拍数下，若气门与气门座圈的工作面能出现一条完整的光环视为正常。

③ 汽油检测法 把汽缸盖平面水平朝上放置，将汽油倒入装有气门的燃烧室，5min 内如密封环带处无渗漏，即为合格。

(4) 气门密封环带检测和维修

① 气门密封环带检测 按要求进、排气门接触环带宽度一般为 1～2.5mm，位置居于气门工作面中部偏上；排气门宽度大于进气门宽度，柴油机的宽度大于汽油机宽度。如气门与气门座不能产生均匀的接触环带，或接触环带宽度不在规定的范围内，如密封带宽度过小，将使气门磨损加剧；宽度过大，容易烧蚀。这时必须铰削或磨削气门座，并最后研磨。

检测方法是将气门座圈涂上红印泥，再将气门插入原座，轻轻拍打并旋转后取出，观察气门工作面上红丹印痕，判断密封环带是否符合要求，如过宽、过窄或位置不正确，可采用铰削气门座圈的方法进行维修。

② 气门座的铰削 气门座用手工铰削时，因铰刀的尺寸和形状不同，导杆的尺寸也不同。气门座的铰削工艺过程如下。

a. 选择刀杆。如图 3-42 所示，利用气门导管作定位基准，根据气门导管的内径选择相适应的定心杆直径。定心杆插入气门导管内，调整定心杆使它与气门导管内孔密切配合，以保证铰削的气门座与气门导管中心线重合。

b. 粗铰。对于旧气门座，由于受工作面硬化层的影响，铰刀会出现打滑现象，此时可用砂布垫于铰刀下砂磨气门座，而后再进行铰削。先选用与气门工作面角度相同的粗铰刀，

图 3-42　气门座圈铰刀

置于导杆上，进行铰削，如图 3-43（a）所示；然后，用 75°铰刀铰削 15°气门座上口，如图 3-43（b）所示；再用 15°的铰刀铰削 75°气门座下口，如图 3-43（c）所示；最后再用 45°铰刀铰削 45°角的接触面，如图 3-43（d）所示。铰削时，双手用力要均衡，转速要一致，用力不要过大，以防起棱。

c. 试配。粗铰后，应用同一组气门进行试配，查看接触环带所处的位置。接触环带应在气门工作面的中部偏上位置，并符合宽度要求，以保证进、排气门的密封性和排气门的散热。

若接触环带偏于气门座上部，应用 75°铰刀再铰气门座上口。若接触面偏于气门座下部，则应用 15°铰刀铰削气门座下口。即接触环带偏上铰上口，偏下铰下口。若接触环带宽度达不到要求，则应铰削 45°角的工作面。

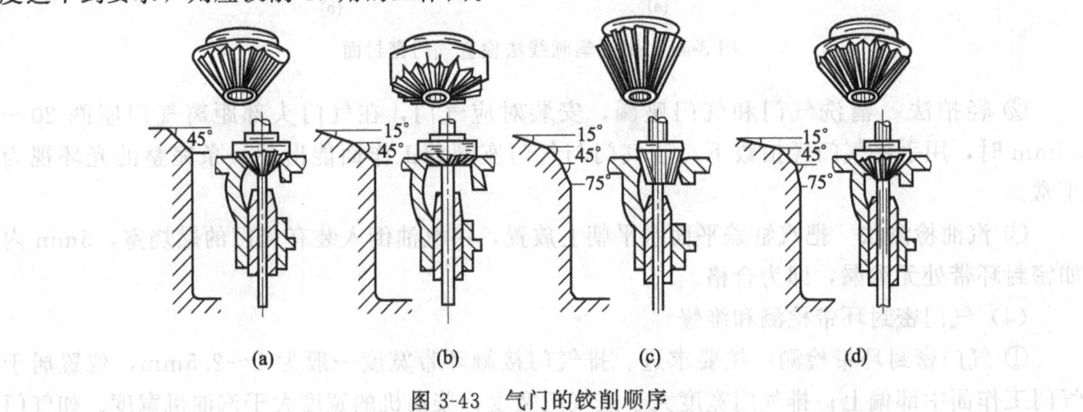

图 3-43　气门的铰削顺序

d. 精铰。选用 45°角的细刃铰刀进行精铰或在铰刀下面垫以细砂布进行砂磨。如图 3-44 所示。

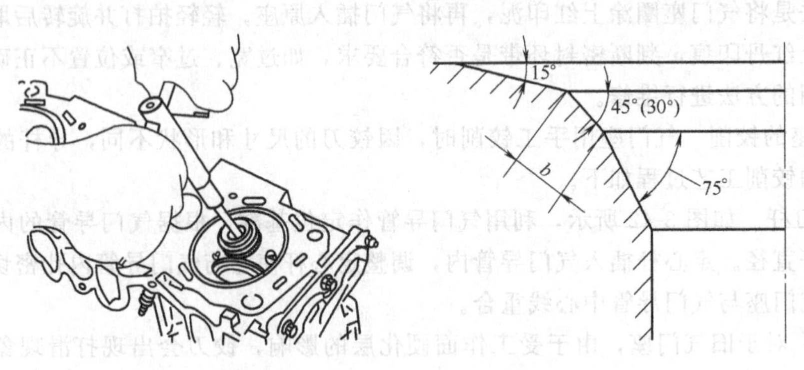

图 3-44　气门座圈铰削方法

③ 气门的研磨　为进一步提高气门座的密封性，气门与气门座必须进行研磨。气门的研磨有手工研磨法和机动研磨法两种。

a. 手工研磨法工艺过程　清洗气门、气门座和气门导管。如图 3-45 所示，在气门工作面上涂一层薄的研磨膏，用带橡胶碗的木柄捻子吸住气门头进行研磨。

研磨时手腕着力，不要用力太大，并注意防止研磨膏进入气门导管内。在研磨中应不时地提起和转动气门，变换气门对气门座的相对位置，以保证研磨均匀。

图 3-45　气门研磨

边研磨边进行检查，当气门座和气门工作面出现一条整齐、连续、无斑点的接触环带，同时环带位置和宽度满足要求后，洗净气门和气门座，换用细研磨膏，磨到接触环带整齐且呈无光泽的灰色状时，洗去气门及气门座上的研磨膏。

在气门工作面涂上发动机机油，再研磨几分钟，洗去机油，进行密封性检查。气门研磨后应打上顺序号，以免装错。

b. 机动研磨法　将汽缸盖清洗干净，置于研磨机工作台上。在已配好的气门工作面上涂一层研磨膏，将气门杆部涂以发动机机油装入导管内。使各气门的座孔对正转轴的垂直位置，连接好研磨手柄，调节气门升程，即可进行研磨。研磨至与手工研磨相同的要求为止。

4. 气门弹簧的检查

(1) 检查气门弹簧的自由长度 L　用游标卡尺测量气门弹簧的自由长度，检测结果参考维修手册。亦可用新旧弹簧对比的经验方法进行。自由长度小于使用限度 1.3～2.0mm 时，应更换新件。

(2) 检查气门弹簧端面与其中心轴线的垂直度　将气门弹簧直立置于平板，用直角尺检查每根弹簧的垂直度。气门弹簧上端和直角尺之间的间隙 L 即为垂直度的大小。其极限值为 2.0mm，如该间隙超限，则必须更换气门弹簧。

单元二　气门传动组零件的检修

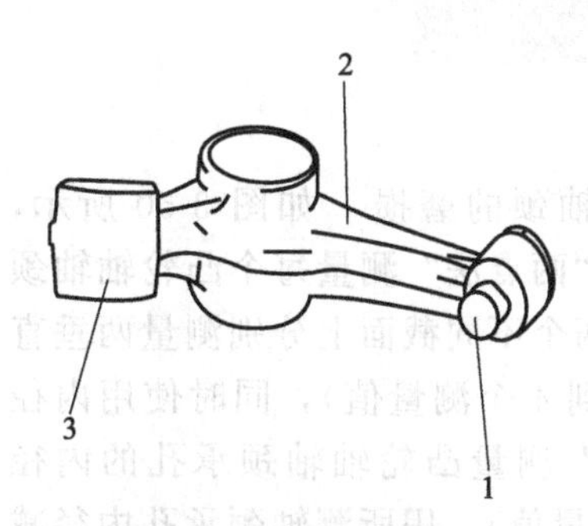

图 3-46　摇臂检测
1—调整螺钉；2—摇臂；
3—摇臂与凸轮轴接触面

1. 摇臂轴与摇臂的检修

(1) 摇臂的检修　如图 3-46 所示，检视摇臂和调整螺钉的磨损。调整螺钉 1 的端头如磨损严重，应更换调整螺钉。摇臂头部应光洁无损。磨损后可以采用堆焊修磨修复后更换，修复后的凹陷应不大于 0.50mm。

(2) 摇臂轴磨损的检修　检查摇臂与摇臂轴的配合间隙，如图 3-47 所示，可用千分尺和内径百分表分别测量摇臂轴与摇臂轴孔的尺寸，其差值即为两者的配合间隙，各数值应满足原厂要求，一般间隙不超过 0.15mm；如果超过原厂要求，可采用更换摇臂衬套的方法进行修理。并按轴的尺寸进行铰削或镗削修理。注意：镶套时，要使衬套油孔与摇臂上的油孔对准，以免影响润滑。

2. 凸轮轴的检修

(1) 外观检视　检视凸轮工作面是否有擦伤和疲劳剥落现象。凸轮工作面的擦伤是沿滑动方向上产生的小擦痕，而后将发展成为严重的粘着损伤。如有上述现象，则应更换凸轮轴。

(2) 检查凸轮的磨损　凸轮的磨损程度可用外径千分尺测量凸轮的高度 H 来判断，如图 3-48 所示。如果被测凸轮高度 H 小于使用限度，更换凸轮轴。

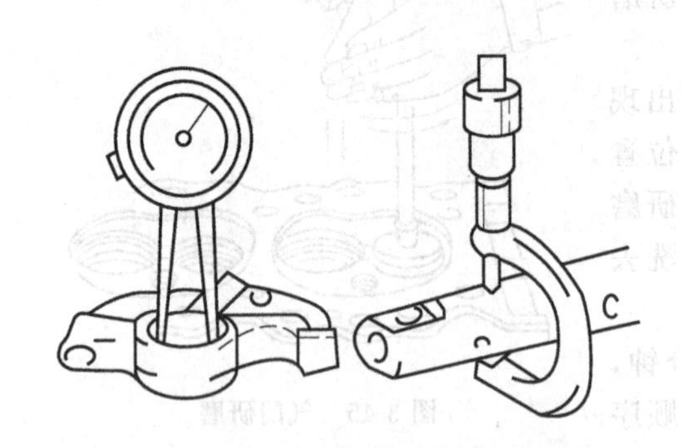

图 3-47　摇臂与摇臂轴配合间隙的测量

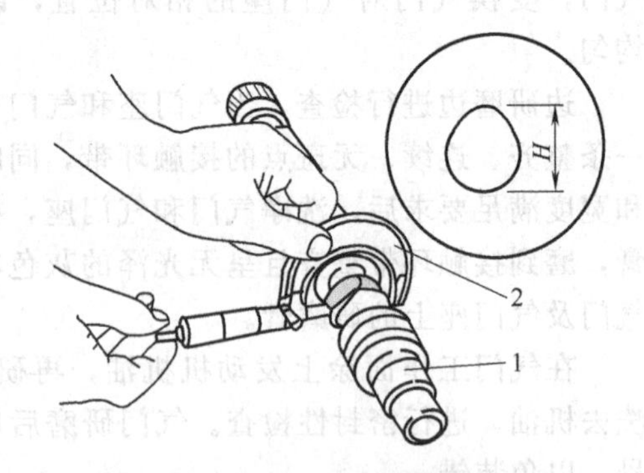

图 3-48　检查凸轮的磨损

1—凸轮轴；2—外径千分尺

(3) 检查凸轮轴的弯曲变形　如图 3-49 所示，将 V 形铁置于平板上，将凸轮轴置于 V 形铁上，使用百分表测量凸轮轴中间支承的径向圆跳动。轻轻地回转凸轮轴一周，百分表指针的读数差即为凸轮轴的径向圆跳动值。若测量值超过极限值（0.05mm），则应进行冷压校正或更换凸轮轴，凸轮轴校直后，其径向圆跳动应不大于规定值。

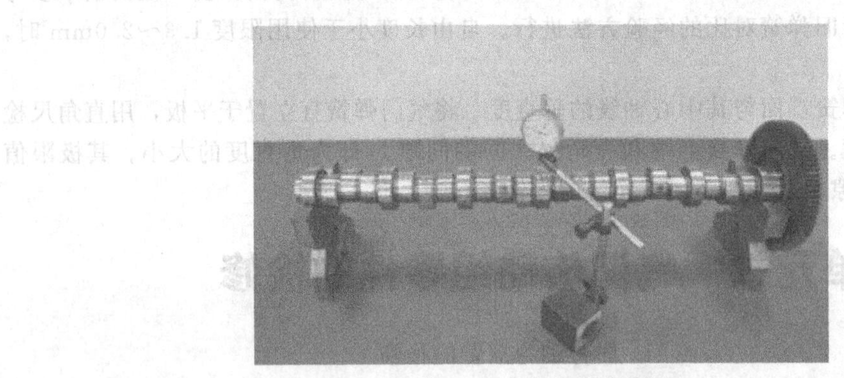

图 3-49　凸轮轴弯曲检测

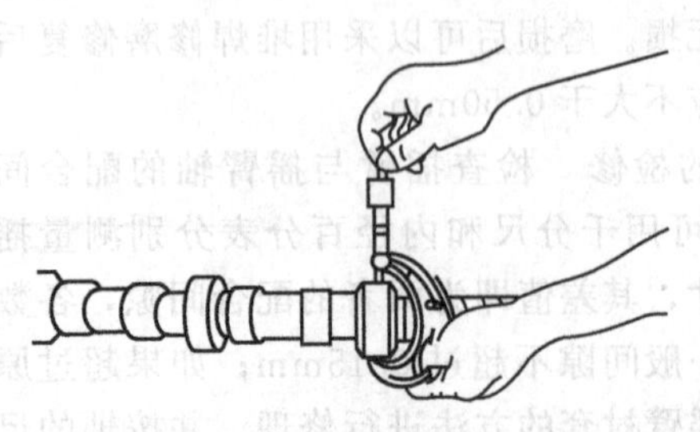

图 3-50　凸轮轴轴颈磨损测量

(4) 检查凸轮轴轴颈的磨损　如图 3-50 所示，使用外径千分尺利用“两点法”测量每个凸轮轴轴颈的直径。即在轴颈的两个不同截面上分别测量两垂直方向的直径尺寸（得到 4 个测量值），同时使用内径百分表利用“两点法”测量凸轮轴轴颈承孔的内径（每个承孔得到 4 个测量值）。用所测轴颈承孔内径减去相应轴颈直径即得轴颈与轴颈承孔的配合间隙。如果该配合间隙超过极限值，则应更换凸轮轴和凸轮轴瓦。

(5) 检查凸轮轴轴向间隙（止推间隙） 凸轮轴轴向间隙应按图3-51所示进行测量。凸轮轴轴向间隙是靠止推板来保证的。测量该间隙时，可用撬杠拨动凸轮轴作轴向移动，用塞尺或百分表进行测量，如果测量值超限，则增减止推板或调整圈的厚度来调整。

3. 挺柱的检修

挺柱常见损伤形式有挺柱底部出现剥落、裂纹、擦伤划痕；挺柱与导孔配合间隙过大等。如果出现这些耗损，则视情况检修。

① 挺柱底部出现疲劳剥落或擦伤划痕时，更换新件。

② 挺柱底部出现环形光环，该光环说明磨损不均匀，应尽早更换新件。

③ 挺柱圆柱部分与导孔的配合间隙超过规定值时，应视情更换挺柱或导孔支架。装有衬套的结构可更换衬套。

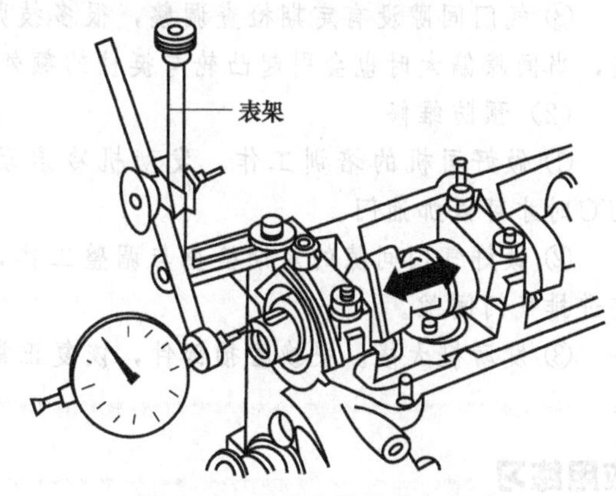

图3-51　测量凸轮轴轴向间隙

4. 推杆的检修

推杆一般都是空心细长杆，工作时易发生弯曲，要求其直线度误差不大于0.30mm；上端凹球端面和下端凸球面磨损应更换新件。

5. 传动齿轮的检修

凸轮轴驱动齿轮的齿形应无磨损，齿轮的啮合间隙应在规定值内。

小　　结

配气机构的作用是根据发动机工作需要，适时地开启和关闭各缸的进、排气门，进行进气和排气。它主要由气门组件、凸轮轴组件、凸轮轴传动组件和气门驱动组件组成。现代柴油机发动机较多采用下置式气门、齿轮传动式结构。

在使用中，由于零件磨损改变了配气机构的工作状况，减小气门的开启时间和最大开度，使发动机功率下降，燃料消耗增加，甚至导致发动机运转和启动不正常。因此，必须及时检查、调整和维修配气机构零件，做好维护小修工作，以保证配气适时，进气充足，排气彻底，关闭严密，工作平稳无异响，使发动机具有良好的动力性和经济性。维修关键之处是保证气门密封良好和配气相位准确。

校企链接

1. 本单元讲解目的

① 在维修企业中：利用发动机配气机构工作原理，对工程机械发动机异响、功率下降、排烟异常等配气机构存在的故障现象能进行准确的诊断，在发动机检修时能正确检查调整配气机构，保证维修质量。

② 发动机定期保养时气门间隙的正确调整。

2. 维修实例分析

一台使用了10000h的康明斯6BTA5.9的柴油机功率不足进行大修，检测发现挺柱和凸轮轮廓过度磨损，是什么原因？如何提高凸轮及挺柱的工作寿命？

(1) 原因分析

① 润滑不良，该发动机用于码头专用牵引车，由于气制动的关系很多司机喜欢一启动就轰油门，低温时机油压送慢，凸轮和挺柱必须通过摇臂上落下的机油润滑，低温高速使凸轮和挺柱润滑不良，造成过度磨损。

② 司机经常让发动机转速忽高忽低，使凸轮与挺柱冲击加大，造成疲劳磨损。

③ 气门间隙没有定期检查调整，很多技师会觉得发动机无异响气门间隙就不用检查调整，当间隙偏大时也会引起凸轮与挺柱的额外冲击，使两者均发生疲劳磨损。

(2) 预防维修

① 做好司机的培训工作，发动机冷启动时必须怠速运行5min左右，当机油温度到45℃时才可以加油门。

② 做好气门间隙的定期检查与调整工作，尤其要注意按发动机技术手册规定的参数调整进排气门间隙。

③ 发动机大修。更换磨损部件，恢复正常。

应用练习

一、填空题

1. 配气机构的作用是根据发动机________和________，适时地开启和关闭各缸的进、排气门，使纯净空气或空气与燃油的混合气________，废气及时地排出，即“________”。

2. 气门间隙是指________、________时，气门与________之间的间隙。其作用是为气门及驱动组件工作时留有________的余地。

3. 气门从开始________到________的________，叫配气相位，通常用________来表示。

二、选择题

1. 下述各零件不属于气门传动组的是（　　）。

A. 气门弹簧　　B. 挺柱　　C. 摇臂轴　　D. 凸轮轴

2. 进、排气门在排气上止点时（　　）。

A. 进气门开，排气门关　B. 排气门开，进气门关

C. 进、排气门全关　D. 进、排气门叠开

3. 下面零件中不是采用压力润滑方式的是（　　）。

A. 挺柱　　B. 凸轮轴轴承　　C. 摇臂　　D. 凸轮轴正时齿轮

4. 若气门与气门座圈的接触环带太靠近气门杆，应选择（　　）的铰刀修正。

A. 75°　　B. 45°　　C. 15°　　D. 60°

5. 出现下列（　　）情况时，必须更换液力挺柱。

A. 气门开启高度不足　　B. 挺柱磨损　　C. 挺柱泄漏　　D. 配气相位不准

6. 做功顺序为1—3—4—2的发动机，在第三缸活塞压缩上止点时，可以检查调整（　　）气门间隙。

A. 3缸的进、排气门和4、2缸的进气门

B. 1、4缸的进气门和2缸的排气门

C. 3缸的进、排气门和4缸的排气门和2缸的进气门

D. 1缸的进、排气门和4缸的排气门和2缸的进气门

7. 双凸轮轴结构不可能出现在下述（　　）结构中。

A. V形发动机　　B. 4气门配气方式　　C. 侧置气门式　　D. 齿形带传动方式

三、判断题

1. 顶置式气门是由凸轮轴上的凸轮压动摇臂顶开的，其关闭是依靠气门弹簧实现的。（　）

2. 高速发动机为了提高充气和排气性能，往往采用增加进气提前角和排气迟后角方法，以改善发动机性能。（　）

3. 为提高气门与气门座的密封性能，气门与座圈的密封带宽度越小越好。（　）

4. 为了获得较大的充气系数，一般发动机进气门锥角大多采用45°。（　）

5. 由于曲轴一定是顺时针转动的，凸轮轴则一定是逆时针转动的。（　）

6. 由于凸轮轴止推凸缘比隔圈厚0.08～0.20mm，所以能保证凸轮轴有0.08～0.20mm的轴向窜动量。（　）

7. 气门间隙过大、过小会影响发动机配气相位的变化。（　）

8. 因为采用了液力挺杆，所以气门间隙就不需要调整。（　）

项目四　柴油机的燃油供给系统的构造与检修

任务一　认识传统柴油机燃料供给系统的组成

教学前言

1. 教学目标

（1）了解柴油机燃料供给系统的功用、组成；

（2）掌握可燃混合气的形成和燃烧；

（3）掌握柴油标号原则、标号和选用。

2. 教学要求

（1）常用工程机械柴油机（四缸或六缸）；

（2）常用工程机械（挖掘机或装载机）；

（3）工程机械维修场地、布置、管理；

（4）PPT 课件（图片或动画或实拍）。

系统知识

一、柴油机燃料供给系统的功用

柴油机燃料供给系统要完成柴油供给和空气供给以及可燃混合气的形成、燃烧和废气的排出任务。

二、柴油机供给系统组成（见图 4-1）

（1）燃油供给装置：柴油箱、输油泵、柴油滤清器（柴油滤清器有粗细两种，一般粗滤器设在输油泵之前，细滤器设在输油泵之后）、喷油泵、喷油器等。

（2）空气供给装置：空气滤清器、进气管道；增压柴油机增加涡轮增压器、中冷器等。

（3）混合气形成装置：燃烧室。

（4）废气排出装置：排气管道、消音器。

三、柴油

柴油是在 533～623K 的温度范围内，从石油中提炼出的碳氢化合物，含碳 87%、氢 12.6%和氧 0.4%。

1. 使用性能指标

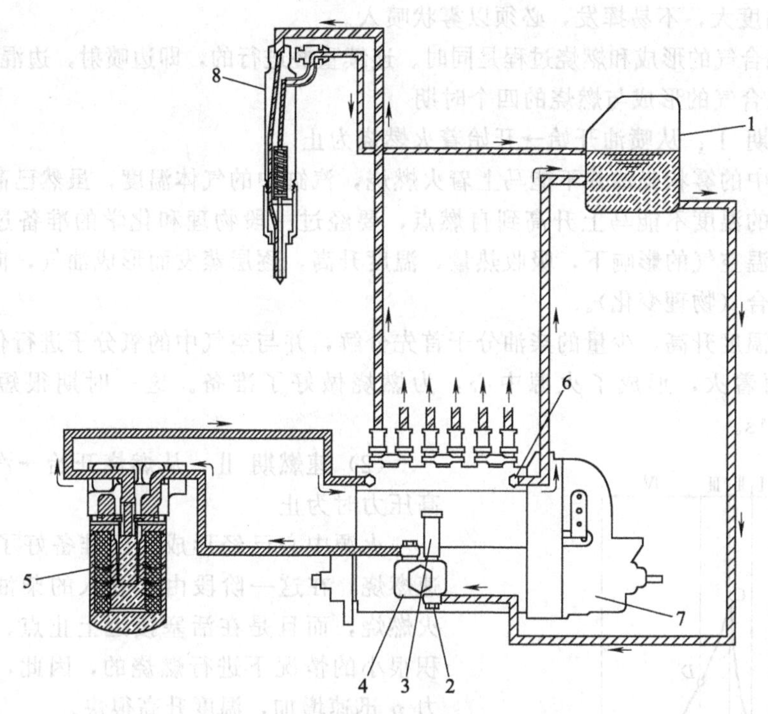

图 4-1　柴油机燃料供给系统组成

1—燃油箱；2—滤网；3—手动泵；4—供油泵；5—燃油滤芯；6—溢流阀；7—喷油泵；8—喷油嘴

(1) 发火性　指柴油的自燃能力，16 烷值越高，发火性越好。

(2) 蒸发性　指柴油的汽化能力，其指标由柴油的蒸馏实验来确定。

(3) 黏度　决定柴油的流动性，黏度越小，流动性越好。

(4) 凝点　指柴油冷却到开始失去流动性的温度。

2. 牌号

根据凝点编定。如 10 号、0 号、－10 号、－20 号、－35 号。

四、可燃混合气的形成与燃烧

1. 可燃混合气的形成与燃烧（见图 4-2）

柴油机可燃混合气的形成和燃烧都是直接在燃烧室内进行的。

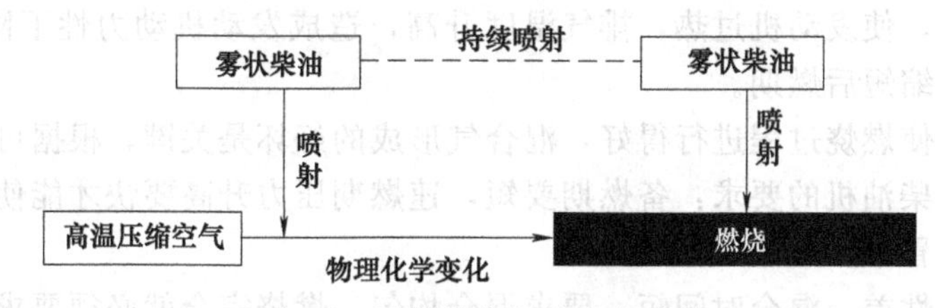

图 4-2　可燃混合气的形成过程

可燃混合气形成方法有：空间雾化和油膜蒸发。

2. 柴油燃烧的主要特点

① 燃料的混合和燃烧是在汽缸内进行的。

② 混合与燃烧的时间很短，为 0.0017～0.004s（汽缸内）。

③ 柴油黏度大，不易挥发，必须以雾状喷入。

④ 可燃混合气的形成和燃烧过程是同时、连续重叠进行的，即边喷射，边混合，边燃烧。

3. 可燃混合气的形成与燃烧的四个时期

(1) 备燃期 Ⅰ：从喷油开始→开始着火燃烧为止

喷入汽缸中的雾状柴油并不能马上着火燃烧，汽缸中的气体温度，虽然已高于柴油的自燃点，但柴油的温度不能马上升高到自燃点，要经过一段物理和化学的准备过程。也就是说，柴油在高温空气的影响下，吸收热量，温度升高，逐层蒸发而形成油气，向四周扩散并与空气均匀混合（物理变化）。

随着柴油温度升高，少量的柴油分子首先分解，并与空气中的氧分子进行化学反应，具备着火条件而着火，形成了火源中心，为燃烧做好了准备。这一时期很短，一般仅为0.0007～0.004s。

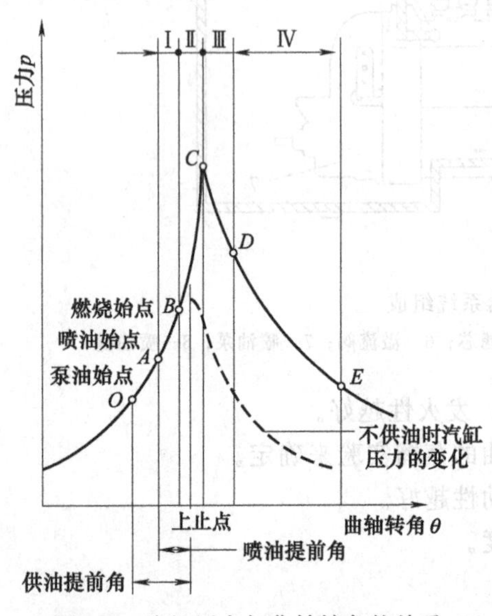

图 4-3 汽缸压力与曲轴转角的关系

Ⅰ—备燃期；Ⅱ—速燃期；Ⅲ—缓燃期；Ⅳ—后燃期

(2) 速燃期 Ⅱ：从燃烧开始→汽缸内出现最高压力时为止

火源中心已经形成，已准备好了的混合气迅速燃烧，在这一阶段由于喷入的柴油几乎同时着火燃烧，而且是在活塞接近上止点、汽缸工作容积很小的情况下进行燃烧的，因此，汽缸内的压力 p 迅速增加，温度升高很快。

(3) 缓燃期 Ⅲ：从出现最高压力→出现最高温度为止

这一阶段喷油器继续喷油，由于燃烧室内的温度和压力都高，柴油的物理和化学准备时间很短，几乎是边喷射边燃烧。但因为汽缸中氧气减少，废气增多，燃烧速度逐渐减慢，汽缸容积增大。所以汽缸内压力略有下降，温度达到最高值，通常喷油器已结束喷油。

(4) 后燃期 Ⅳ：缓燃期以后的燃烧

这一时期，虽然不喷油，但仍有一少部分柴油没有燃烧完，随着活塞下行继续燃烧。后燃期没有明显的界限，有时甚至延长到排气行程还在燃烧。后燃期放出的热量不能充分利用来做功，很大一部分热量将通过缸壁散至冷却水中，或随废气排出，使发动机过热，排气温度升高，造成发动机动力性下降，经济性下降。因此，要尽可能地缩短后燃期。

综上所述，要使燃烧过程进行得好，混合气形成的好坏是关键，根据可燃混合气的形成与燃烧过程得知对柴油机的要求：备燃期要短，速燃期压力升高要快才能使动力性、经济性好，工作柔和、不冒烟。

因为柴油挥发性差，混合时间短，要求混合均匀，燃烧完全就必须要求喷射压力高，雾化好，喷射质量要满足燃烧室形状的要求。

五、燃烧室

由于柴油的混合气形成和燃烧都是在燃烧室内进行的，故燃烧室结构形式直接影响混合气的品质和燃烧状况，按结构形式柴油机燃烧室分成直接喷射式和分隔式两大类。

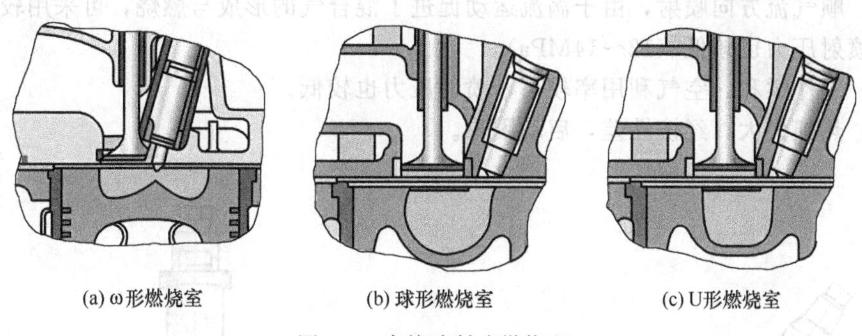

(a) ω形燃烧室　(b) 球形燃烧室　(c) U形燃烧室

图 4-4　直接喷射式燃烧室

1. 定义

燃烧室当活塞到达上止点时，汽缸盖和活塞顶组成的密闭空间称为燃烧室。

2. 分类

燃烧室分统一式燃烧室和分隔式燃烧室两大类。

(1) 统一式燃烧室　统一式燃烧室是由凹顶活塞顶部与汽缸盖底部所包围的单一内腔，几乎全部容积都在活塞顶面上。燃油自喷油器直接喷射到燃烧室中，借喷出油柱的形状和燃烧室形状的匹配，以及燃烧室内空气涡流运动，迅速形成混合气。所以又叫做直接喷射式燃烧室。可分为以下三种。

① ω形燃烧室［图 4-4（a）］　柴油直接喷射在活塞顶的浅凹坑内，喷射的柴油雾化要好，而且要均匀地分布在空气中。要求喷射压力高，一般为 17～22MPa，要求雾化质量高，因此，采用多孔喷嘴，孔数一般为 6～12 个。

优点：形状简单，结构紧凑，燃烧室与水套接触面积小，散热少，可减少热损失，热效率高，经济性较好。

缺点：工作粗暴，喷射压力高，制造困难，喷孔易堵。

② 球形燃烧室［图 4-4（b）］　空气由缸盖螺旋形进气道以切线方向进入汽缸，绕汽缸轴线作高速螺旋转动，并一直延续到压缩行程。喷油器沿气流运动的切线方向喷入柴油，使绝大部分柴油直接喷射在燃烧室壁面上形成油膜。小部分柴油雾珠散布在压缩空气中，并迅速蒸发燃烧，形成火源。油膜一方面受灼热的燃烧室壁面的加温，同时又受已燃柴油的高温辐射，使柴油机逐层蒸发，与涡流空气边混合边燃烧。

优点：工作柔和，噪声小，又叫轻声发动机。

缺点：启动困难，螺旋形进气道，结构复杂，制造困难。

③ U形燃烧室［图 4-4（c）］　U形燃烧室的特点介于ω形燃烧室和球形燃烧室之间。

(2) 分隔式燃烧室　分隔式燃烧室由两部分组成：一部分位于活塞顶与缸盖平面之间，称为主燃烧室；另一部分在汽缸盖中，称为副燃烧室。这两部分由一个或几个孔道相连。分隔式燃烧室的常见形式有涡流室燃烧室和预燃室燃烧室两种。

① 涡流室燃烧室［图 4-5（a）］　它的副燃烧室是球形或圆柱形的涡流室，其容积约占燃烧室总容积的 50%～80%，涡流室有切向通道与主燃烧室相通。在压缩行程中，汽缸内的空气被活塞推挤，经过通道进入涡流室，形成强烈地有组织的高速旋转运动（几百转/分)，柴油喷入涡流室中，在空气涡流的作用下，形成较浓的混合气。部分混合气在涡流室中着火燃烧，已燃与未燃的混合气高速（经通道）喷入主燃烧室，借活塞顶部的双涡流凹坑，产生第二次涡流，促使进一步混合和燃烧。

要求：顺气流方向喷射，由于涡流运动促进了混合气的形成与燃烧，可采用较大孔径的喷油器，喷射压力也较低（12～14MPa）。

优点：工作柔和，空气利用率较高，喷射压力也较低。

缺点：热损失大，经济性差，启动困难。

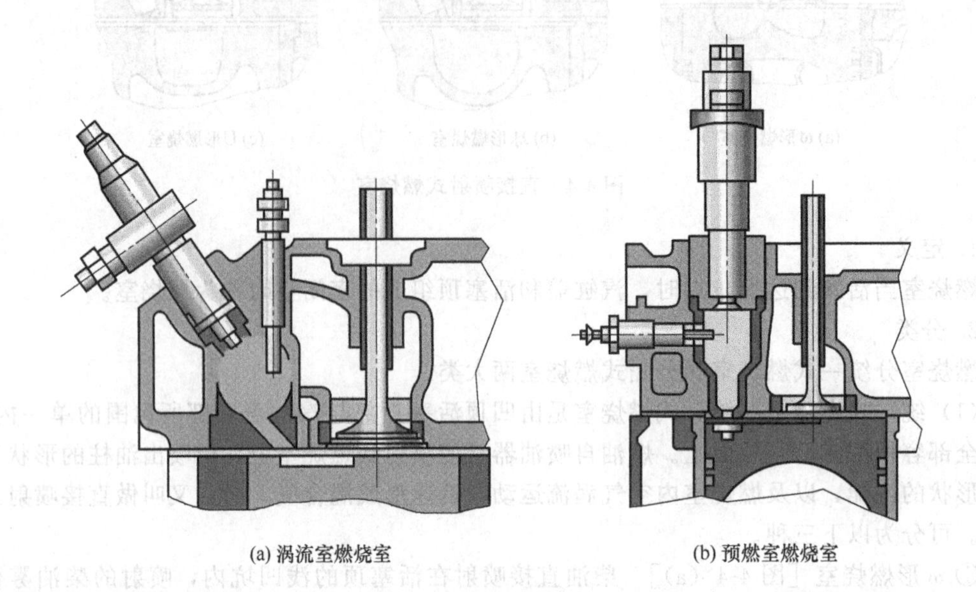

(a) 涡流室燃烧室　　(b) 预燃室燃烧室

图 4-5　分隔式燃烧室

② 预燃室燃烧室［图 4-5（b）］：缸盖上有预燃室，占燃烧室总容积的 1/3，预燃室与主燃室有通道，活塞为平顶。因为通道不是切向的，所以压缩时不产生涡流。连通预燃室与主燃室的孔道直径较小，由于节流作用产生压力差，使预燃室内形成紊流运动，油束大部分射在预燃室的出口处，只有少部分与空气混合（出口处较浓，而上部较稀），上部着火后，产生高压，已燃的和出口处较浓的混合气一同高速喷入主燃烧室，在主燃烧室内产生强烈的燃烧扰流运动，使大部分燃料在主燃烧室内混合和燃烧。

优缺点与涡流室燃烧室基本相同。

任务二　传统柴油机燃料供给系统的结构与检修

教学前言

1. 教学目标

（1）掌握喷油器、喷油泵、调速器的结构和工作原理；

（2）掌握喷油器的检测和维修过程；

（3）掌握柴油机燃料供给系统低压油路的维修方法；

（4）掌握涡轮增压器结构、工作过程和检测维修。

2. 教学要求

(1) 常用工程机械柴油机(四缸或六缸);

(2) 常用工程机械(挖掘机或装载机);

(3) 工程机械维修场地、布置、管理;

(4) PPT 课件(图片或动画或实拍)。

3. 引入案例(维修实例分析)

一台装载机在工作中发现柴油机燃油消耗量过高,请你进行原因分析并解决本车的油耗过高的故障。

系统知识

单元一 燃料供给系统高压油路的主要部件与检修

柴油机燃料供给系统由高压油路和低压油路组成。高压油路由高压泵、高压油管、喷油器组成;低压油路由油箱、滤清器、输油泵等组成。

一、喷油器

1. 功用要求与形式

(1) 功用 将喷油泵供给的高压柴油,以一定的压力,呈雾状喷入燃烧室。

(2) 要求 ①雾化均匀;②喷射干脆利落;③无后滴现象;④油束形状与方向,适应燃烧室。

(3) 形式 目前采用的喷油器如图 4-6 所示,有孔式和轴针式两种。

2. 喷油器结构

(1) 孔式喷油器

① 孔式喷油器组成 如图 4-7 所示为孔式喷油器分解图,如图 4-8 所示为孔式喷油器结构。

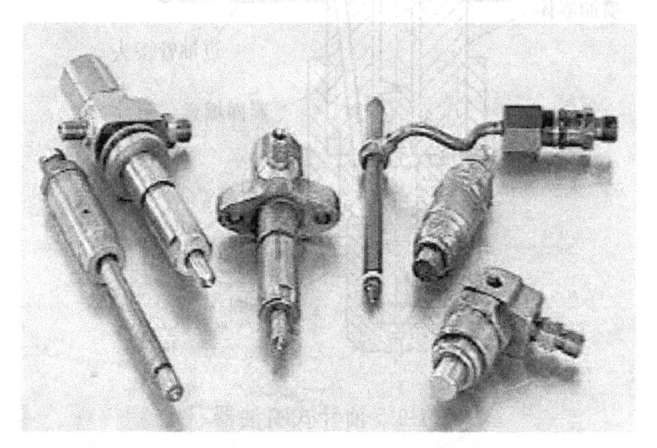
图 4-6 喷油器

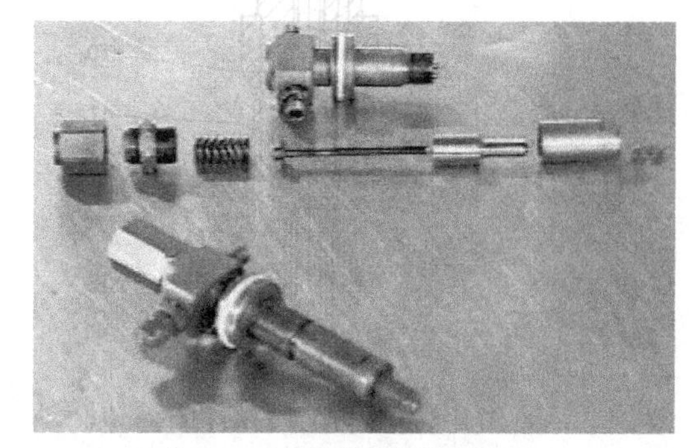
图 4-7 孔式喷油器分解图

② 工作过程

a. 喷油:当喷油泵开始供油时,高压柴油从进油口进入喷油器体内,沿油道进入喷油器阀体环形槽内,再经斜油道进入针阀体下面的高压油腔内,高压柴油作用在针阀锥面上,并产生向上抬起针阀的作用力,当此力克服了调压弹簧的预紧力后,针阀就向上升起,打开喷油孔，柴油经喷油孔喷入燃烧室。

b. 停油：当喷油泵停止供油时（出油阀在弹簧作用下落座，由于减压环带的减压作用），高压油腔内油压骤然下降，作用在喷油器针阀的锥形承压面上的推力迅速下降，在弹簧力的作用下，针阀迅速关闭喷孔，停止喷油。

③ 特点

a. 喷孔的位置和方向与燃烧室形状相适应。

b. 喷射压力较高。

c. 喷油头细长，喷孔小，加工精度高。

孔式喷油器适用于直接喷射燃烧室，孔数1～8个，孔径0.2～0.8mm。

(2) 轴针式喷油器

① 轴针式喷油器组成　如图4-9所示，轴针式喷油器的结构和工作原理与孔式喷油器基本相同；结构不同点是针阀下端的密封锥面以下还向下延伸出一个轴针，其形状有倒锥形和圆柱形，轴针伸出喷孔外，使喷孔成为圆环状的狭缝。一般只有一个喷孔，直径1～3mm，喷油压力较低，为12~14MPa。

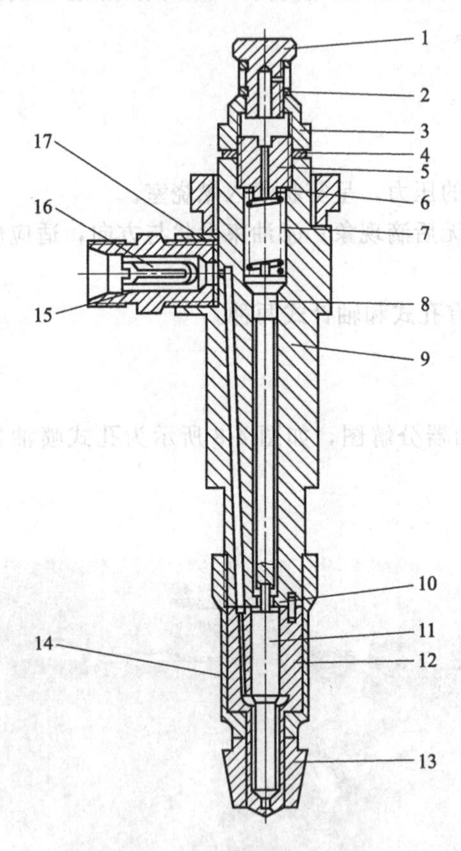

图4-8　孔式喷油器结构

1—回油管螺栓；2—回油管衬垫；3—调压螺钉护帽；4—调压螺钉垫圈；5—调压螺钉；6—调压弹簧垫圈；7—调压弹簧；8—顶杆；9—喷油器体；10—定位销；11—针阀；12—针阀体；13—喷油器锥体；14—紧固套；15—进油管接头；16—滤芯；17—进油管接头衬套

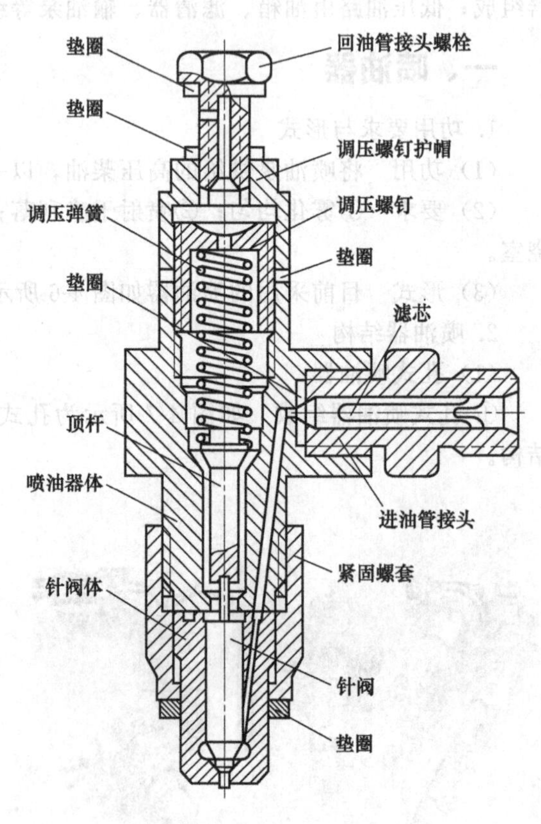

图4-9　轴针式喷油器

② 特点

a. 不喷油时针阀关闭喷孔，使高压油腔与燃烧室隔开，燃烧气体不致冲入油腔内引起积炭堵塞。

b. 喷孔直径较大，便于加工且不易堵塞。

c. 针阀在油压达到一定压力时开启，供油停止时，又在弹簧作用下立即关闭，因此，喷油开始和停止都干脆利落，没有滴油现象。

d. 适用于分隔室式燃烧室，不能满足对喷油质量有特殊要求的燃烧室的需要。

3. 喷油器的调试与检修

喷油器的检查有以下三个项目：喷油压力、雾化和滴油。

（1）喷油压力的检查　检查时，将喷油器上的调压弹簧调整螺钉的锁母旋松，将喷油器装到试验台上，如图 4-10 所示。快速按下试验台手柄若干次，待空气完全排出后，再缓慢地按动手柄（以 60～70 次/min）并观察压力表。当读数升高后急速下降瞬间，即为喷油压力，若喷油压力过高或不足，可采取改变调压弹簧预紧力的方法，改变喷油压力：调整螺钉旋入，则喷油压力升高；调整螺钉旋出，则喷油压力降低。无调整螺钉喷油器，可改变调压弹簧后端垫片的厚度来调整喷油压力。

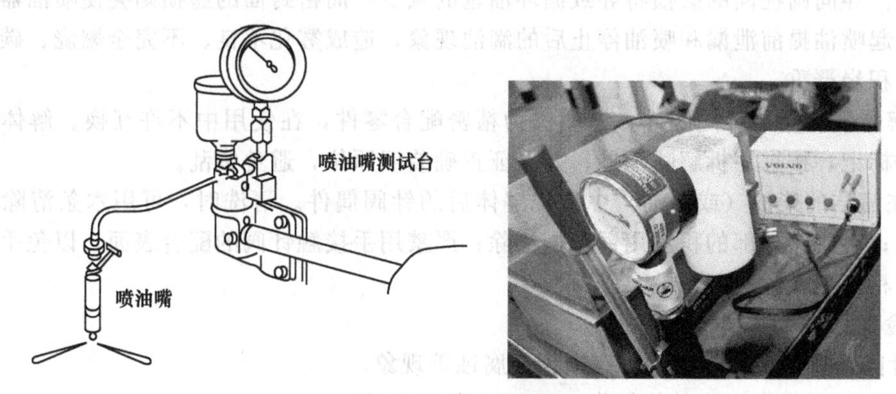

图 4-10　喷油器调试

（2）喷雾质量的检查　以 60～70 次/min 的速度连续按下试验台手柄，检查喷油器的喷雾质量。对多孔式喷油器各喷孔应形成一个雾化良好的小锥状油束，各油束间隔角应符合原厂规定，如图 4-11 所示。对轴针式喷油器，要求喷雾为圆锥形，不得偏斜，油雾细小均匀，如图 4-12 所示；每次喷油时，伴随针阀的开启应有明显、清脆的爆裂声，雾化锥角符合规定，如喷雾质量达不到要求，应重新清洗喷油器或更换偶件。

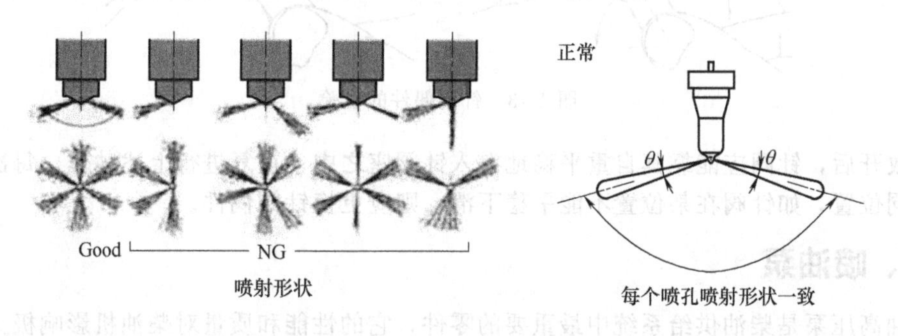

图 4-11　孔式喷油器雾化检测

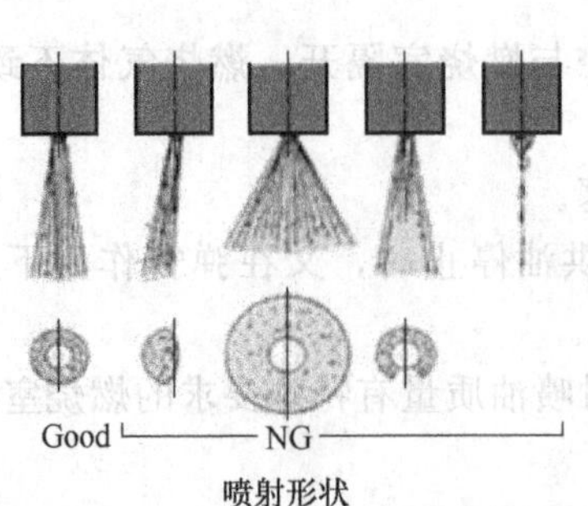

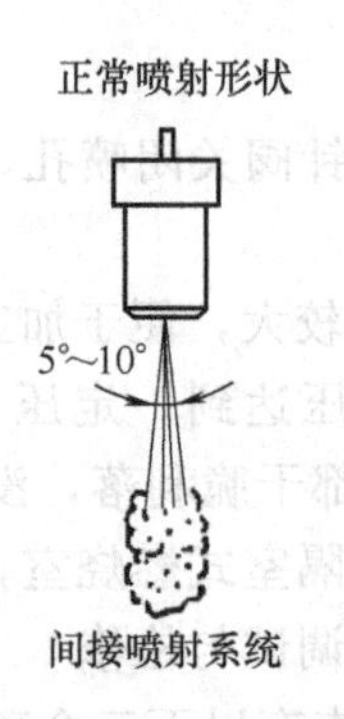

图 4-12　轴针式喷油器雾化检测

（3）密封性检查　检查阀座密封性时，可操纵压油手柄，使喷油器试验器的油压保持在比开始喷油压力标准值小 2MPa 的位置 10s，这时喷油器端部不应有油滴流出（稍有湿润是允许的）。

4. 喷油器的检修

喷油器的故障原因是喷油器的针阀偶件在长期工作中，受到高压燃油的冲刷和机械杂质的研磨、压力弹簧的落座冲击，使针阀的导向圆柱面和密封锥面及阀体上与针阀的配合表面出现磨损。导向圆柱面的磨损将导致循环油量的减少，而密封面的磨损则会使喷油器的密封不严，引起喷油提前泄漏和喷油停止后的滴油现象，造成雾化不良、不完全燃烧、碳烟剧烈增加以及积炭严重。

① 解体喷油器的针阀偶件，该偶件为精密配合零件，在使用中不许互换。解体前，应确认缸序标记，按缸序拆解喷油器，并保证正确装回原位，避免错乱。

② 在清洁的柴油（或煤油）中清洗解体后的针阀偶件。清洗时，可用木条清除针阀前端的积炭；对阀座外部的积炭用铜丝刷清除；严禁用手接触针阀的配合表面，以免手上的汗渍遗留在精密表面，引起锈蚀。

③ 检验。

a. 针阀和座的配合表面不得有损伤或腐蚀等现象。

b. 针阀不得有变形或其他损伤。

c. 针阀偶件的配合可按图 4-13 的方法检验。将针阀体倾斜 60°左右，针阀拉出 1/3 行程。

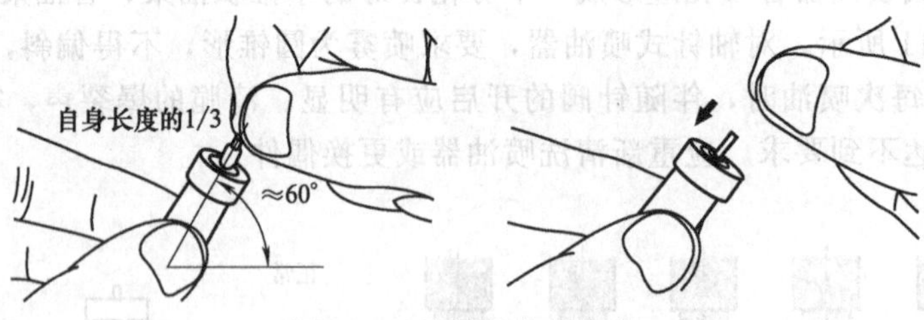

图 4-13　针阀偶件的检验

当放开后，针阀应能靠其自重平稳地滑入针阀座之中；重复进行上述动作，每次转动针阀在不同位置，如针阀在某位置不能平稳下滑，则应更换针阀偶件。

二、喷油泵

喷油高压泵是柴油供给系统中最重要的零件，它的性能和质量对柴油机影响极大，被称为柴油机的“心脏”。

1. 喷油泵的功用、要求

如图 4-14 所示，高压泵的作用是提高柴油压力，按照发动机的工作顺序、负荷大小，定时定量地向喷油器输送高压柴油，且各缸供油压力均等。要求如下：

① 泵油压力要保证喷射压力和雾化质量的要求。

② 供油量应符合柴油机工作所需的精确数量。

③ 保证按柴油机的工作顺序，在规定的时间内准确供油。

④ 供油量和供油时间可调整，并保证各缸供油均匀。

⑤ 供油规律应保证柴油燃烧完全。

⑥ 供油开始和结束，动作敏捷，断油干脆，避免滴油。

图 4-14 高压泵

2. 喷油泵的结构和工作原理

如图 4-15 所示，喷油泵主要由柱塞分泵、油量调节机构、驱动机构、泵体四部分组成。

(1) 柱塞分泵 喷油泵由与发动机汽缸数相同的多个柱塞分泵组成，柱塞分泵主要由柱塞偶件和出油阀偶件组成，见图 4-16。

① 柱塞偶件的结构组成、工作原理 如图 4-17 所示，柱塞偶件由柱塞和柱塞套组成，它们是一对精密偶件，经配对研磨后不能互换，要求有高的精度和光洁度及好的耐磨性，其径向间隙为 0.002～0.003mm。柱塞头部圆柱面上切有斜槽，并通过径向孔或轴向孔与顶部相通，其目的是旋转柱塞，改变循环供油量；柱塞套上制有进、回油孔，均与泵上体内低压油腔相通，柱塞套装入泵上体后，用定位螺钉定位。

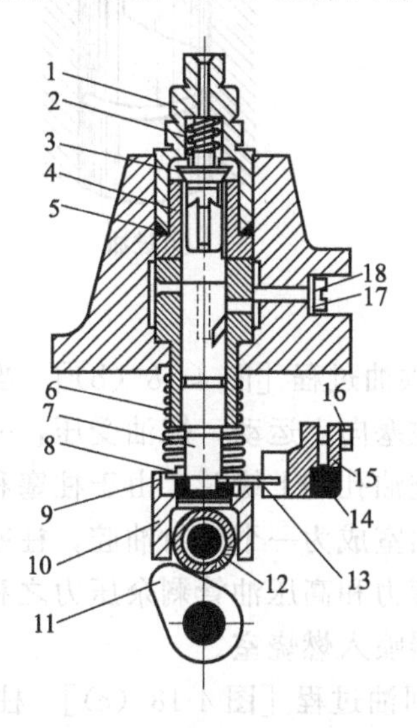

图 4-15 高压泵结构组成

1—出油阀压紧座；2—出油阀弹簧；3—出油阀；4—出油阀座；5—压紧垫片；6—柱塞套筒；7—柱塞；8—柱塞弹簧；9—弹簧座；10—滚轮体；11—凸轮；12—滚轮；13—调节臂；14—供油拉杆；15—调节叉；16—夹紧螺钉；17—垫片；18—定位螺钉

如图 4-18 所示，工作时，在喷油泵凸轮轴上的凸轮与柱塞弹簧的作用下，迫使柱塞作上、下往复运动，从而完成泵油任务，泵油过程可分为以下三个阶段。

a. 进油过程［图 4-18 (a)］ 当凸轮的凸起部分转过去后，在弹簧力的作用下，柱塞向下运动，柱塞上部空间（称为泵油室）产生真空度，当柱塞上端面把柱塞套上的进油孔打开后，充满在油泵上体油道内的柴油经油孔进入泵油室，柱塞运动到下止点，进油结束。

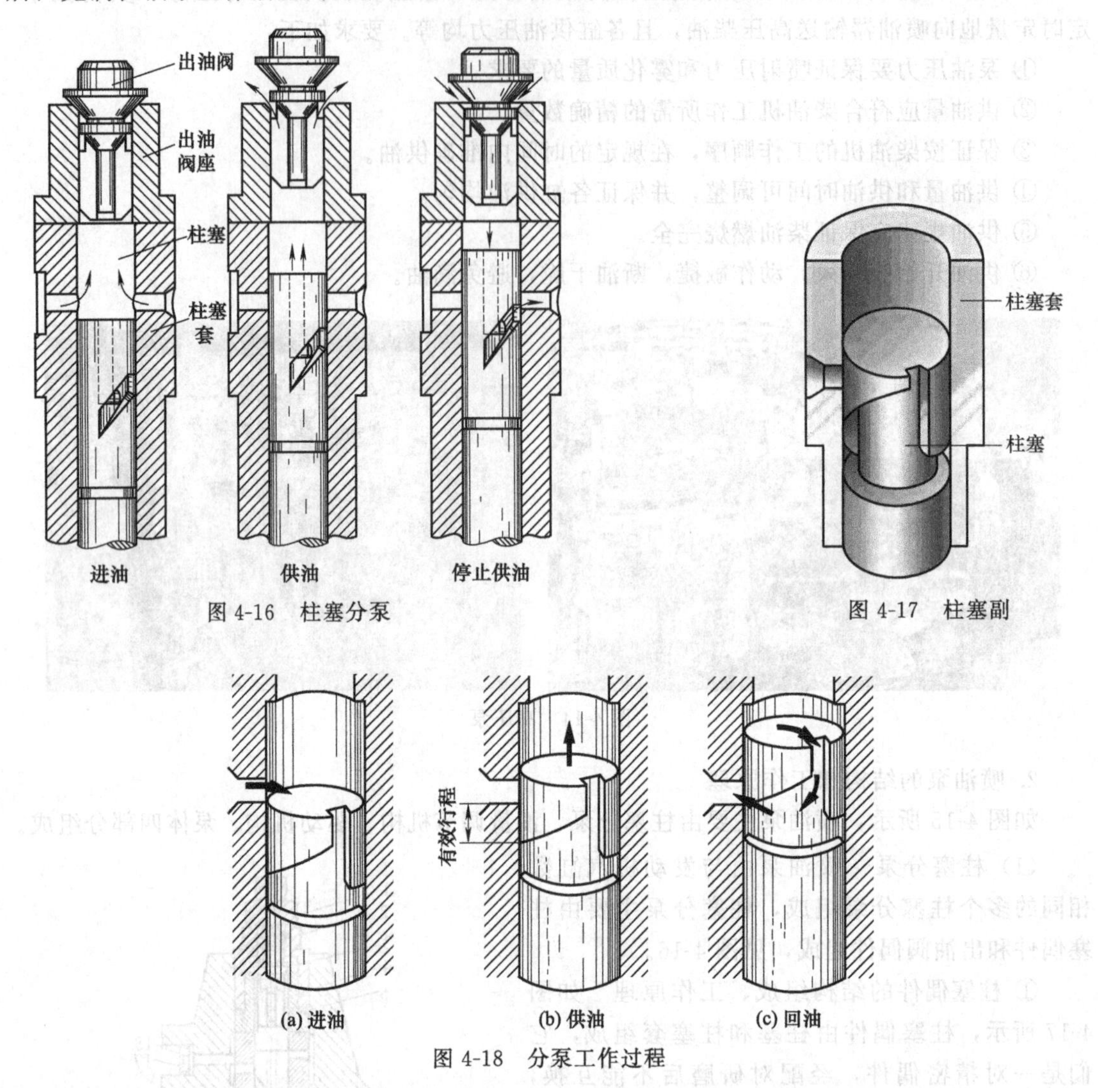

图 4-16 柱塞分泵

图 4-17 柱塞副

图 4-18 分泵工作过程

b. 供油过程［图 4-18（b）］ 当凸轮轴转到凸轮的凸起部分顶起滚轮体时，柱塞弹簧被压缩，柱塞向上运动，燃油受压，一部分燃油经油孔流回喷油泵上体油腔。当柱塞顶面遮住套筒上进油孔的上缘时，由于柱塞和套筒的配合间隙很小（0.0015～0.0025mm）使柱塞顶部的泵油室成为一个密封油腔，柱塞继续上升，泵油室内的油压迅速升高，泵油压力大于出油阀弹簧力和高压油管剩余压力之和时，推开出油阀，高压柴油经出油阀进入高压油管，通过喷油器喷入燃烧室。

c. 回油过程［图 4-18（c）］ 柱塞向上供油，当上行到柱塞上的斜槽（停供边）与套筒上的回油孔相通时，泵油室低压油路便与柱塞头部的中孔和径向孔及斜槽沟通，油压骤然下降，出油阀在弹簧力的作用下迅速关闭，停止供油。此后柱塞还要上行，当凸轮的凸起部分转过去后，在弹簧的作用下，柱塞又下行。此时便开始了下一个循环。

通过上述讨论，得出下列结论：柱塞往复运动总行程 L 是不变的，由凸轮的升程决定；柱塞每循环的供油量大小取决于供油行程，供油行程不受凸轮轴控制是可变的；供油开始时刻不随供油行程的变化而变化；转动柱塞可改变供油终了时刻，从而改变供油量。

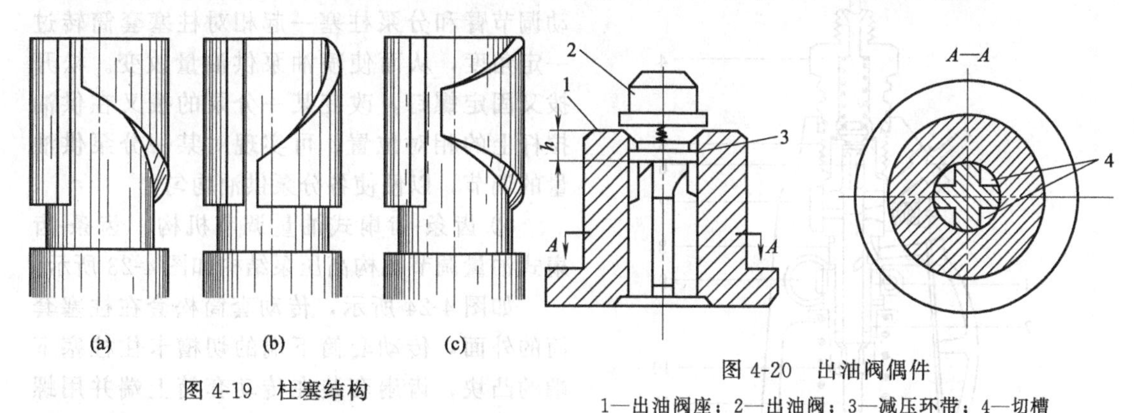

图 4-19　柱塞结构

图 4-20　出油阀偶件

1—出油阀座；2—出油阀；3—减压环带；4—切槽

如图 4-19 所示，不同结构柱塞特点，决定不同供油性质：如图 4-20（a）所示，旋转柱塞，供油位置不变，停油位置发生变化；如图 4-20（b）所示，旋转柱塞，进油位置发生变换，停油位置不变；如图 4-20（c）所示，进油停油位置全部发生变化。

② 出油阀结构、工作原理　出油阀和出油阀座也是一对精密偶件，结构如图 4-20 所示，配对研磨后不能互换，其配合间隙为 0.01mm 。出油阀的下部呈十字断面，既能导向，又能通过柴油，出油阀是一个单向阀，在弹簧压力作用下，阀上部圆锥面与阀座严密配合，出油阀的锥面下有一个小的圆柱面，称为减压环带，如图 4-21所示，当环带落入阀座内时则使上方容积很快增大，其作用是在供油终了时，使高压油管内的油压迅速下降，避免喷孔处产生滴油现象。同时高压油管与柱塞上端空腔隔绝，防止高压油管内的油倒流入喷油泵内。

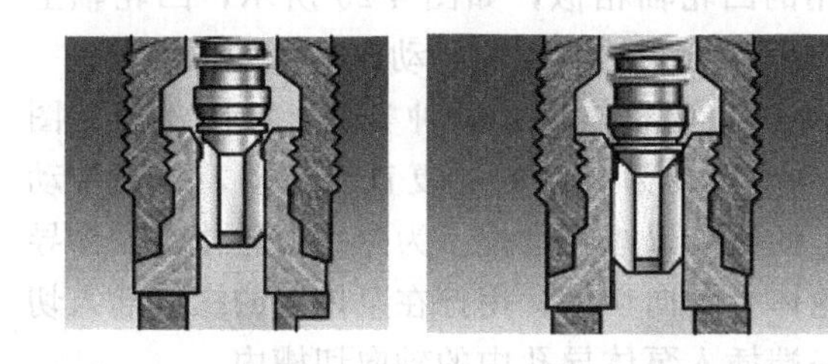
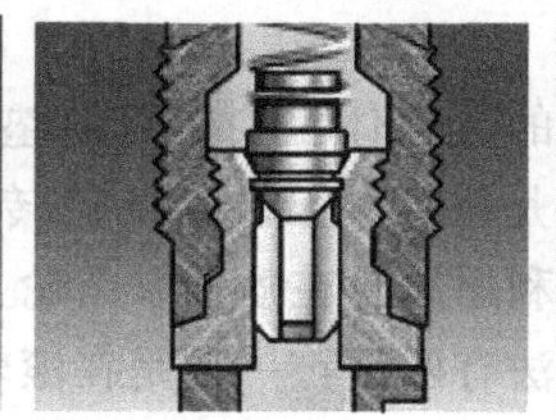
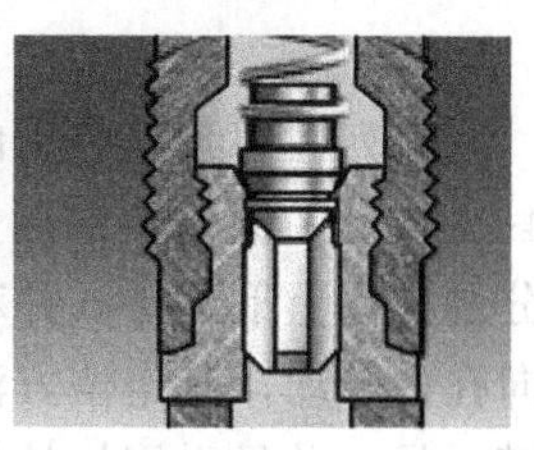

图 4-21　出油阀落座过程

(2) 油量调节机构　油量调节机构的功用是改变柱塞与柱塞套筒的相对位置从而改变喷油高压泵的供油量，以适应发动机不同工况的要求。

直列柱塞泵常用的油量调节机构主要有拨叉式和齿条-齿扇式两种。

① 拨叉式油量调节机构　如图 4-22 所示，调节臂压装在分泵柱塞下端，其端头插入拨叉的凹槽内，拨叉用螺钉固定在供油拉杆上。当油门踏板联动机构

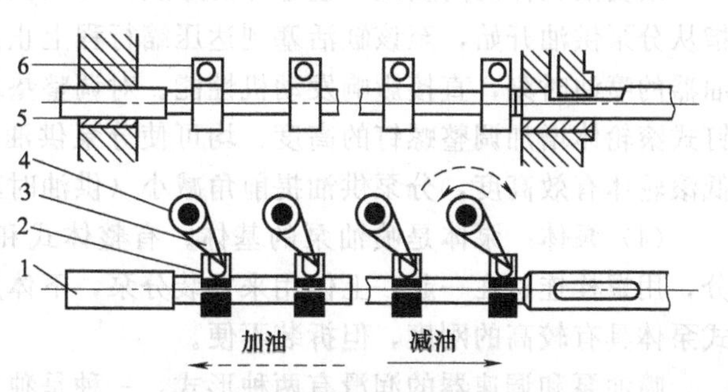

图 4-22　拨叉式油量调节机构

1—供油拉杆；2—拨叉；3—调节臂；4—柱塞；5—供油拉杆衬套；6—拨叉固定螺钉

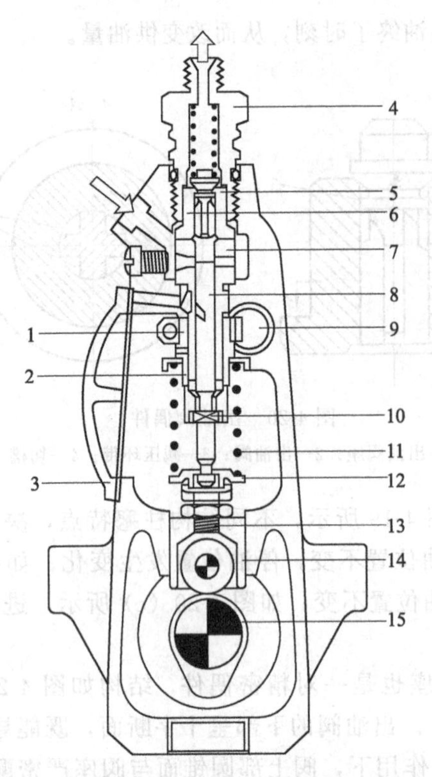

图 4-23　齿条-齿扇式油量调节机构高压泵
1—控制柱塞齿条；2—控制柱塞；3—盖板；4—出油阀座；5—阀座；6—出油阀；7—泵壳；8—泵柱塞；9—控制架；10—柱塞机构；11—柱塞复位弹簧；12—弹簧油封；13—调节螺钉；14—滚柱轴承；15—凸轮轴

或调速器推动供油拉杆轴向移动时，拨叉带动调节臂和分泵柱塞一起相对柱塞套筒转过一定角度，从而使喷油泵供油量改变。松开拨叉固定螺钉，改变某一分泵的拨叉在供油拉杆上的相对位置，可实现对某一分泵供油量的调节，以便使各分泵供油均匀。

② 齿条-齿扇式油量调节机构　齿条-齿扇式油量调节机构高压泵结构如图 4-23 所示。

如图 4-24 所示，传动套筒松套在柱塞套筒的外面，传动套筒下端的切槽卡住柱塞下端的凸块，齿扇套装在传动套筒上端并用螺钉固定，各分泵传动套筒上的齿扇均与供油齿条啮合，当供油齿条轴向移动时，齿扇带动传动套筒连同柱塞一同转动，即可改变喷油泵的供油量。松开齿圈固定螺钉，转动传动套筒，即可调节某一分泵的供油量，以便使各分泵供油均匀。

(3) 分泵驱动机构　分泵驱动机构功用是驱动柱塞在柱塞套筒内往复运动，使喷油泵完成供油过程。分泵驱动机构主要包括喷油泵凸轮轴和滚轮体等。

凸轮轴通过固定在壳体上的两个轴承支撑在喷油泵体内，其结构原理与配气机构所用的凸轮轴相似，如图 4-25 所示，凸轮轴上有驱动分泵的凸轮和驱动输油泵的偏心轮。

直列柱塞泵上装用的滚轮体主要有调整垫块式和调整螺钉式两种类型，如图 4-26、图 4-27 所示。滚轮体作用是将喷油泵凸轮的旋转运动转变为自身的往复直线运动，从而推动分泵柱塞上下运行，并利用滚轮在喷油泵凸轮上的滚动以减轻磨损。为防止滚轮体在泵体导向孔内转动，其定位方法有两种：一种是在滚轮体上轴向切槽，用拧在泵体上的螺钉插入切槽；另一种是采用加长的滚轮轴，使滚轮轴的一端插入泵体导孔中的轴向切槽内。

改变滚轮体的高度或调整垫片的厚度，可以调整分泵的供油提前角。分泵供油提前角是指从分泵供油开始，至该缸活塞到达压缩行程上止点时曲轴转过的角度，供油提前角影响喷油器的喷油时刻，直接影响发动机性能。对调整垫块式滚轮体增加调整垫块厚度或对调整螺钉式滚轮体增加调整螺钉的高度，均可使分泵供油提前角增大（供油时刻提前）；反之，降低滚轮体有效高度，分泵供油提前角减小（供油时刻推迟）。

(4) 泵体　泵体是喷油泵的基体，有整体式和分体式两种；分体式泵体分上、下两部分，用螺栓连接在一起，上体用来安装分泵，下体用来安装油量调节机构和驱动机构。整体式泵体具有较高的刚度，但拆装不便。

喷油泵和调速器的润滑有两种形式：一种是独立润滑，即在喷油泵和调速器内单独加注润滑油；另一种是压力润滑，即利用发动机润滑系中的压力油进行润滑。

3. 喷油泵的检测和维修

利用喷油泵试验台，检测喷油泵喷油量均匀性和喷油提前角均匀性并进行调整；无法满足要求时更换柱塞偶件和出油阀偶件。

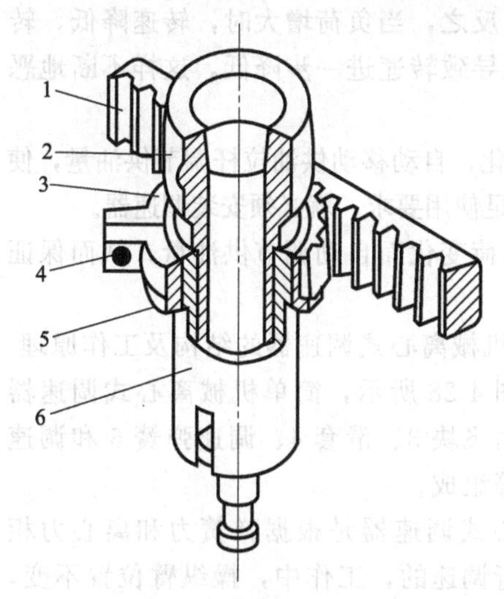

图 4-24　齿条-齿扇式油量调节机构

1—供油齿条；2—柱塞套筒；3—齿扇；4—齿圈固定螺钉；5—柱塞；6—传动套筒

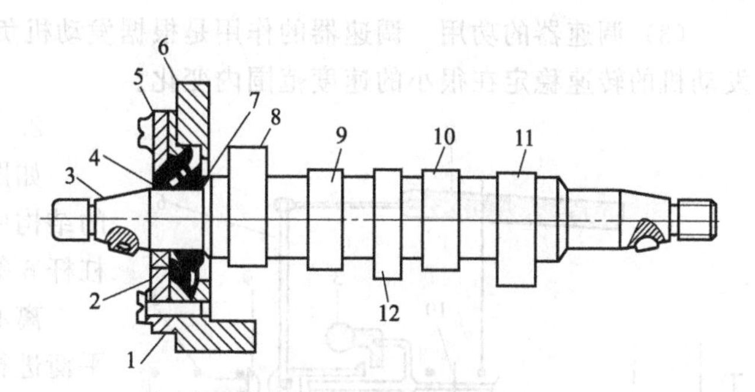

图 4-25　喷油泵凸轮轴

1—密封垫；2—圆锥滚子轴承；3—连接锥面；4—油封；5—前端盖；6—泵体；7—调整垫片；8～11—凸轮；12—输油泵偏心轮

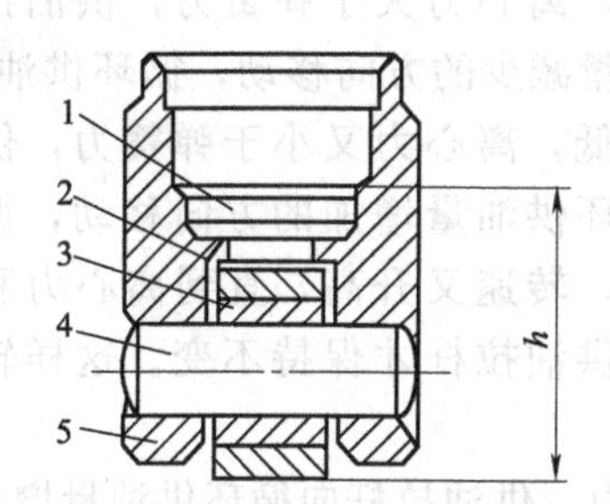

图 4-26　调整垫块式滚轮体

1—调整垫块；2—滚轮；3—滚轮衬套；4—滚轮轴；5—滚轮架

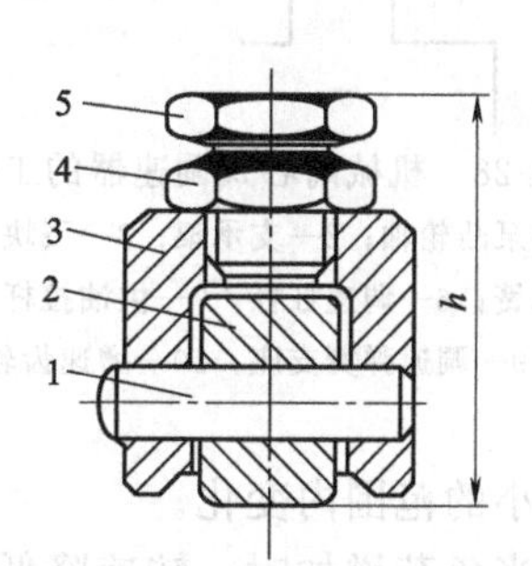

图 4-27　调整螺钉式滚轮体

1—滚轮轴；2—滚轮；3—滚轮架；4—锁紧螺母；5—调整螺钉

三、调速器

1. 调速器的结构、功用

(1) 喷油泵的速度特性　喷油泵每个工作循环的供油量主要取决于调节拉杆的位置，但实际上每一循环的供油量会随转速的变化而增加或减少。这是因为当发动机转速增加时，喷油泵柱塞移动速度加快，柱塞套上油孔的节流作用随之增大，当柱塞上移时，即使柱塞尚未完全封闭油孔，由于柴油来不及从油孔挤出，泵腔内油压增加而使供油开始时刻略有提前；同样道理，在柱塞上移到其斜槽已经与油孔接通时，泵腔内油压一时还来不及下降，使供油停止时刻稍微滞后。这样，即使供油拉杆位置不变，随着发动机转速增大，柱塞的有效行程将略有增加，供油量略微增大；反之，供油量便略微减少，这种供油量随转速变化的关系称为喷油泵的速度特性。

(2) 柴油机上为什么要安装调速器　喷油泵的速度特性对工程机械工况多变的柴油机是

非常不利的。当发动机负荷稍有变化时，导致发动机转速变化很大。当负荷减小时，转速升高，转速升高导致柱塞泵循环供油量增加，循环供油量增加又导致转速进一步升高，这样不断地恶性循环，造成发动机转速越来越高，最后飞车；反之，当负荷增大时，转速降低，转速降低导致柱塞泵循环供油量减少，循环供油量减少又导致转速进一步降低，这样不断地恶性循环，造成发动机转速越来越低，最后熄火。

要改变这种恶性循环，就要求有一种能根据负荷的变化，自动移动供油拉杆调节供油量，使发动机在规定的转速范围内稳定运转。因此，柴油机要满足使用要求，就必须安装调速器。

(3) 调速器的功用　调速器的作用是根据发动机负荷变化而自动调节供油量，从而保证发动机的转速稳定在很小的速度范围内变化。

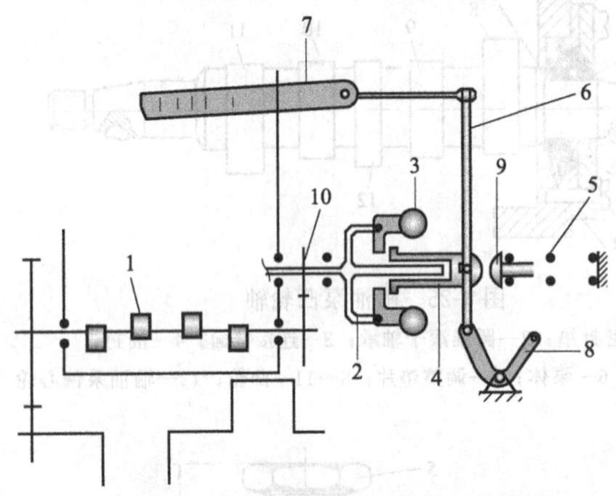

图 4-28　机械离心式调速器的工作原理

1—喷油泵凸轮轴；2—支承架；3—飞块；4—滑套；5—调速弹簧；6—调速杠杆；7—供油拉杆；8—操纵臂；9—调速弹簧支座；10—增速齿轮组

2. 机械离心式调速器的结构及工作原理

如图 4-28 所示，简单机械离心式调速器的结构由飞块 3、滑套 4、调速弹簧 5 和调速杠杆 6 等组成。

离心式调速器是根据弹簧力和离心力相平衡进行调速的，工作中，操纵臂位置不变，弹簧力总是将供油拉杆向循环供油量增加的方向移动；而离心力总是将供油拉杆向循环供油量减少的方向移动。当负荷减小时，转速升高，离心力大于弹簧力，供油拉杆向循环供油量减少的方向移动，循环供油量减小，转速降低，离心力又小于弹簧力，供油拉杆又向循环供油量增加的方向移动，循环供油量增加，转速又升高，直到离心力和弹簧力平衡，供油拉杆才保持不变。这样转速基本稳定在很小的范围内变化。

反之当负荷增加时，转速降低，弹簧力大于离心力，供油拉杆向循环供油量增加的方向移动，循环供油量增加，转速升高，弹簧力又小于离心力，供油拉杆又向循环供油量减小的方向移动，循环供油量减小，转速又降低，直到离心力和弹簧力平衡。

改变操纵臂的位置，同时改变供油拉杆的位置，改变供油量，改变发动机速度，在调速器作用下，直至达到新的不同速度下的平衡。

3. 典型调速器（Ⅱ号泵全速式调速器）的结构和工作原理

国产工程机械Ⅰ、Ⅱ、Ⅲ号系列泵所配用的调速器均为球盘式离心调速器，它们的结构和工作原理基本相同，现以Ⅱ号泵全速调速器为例介绍其结构和工作原理。

(1) 构造　如图 4-29 所示，Ⅱ号喷油泵配用的全速式调速器，它安装在Ⅱ号喷油泵的后端。整个调速器可分为主动部分、调速部分、操纵部分以及熄火装置等四部分，现分述如下。

① 主动部分。驱动盘内孔和凸轮轴固装在一起，并用螺母紧固。驱动盘内侧面制有 6 条均匀分布的半圆凹槽，飞球装在飞球支架内，卡在半圆凹槽中并可以在半圆凹槽径向移动；飞球、支架组成飞球组合件，装在驱动盘和推力盘中间。推力盘松套在连接套上。发动机旋转，由高压泵正时齿轮带动高压泵凸轮轴旋转时，飞球组合件也一起转动。由于离心力作用飞球带动球座沿圆盘支架的切槽作径向移动，从而对推力盘的 45°斜面产生一作用力，其轴向分力可使推力盘作轴向移动。

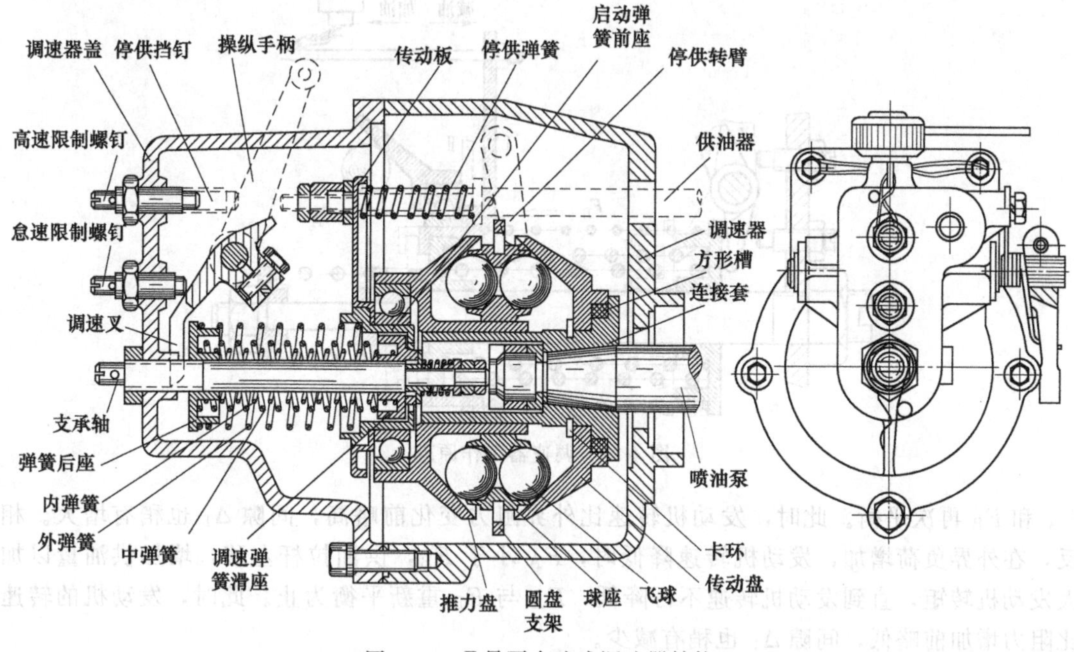

图 4-29 Ⅱ号泵全速式调速器结构

② 调速部分。支承轴上装有 4 根弹簧。校正弹簧装在轴的前端，一端支承在紧靠支承轴台肩的校正弹簧座上，另一端支承在校正弹簧前座上。内弹簧为低速弹簧，安装时略有预紧力；中弹簧称为高速弹簧，安装时为自由状态，在端头留有 2～3mm 的间隙；外弹簧安装时有较大的预紧力，启动时能额外增加供油量，因此称为启动弹簧；滚动轴承外圈连接推力盘，内圈与启动弹簧前座之间夹装着传动板，其上端连接供油拉杆。传动板推动供油拉杆时，推力通过弹簧传递以缓和冲击。

③ 操纵部分。操纵臂轴两端支承在调速器盖上，伸出的一端固定有操纵臂（与加速踏板连接），中间部分装有调速叉，调速叉一端贴靠在弹簧后座的后端面上。当驾驶员操纵加速踏板时，通过操纵臂使调速叉转动，弹簧后座移动，从而改变了调速弹簧的预紧力。

④ 熄火装置。调速器壳的上部装有熄火手柄，其下端嵌入供油拉杆铣切的平面上。当需要停熄发动机时，转动熄火手柄，使熄火手柄推动供油拉杆向停止供油方向移动，喷油泵便停止供油。

另外，在调速器壳的后端设有高、低速限位螺钉。其壳体的顶部和底部分别设有润滑油加注口螺塞和放油口螺塞。加油口螺塞通大气，内装滤芯。

(2) 工作过程 如图 4-30 所示，调速器工作原理是当柴油机工作时，喷油高压泵凸轮轴带动驱动盘一起旋转，飞球组合件所产生的离心力使推力盘产生一轴向力 F_A，此力欲使供油拉杆往减小供油量的方向移动；另一方面，作用在弹簧滑座上的弹簧张力 F_B，则欲使供油拉杆往增加供油量的方向移动。若 F_A 和 F_B 相平衡，则供油拉杆保持不动，调速器处于平衡状态，柴油机就稳定在一定转速下运转。此时，校正弹簧滑座与高低速弹簧座之间有一间隙 Δ_1，Δ_1 不是定值，由于 Δ_1 的存在，调速器的传动板就能在这一范围内移动，使供油量有加有减与负荷相适应。

当发动机外界负荷突然减小，发动机转速升高，飞球组合件的离心力加大，F_A 增大，F_A 暂时大于 F_B，供油拉杆右移，供油量减少，降低了发动机的转速，直到转速不再升高，

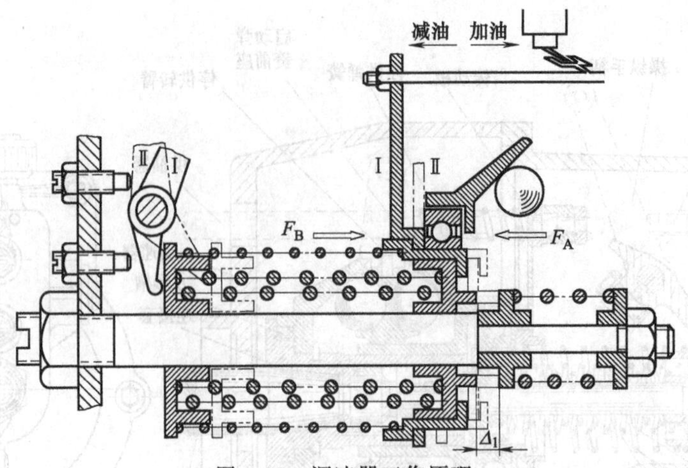

图 4-30　调速器工作原理

F_A 和 F_B 再次平衡。此时，发动机转速比外界阻力变化前略高，间隙 Δ_1 也稍有增大。相反，在外界负荷增加，发动机转速降低时，F_A 小于 F_B，供油拉杆左移，增加供油量以加大发动机转矩，直到发动机转速不再降低，F_A 与 F_B 重新平衡为止。此时，发动机的转速比阻力增加前略低，间隙 Δ_1 也稍有减少。

当外界阻力矩保持不变时，如果驾驶员想提高发动机转速，可通过操纵臂来改变调速弹簧的预紧力，使 F_B 大于 F_A，供油拉杆右移，供油量增加，发动机转速升高，直到离心力 F_A 增大到与弹簧张力 F_B 相平衡为止。于是，发动机就在较高的转速下稳定运转。相反，如果减小了弹簧的预紧力，发动机就将在一个较低的转速下稳定运转。

由上述可知，驾驶员并非直接控制供油拉杆，而是通过改变操纵臂的位置来改变调速弹簧预紧力的大小，由调速器自动控制供油量的增减。

下面介绍发动机不同工况下的调速器状态。

① 怠速工况位置。如图 4-31 所示，当操纵臂与低速限位螺钉（怠速螺钉）相碰时，这时调速弹簧预紧力最小，柴油机则稳定在最低转速下工作。在怠速工况下，因内部阻力的变化而自动改变供油量，主要是依靠偏软的低速内弹簧（高速弹簧没有接触到弹簧座，不起作用），Δ_1 存在。低速限位螺钉的位置在高压泵试验台调校。

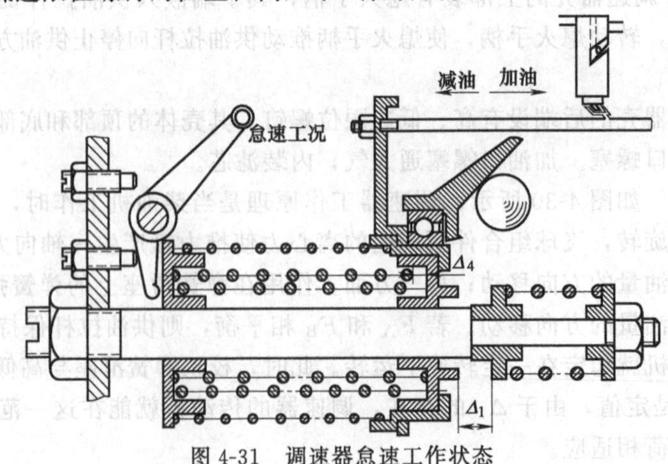

图 4-31　调速器怠速工作状态

② 中等负荷工况位置。如图 4-32 所示，操纵臂没有接触到怠速和高速限位螺钉处，高

低速调速弹簧即有不同的预紧力，对应不同的中间转速，Δ_1 存在。转动操纵臂，改变弹簧预紧力，调整不同发动机速度；同样负荷变化时调速器随时改变供油量，保持发动机稳定运转。

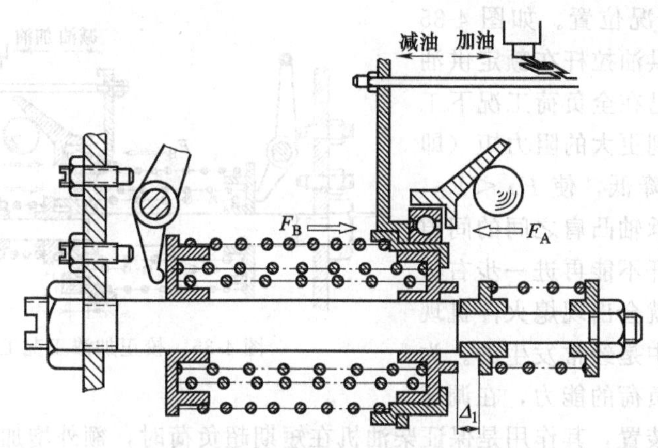

图 4-32　中等负荷工况工作状态

③ 全负荷工况位置。如图 4-33 所示，当操纵臂与高速限位螺钉相碰时，调速弹簧的预紧力最大，Δ_1 存在；同样负荷变化时调速器随时改变供油量，保持发动机稳定运转。

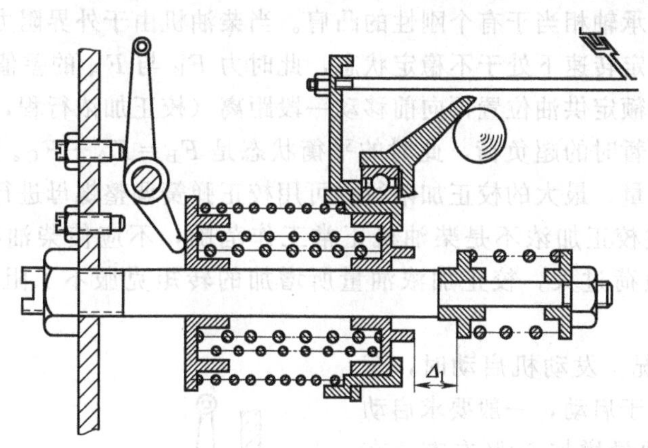

图 4-33　全负荷工况工作状态

④ 额定工况位置。额定工况是全负荷工况的极限特例，全负荷工况时，发动机外界负荷增加，转速下降，直至调速弹簧的前座与校正弹簧的滑座刚刚相接触（凸台），Δ_1 为零，离心推力 F_A 和弹簧张力 F_B 刚好在此位置平衡。此时，柴油机便处于额定工况下工作（见图 4-34）。这时发动机的转速就是全负荷转速或称额定转速。如果外界阻力矩减少，发动机转速将升高，供油拉杆向减油方向移动。当柴油机负荷降到零时，供油量减到最小，此时柴油机的转速称为最高空转转速。

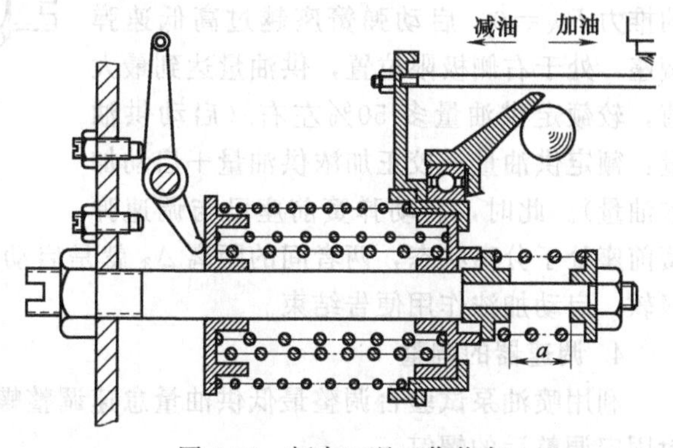

图 4-34　额定工况工作状态

调整高速限位螺钉可以调整额定转速，螺钉旋入则转速调低，螺钉旋出则转速调高。最大供油量（额定供油量）的调整，是改变支承轴的位置，左移是增加供油量，右移则减少。调整时，必须在高压泵试验台参考维修手册进行调整，不可人为进行随意调整。

⑤ 校正加浓工况位置。如图 4-35 所示，当喷油泵的供油拉杆在额定供油量位置，即柴油机已在全负荷工况下工作时，如果暂时遇到更大的阻力矩（即超负荷）时，转速降低，使 $F_A<F_B$，但由于传动板与支承轴凸肩之间的间隙为零，因此供油拉杆不能再进一步右移增加供油量，这样就会出现熄火停机现象，这在使用过程中是经常发生的。为了提高克服暂时超负荷的能力，在调速器中装有校正加浓装置，其作用是保证柴油机在短期超负荷时，额外增加供油量，以增大柴油机转矩。

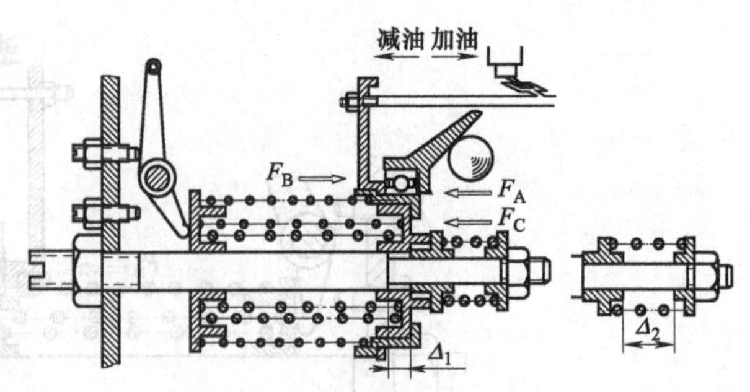

图 4-35　校正加浓工况工作状态

Ⅱ号泵调速器支承轴的前端，实际结构是一个弹性凸肩。由校正弹簧及前后弹簧座组成校正器。两个弹簧座之间在安装时留有间隙 Δ_2。由于校正弹簧的预紧力较大，调速器在额定转速下工作时，支承轴相当于有个刚性的凸肩。当柴油机由于外界阻力增加而超负荷工作时，发动机在低于额定转速下处于不稳定状态，此时力 F_B 与 F_A 的差值，用来压缩校正弹簧，使供油拉杆越过额定供油位置再向前移动一段距离（校正加浓行程，最大值为 Δ_2），增加了供油量，克服了暂时的超负荷，此时的平衡状态是 $F_B=F_A+F_C$。这时的供油量为额定供油量加上校正油量。最大的校正加浓行程可用校正弹簧调整螺母进行调整。

必须指出，上述校正加浓不是柴油机正常工作范围，不应使柴油机在这一范围内长时间工作。如果超负荷过大，校正加浓油量所增加的转矩克服不了阻力矩，发动机还是会熄火。

⑥ 启动加浓工况。发动机启动时，车凉并转速低；为了便于启动，一般要求启动供油量应比额定供油量增加 50%左右。在调速器弹力部分，除了高速、怠速和校正弹簧外，还增加了一个外弹簧（启动弹簧），如图 4-36 所示，启动时，飞球组件离心力的推力 $F_A=0$。启动弹簧座越过高低速弹簧座，处于右侧极限位置，供油量达到最大值，较额定供油量多 50%左右（启动供油量：额定供油量＋校正加浓供油量＋启动加浓油量）。此时，启动弹簧前座已与调速弹簧前座处于分离状态，两者间的距离 Δ_3 就是启动加浓行程。柴油机启动后，由于启动弹簧很软，启动加浓作用便告结束。

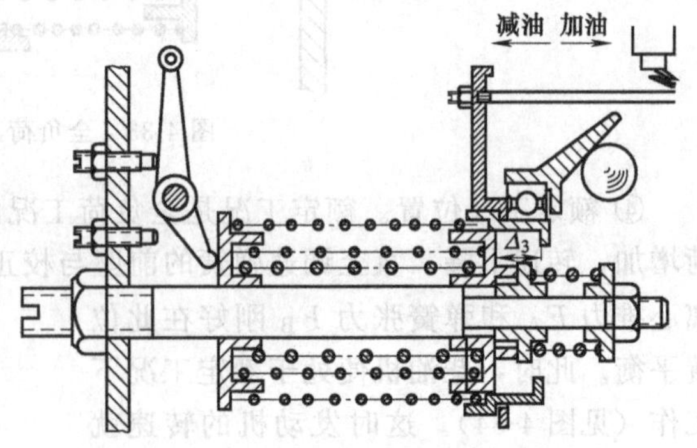

图 4-36　启动加浓工况工作状态

4. 调速器的调整

利用喷油泵试验台调整最低供油量怠速调整螺钉和最高供油量（高速调整螺钉）并用铅封固定调整后的螺钉。

四、喷油泵的装配

① 有联轴器　如图 4-37 所示，先转动曲轴，使第一缸的活塞到达压缩行程的上止点前某一规定供油提前角度处停止（具体角度参见维修手册），转动高压泵凸轮轴，使一缸喷油时刻标记线应与壳体记号重合；利用联轴器连接高压泵与发动机。改变联轴器的相对位置，可以改变喷油时刻。

② 没有联轴器　利用发动机上装配记号，直接安装高压泵即可，泵体居于中间处安装；改变泵体的相对安装位置，可以改变喷油时刻。

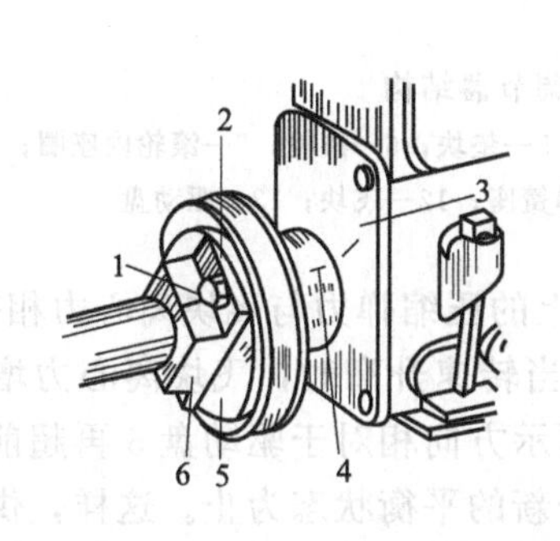

图 4-37　喷油正时标记

1—调整螺钉；2—调节分度线；3—轴承盖上的标记线；4—定时刻线；5—驱动盘；6—联轴器

五、喷油提前角自动调节器

喷油提前角是指喷油器开始喷油至活塞到达上止点之间的曲轴转角。柴油机工作中，喷油提前角过大，喷油时汽缸内空气温度较低，混合气形成条件差，备燃期长，工作粗暴。喷油提前角过小，大部分柴油在上止点以后燃烧，活塞处于下行状态时燃烧，使最高工作压力降低，热效率显著下降，发动机功率下降，排气冒白烟。最佳喷油提前角是指在转速和供油量一定的条件下，能获得最大功率及最小燃油消耗率的喷油提前角。

喷油提前角对于柴油机的性能影响很大。柴油机的最佳喷油提前角，是随转速和供油量的变化而改变的。转速高，供油量大时，最佳喷油提前角也加大。这就需要有喷油提前角自动调节器来随转速的变化对喷油提前角进行调节。

喷油提前角自动调节器的作用是随柴油机转速的变化，自动改变喷油提前角的装置。它安装于联轴器和喷油泵之间。

喷油提前角自动调节器结构及工作原理如图 4-38、图 4-39 所示，供油提前角自动调节器驱动盘 13 用螺栓与联轴器相连，为主动元件。在驱动盘端面上有两个销钉，上面套装有两个飞块 12，外面还套装两个弹簧座 11，飞块的另一端各压装一个销钉，每个销钉上各松套着一个滚轮 6 和滚轮内座圈 7。从动盘 4 与喷油泵凸轮轴相连接。从动盘两臂的弧形侧面 E（图 4-39）与滚轮 6 接触，平侧面 F 则压在两个弹簧 10 上，弹簧的另一端支于弹簧座 11 上。整个调节器为一密封体，内腔充有机油以供润滑。

供油提前角自动调节器的工作原理如图 4-39 所示。发动机工作时，在曲轴的驱动下，驱动盘 5 及飞块 3 沿图中箭头方向旋转，受离心力的作用，两个飞块的活动端向外甩开，滚轮 2 对从动盘 4 的两个弧形侧面产生推力，迫使从动盘 4 沿箭头所示方向相对于调节器壳体

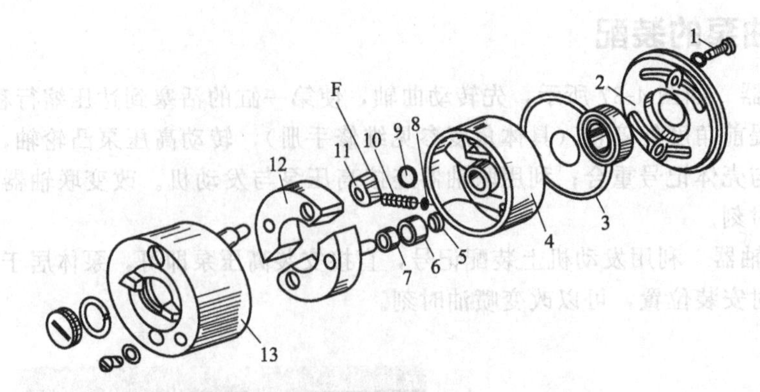

图 4-38 喷油提前角自动调节器结构

1—螺钉；2—盖板油封部件；3—密封圈；4—从动盘；5—垫块；6—滚轮；7—滚轮内座圈；8—调整垫片；9—碗形垫片；10—弹簧；11—弹簧座；12—飞块；13—驱动盘

超前转过一个角度 $\Delta\varphi$，直到弹簧 6 作用在另一侧面上的压缩弹力与飞块离心力相平衡为止，于是从动盘 4 与驱动盘 5 同步旋转［图 4-39（b）］。当转速升高时，飞块离心力增大，其活动端进一步向外甩出，滚轮 2 迫使从动盘 4 沿箭头所示方向相对于驱动盘 5 再超前转过一个角度，直到弹簧 6 的压缩弹力与飞块离心力达到一个新的平衡状态为止。这样，供油提前角便相应地增大。反之，当发动机转速降低时，供油提前角相应减小。

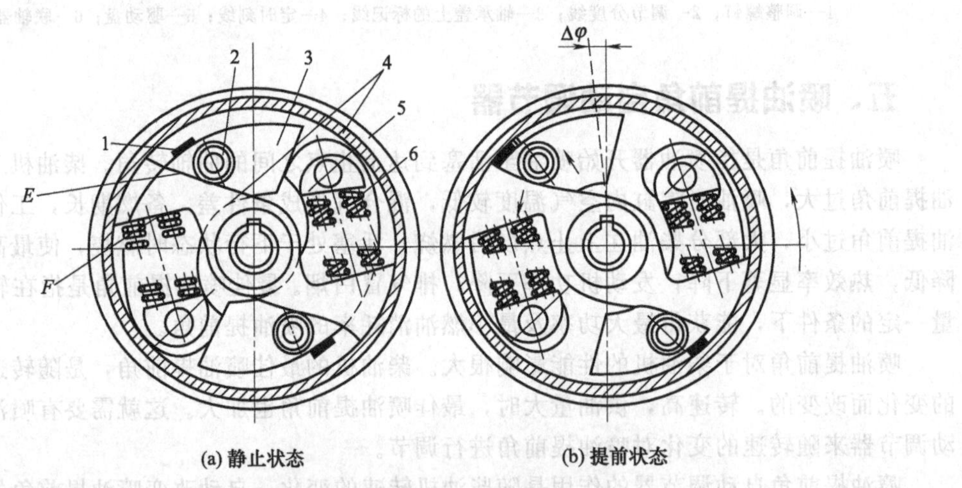

图 4-39 喷油提前角自动调节器工作原理

1—限位销；2—滚轮；3—飞块；4—从动盘；5—驱动盘；6—弹簧

六、联轴器

联轴器的作用是连接高压泵凸轮轴与其驱动轴。

联轴器的结构如图 4-40 所示。驱动轴用长螺栓 17 固定在主动凸缘圆盘 11 上，主动凸缘圆盘用螺栓连接主动传动圆盘 12 的弧形孔。主动传动圆盘又通过螺栓 21 与十字接盘 15 连接，十字接盘用螺栓 14 与从动传动圆盘 1 相连，从动传动圆盘与供油提前角自动调节器（后接喷油泵凸轮轴）连接在一起。

旋松螺栓 13 可使主动传动圆盘 12 相对于主动凸缘圆盘 11 沿弧型孔转过一个角度，这

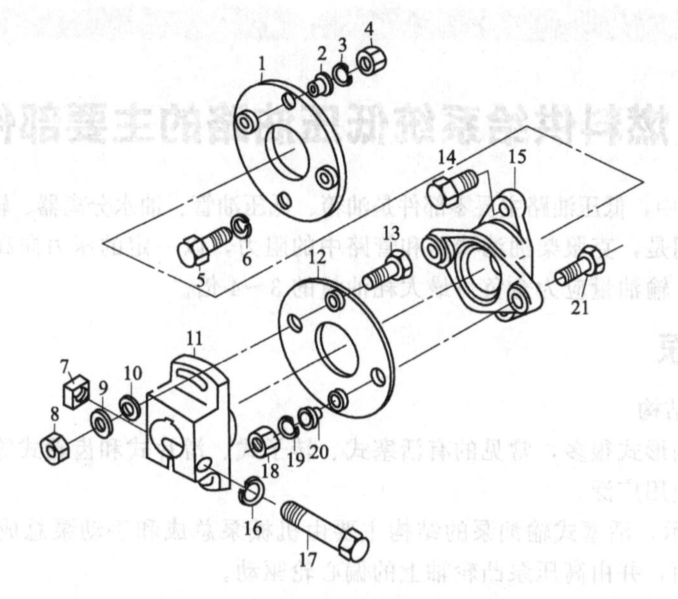

图 4-40　联轴器

1—从动传动圆盘；2,20—衬套；3,6,9,10,16,19—垫圈；4,7,8,18—螺母；5,13,14,17,21—螺栓；11—主动凸缘圆盘；12—主动传动圆盘；15—十字接盘

样就改变了喷油泵凸轮轴与发动机曲轴之间的相位关系，即改变了各缸的喷油时刻（即初始供油提前角）。

如图 4-41 所示，结构简单的联轴器，安装调整更加方便。

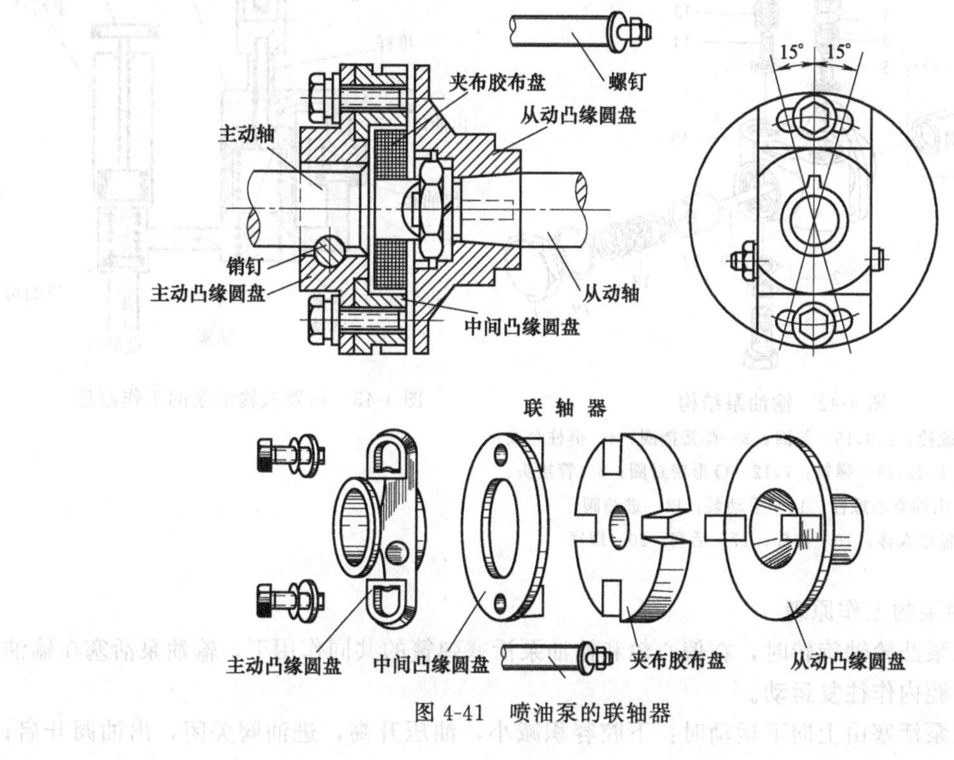

图 4-41　喷油泵的联轴器

系统知识

单元二　燃料供给系统低压油路的主要部件与检修

燃油供给系统中，低压油路主要零部件是油箱、低压油管、油水分离器、输油泵和滤清器。

输油泵的作用是，克服柴油滤清器和管路中的阻力，以一定的压力向高压泵低压油腔输送足够量的柴油，输油量应为全负荷最大耗油量的 3～4 倍。

一、输油泵

1. 输油泵的结构

输油泵的结构形式很多，常见的有活塞式、转子式、滑片式和齿轮式等多种。活塞式输油泵工作可靠，应用广泛。

如图 4-42 所示，活塞式输油泵的结构主要由机械泵总成和手动泵总成组成，安装在柱塞式喷油泵的侧面，并由高压泵凸轮轴上的偏心轮驱动。

机械泵总成由泵体、挺柱总成、推杆、活塞和弹簧、进出油阀等组成，其工作原理如图 4-43 所示。

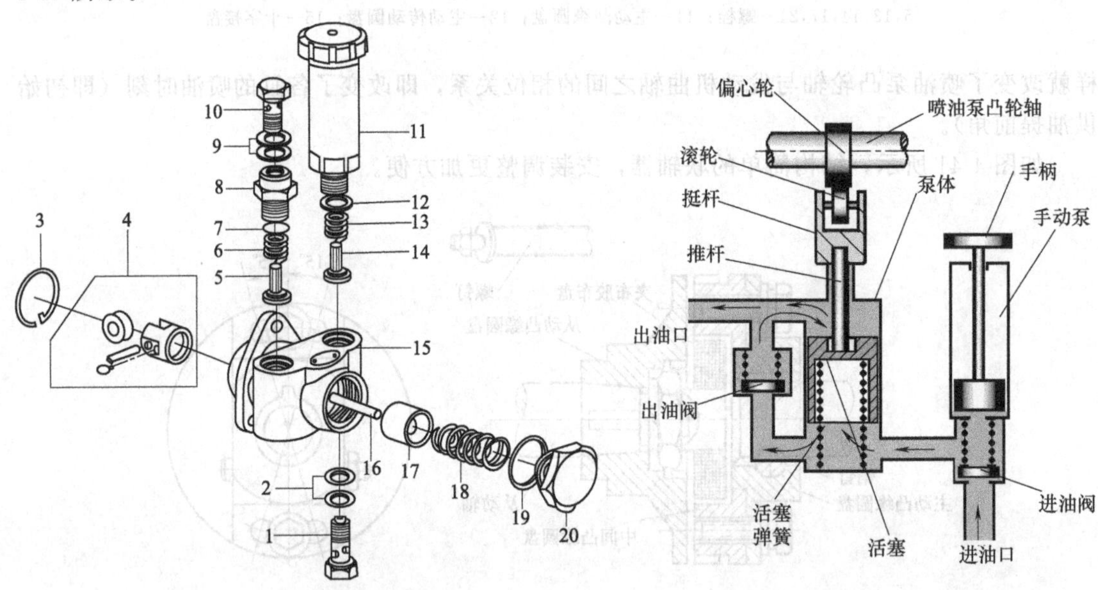

图 4-42　输油泵结构

1—进油空心螺栓；2,9,19—垫圈；3—弹簧挡圈；4—挺柱总成；
5—出油阀；6,13,18—弹簧；7,12—O 形密封圈；8—管接头；
10—出油空心螺栓；11—手动泵；14—进油阀；
15—输油泵体；16—推杆；17—活塞；20—螺塞

图 4-43　活塞式输油泵的工作原理

2. 输油泵的工作原理

当高压泵凸轮轴旋转时，在偏心轮和输油泵活塞弹簧的共同作用下，输油泵活塞在输油泵体的活塞腔内作往复运动。

当输油泵活塞由上向下运动时：下腔容积减小，油压升高，进油阀关闭，出油阀开启；

与此同时，上腔容积增大，柴油从下腔流入上腔。

当输油泵活塞由下向上运动时：上腔容积缩小，柴油压力升高，出油阀关闭，燃油被送往滤清器；下腔容积增大产生真空度，进油阀开启，柴油经进油阀被吸入下腔。

高压泵低压油腔压力由溢流阀控制，输油泵提供多余燃油经过溢流阀流回油箱；部分发动机没有溢流阀，随柴油机负荷减小，需要的柴油量减少，会使输油泵上腔油压增高；当此油压与输油泵活塞弹簧的弹力相平衡时，活塞往上腔的运动便停止，活塞的移动行程减小，输油泵的输出油量减少，实现了输油量的自动调节，而输油压力则基本稳定。

输油泵外侧装有手动泵，作用是在柴油机燃油供给系统维修等作业项目后，排出低压油路中的空气，或检测低压油路故障；操作时，依次将燃油滤清器和喷油泵的放气螺钉旋松，再将手动泵拉钮旋开，上下反复拉动手动泵拉钮，使柴油自进油口吸入，经出油阀压出，并充满燃油滤清器和喷油泵前的所有低压油路，将其中的空气驱除干净。空气排除完毕，应重新拧紧放气螺钉，旋进手动泵拉钮。

二、油水分离器、燃油滤清器

1. 油水分离器

油水分离作用是分离混在油中的水，如图 4-44 所示，若浮标达到或超过红线时须松开排放塞放水，放水后应通过手动泵排掉燃油系统内的空气。

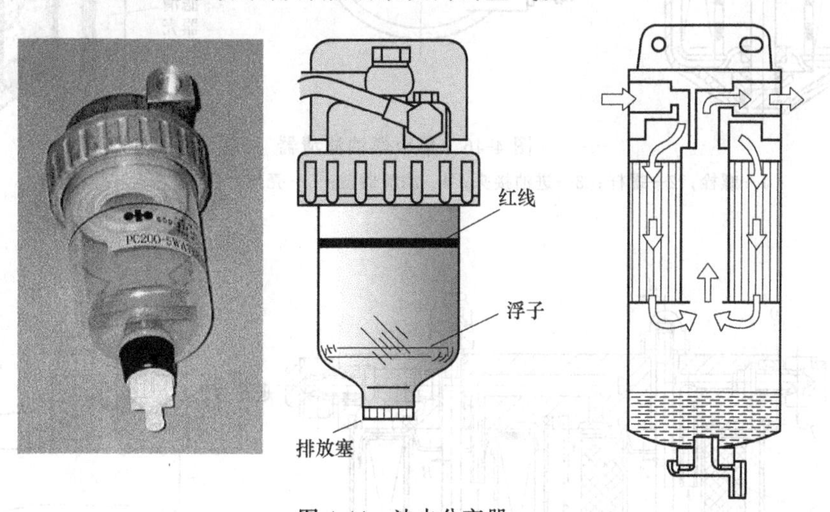

图 4-44　油水分离器

2. 燃油滤清器

燃油滤清器的作用是过滤燃油中的杂质、污垢，结构如图 4-45 所示，工作原理如图 4-46（单级过滤）、图 4-47（两级过滤）所示。

滤纸被叠成褶状以扩大燃油通过的面积，纸质滤芯具有流量大、阻力小、滤清效率高、使用寿命长、抗水能力强等优良性能，还具有质量小、体积小、成本低和不需清洗维护等特点，目前在柴油滤清器中广泛应用，根据维修手册，工程机械按工作时间滤芯需要定期更换。

柴油在进入喷油泵之前必须清除其中的机械杂质和水分。若柴油过滤不良，喷油系统的精密偶件便会出现运动阻滞和磨损加剧，从而引起发动机各缸供油不均匀、功率下降和耗油率增加。因此，柴油滤清器对保证喷油泵和喷油器的可靠工作及提高它们的寿命有重要作用。大部分柴油发动机中备有粗、精两级滤清器，有些只用单级滤清器。

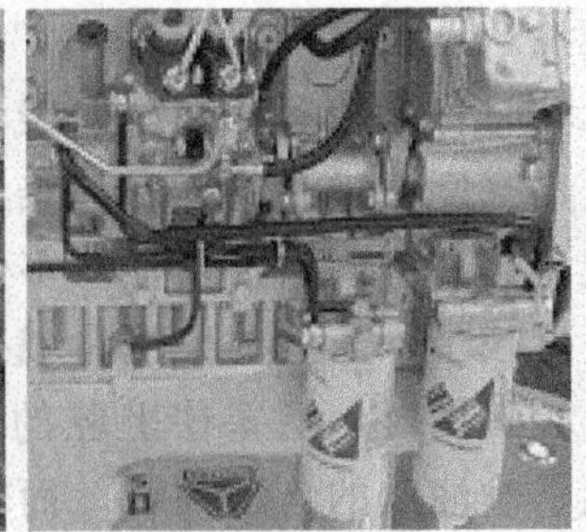

图 4-45 燃油滤清器

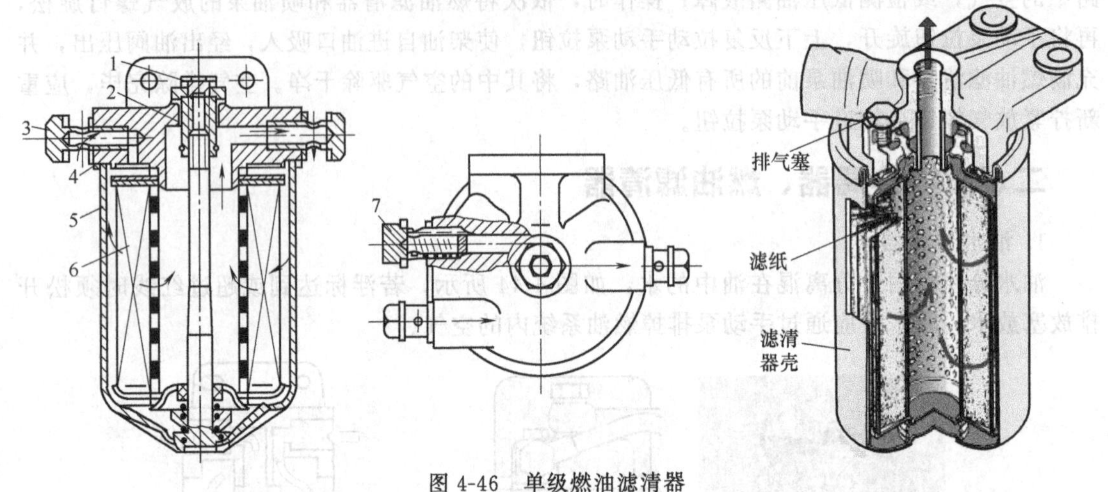

图 4-46 单级燃油滤清器

1—螺栓；2—螺杆；3—进油接头；4—滤清器盖；5—壳体；6—滤芯；7—溢流阀

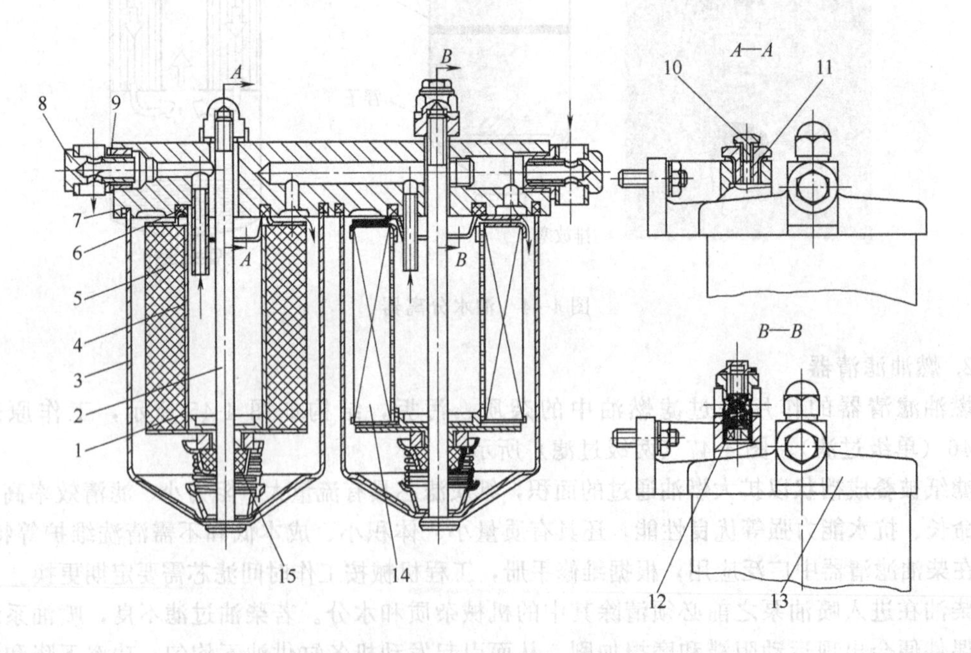

图 4-47 两级柴油滤清器

1—绸滤布；2—紧固螺杆；3—外壳；4—滤筒；5—毛毡；6—密封圈；7—橡胶密封圈；8—油管接头；9—衬垫；10—放气螺钉；11—螺塞；12—限压阀；13—盖；14—纸滤芯；15—滤芯垫

柴油的滤清一般都是过滤式的。滤芯的材料有绸布、毛毡、金属网及纸质等。由于纸质滤芯是用树脂浸制而成，具有滤清效果好、成本低等特点，因而得到广泛的应用。柴油滤清器多串联在输油泵和喷油泵之间，安装位置多在喷油泵附近，而且偏高，有利于存油、预热和防止结蜡。

滤清器工作原理如图 4-46 所示，为微孔纸芯单级滤清器，由微孔滤纸制成的滤芯 6 装在滤清器盖 4 与底部的弹簧座之间，并用橡胶圈密封。由输油泵来的柴油经进油管接头 3 进入壳体 5，再渗透滤芯 6 进入滤芯内腔，最后经出油管接头输出至喷油泵。当管路油压超过溢流阀 7 的开启压力（0.1～0.15MPa）时，溢流阀开启，多余的柴油流回燃油箱，从而保证管路内油压维持在一定的限度内。

如图 4-47 所示为 6120 型柴油机上的两级柴油滤清器，它由两个结构基本相同的滤清器串联而成，两个滤清器盖制成一体。柴油经过第一级纸质滤芯过滤后，再经过第二级航空毛毡和绸布过滤。

系统知识

单元三　柴油机的进气和排气系统

发动机的进气系统主要由空气滤清器、进气管、涡轮增压器、中冷器、进气歧管等组成；排气系统主要由排气歧管、排气管和排气消声器等组成。如图 4-48 所示。

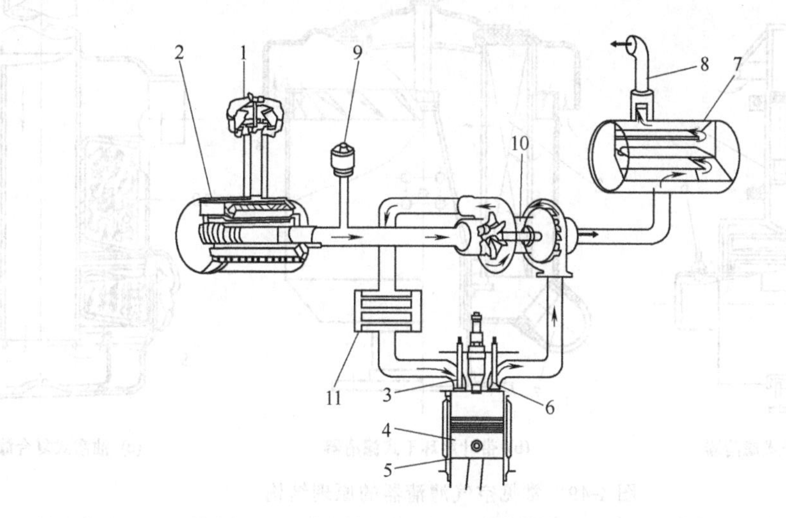

图 4-48　柴油机进排气系统组成

1—预除尘器；2—空气滤清器；3—进气门；4—活塞；5—缸体；6—排气门；7—消音器；8—排气管；9—尘埃指示器；10—涡轮增压器；11—中冷器

一、空气滤清器

空气滤清器的作用是把进入发动机的空气中的灰尘和砂土等杂质过滤掉，从而保证进入汽缸内的空气清洁，减少汽缸、活塞、活塞环、气门和气门座等零件的磨损。空气滤清器一般安装在进气管的上方。有的为了降低发动机的高度，将空气滤清器安装在更合理的位置，中间用软管或金属管相连。

对空气滤清器的要求是：具有长期稳定高效率的滤清能力，而且气流阻力小、维护周期长，维护、修理操作方便。此外，还要求尺寸小，质量轻，结构简单，制造成本低，适用于工程机械的恶劣工作环境，使用寿命长。

工程机械柴油机使用的空气滤清器，按其滤清器工作原理可分为三种。

1. 惯性式

利用气流在急速改变流动方向时，因尘土具有较大的惯性而被清除，空气在通过滤芯之前先进行惯性分离处理，可将绝大部分的粗颗粒尘土清除掉。

2. 油浴式

在空气进入滤芯前，在气流转向处流过机油表面，使大颗粒的杂质因惯性甩向油面而被机油黏附。

3. 过滤式

引导气流流过滤芯，使尘土和杂质被隔离并黏附在滤芯上。经过油浴的空气再过滤称为湿过滤；不经油浴的空气过滤称为干过滤。

现在使用的空气滤清器大多为采用上述几种滤清方法的多级滤清器。工程机械柴油机使用的空气滤清器常见的有：带旋流管干式滤清器、带叶片环干式滤清器、油浴式复合滤清器等。主要形式的空气滤清器原理结构如图 4-49 所示。

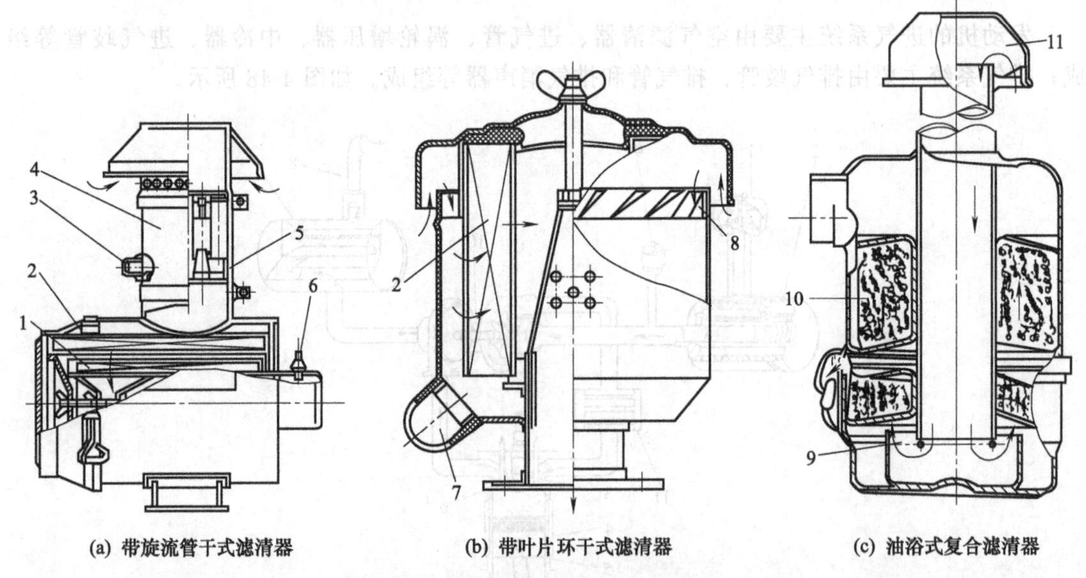

(a) 带旋流管干式滤清器　(b) 带叶片环干式滤清器　(c) 油浴式复合滤清器

图 4-49　常见空气滤清器的原理结构

1—安全滤芯；2—纸质主滤芯；3—引射管接口；4—旋流粗滤器；5—集尘腔；6—维护指示器；7—排尘口；8—叶片环粗滤器；9—油池；10—滤芯；11—粗滤帽

如图 4-49（a）所示为带旋流管干式空气滤清器（附有安全滤芯），其滤清效果最好，滤清效率可达 99.5%以上，使用也最广泛。它主要由旋流粗滤器 4（竖置旋流管）、纸质主滤芯 2（卧置纸滤芯）及安全滤芯 1 等三部分组成。空气经竖置旋流管离心力的作用，使空气中约 99%的砂尘落入旋流管下端集尘腔 5，经过粗滤后，较清洁的空气通过纸质滤芯滤清及安全滤芯后进入进气管。纸质滤芯是由树脂处理的微孔滤纸制成的，具有质量小、高度低、成本低廉及滤清效率高等优点；其缺点是使用寿命短，对油类污染敏感。

在空气滤清器出口端装有维护指示器，可根据进气阻力的变化发出警报信号。即当滤芯受阻，真空度达到一定数值时，提醒及时维护滤芯。

图 4-49（b）为带叶片环干式滤清器。叶片环粗滤器 8 外面有很多叶片，空气进入后通过叶片产生旋转运动，在离心力作用下将质量大的尘土甩向外壁，并经由排尘口 7 排出。经过粗滤后的空气再经过纸质主滤芯 2 过滤后，经进气管进入汽缸。

图 4-49（c）为油浴式复合滤清器。发动机工作时，空气以很高的速度经粗滤帽 11 后流入并下行，然后又上行。较大颗粒的尘土具有较大的惯性，冲向油池 9 上被机油所黏附，较轻的尘土随空气转向滤芯 10 流去，被滤芯 10 黏附，已滤清的空气再进入汽缸。

对于少数作业环境条件较好的工程机械及运输机械，由于空气比较清洁，一般采用单级油浴式空气滤清器或干式空气滤清器。

空气滤清器应定期进行维护。对油浴式空气滤清器，应仔细用汽油清洗滤芯和壳体，将油池中的机油和脏物倒出并清洗干净，最后加注规定容量的新机油。

对采用纸质的干式空气滤清器，维护时切忌让纸质滤芯接触油质，否则将增大过滤阻力。纸质滤芯清除尘土时，可放在平板上轻轻拍打或从滤芯的内侧向外吹气，也可用软毛刷将尘土去除。当达到规定的更换周期时，应更换滤芯。另外，滤芯如有破损也应更换。

二、排气消声器

排气消声器的作用是减少排气噪声和消除废气中的火焰及火星，使废气安全地排入大气。具有一定压力能量且高温的废气在排气管中呈脉动形式流出时，会产生强烈的排气噪声。为减小噪声和消除废气中的火焰及火星，在排气管出口处装有排气消声器。

对排气消声器的要求是降低排气噪声、排气阻力低，柴油机的功率损失一般不宜超过 3%～4%。

排气消声器的基本原理是消耗废气流的能量、平衡气流的压力波动。一般可采用多次改变气流方向，使气流重复通过收缩又扩张的断面、将气流分割为许多小支流并沿着不平滑的平面流动、将气流冷却方法。

如图 4-50 所示为典型排气消声器的构造，消声器外壳 2 用薄钢板制成，消声器两端各有一入口和出口，中间用隔板 4 将其分割成几个尺寸不同的消声室，各消声室间由带小孔的管连接。废气进入多孔管和消声室后，在这里膨胀冷却，受到反射后，又多次与消声器内壁碰撞消耗能量，结果压力降低，振动减轻，最后从多孔管排到大气，使噪声显著减小。

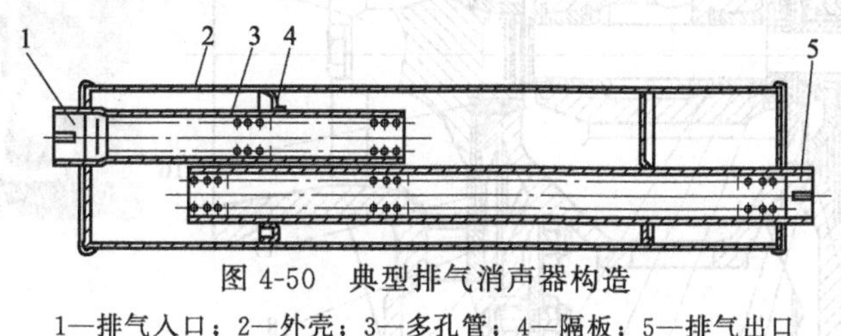

图 4-50　典型排气消声器构造

1—排气入口；2—外壳；3—多孔管；4—隔板；5—排气出口

三、涡轮增压

利用增压器提高进气压力以增加柴油机充气量的方法称为增压。根据驱动增压器的方法不同，增压分为三类：机械增压（柴油机曲轴驱动）、废气涡轮增压（废气驱动）、复合增压（上述两种方法组合而成）。由于废气涡轮增压结构紧凑，体积小，效率高，工程机械采用废气涡轮增压。

废气涡轮增压器如图 4-51 所示，柴油机采用废气涡轮增压，不仅可提高功率 30%～

100%以上，由于燃烧完全还可以降低排烟浓度，废气中CO和HC含量明显减少，NO_x 含量也较少，对减少排气污染有利。增压技术由于其在节约能源、防止大气污染和降低噪声等方面所发挥的重大作用，目前已成为柴油机的发展趋势之一，并已得到广泛的应用。

图 4-51　废气涡轮增压器

1. 废气涡轮增压器的构造

废气涡轮增压器的结构如图 4-52 所示，是由压气机、涡轮机和中间壳体三部分组成；压气机部分由压气机叶轮 2、压气机壳 3 和扩压器 4 等组成单级离心式压气机；涡轮机部分由涡轮壳 12、涡轮机叶轮 15、喷嘴环 18 和涡轮端盖板 17 等组成单级径流式涡轮机。压气机叶轮 2 与涡轮机叶轮 15 装在同一根轴上构成转子组，并支承在中间支承体两端的浮动轴承 21 上。中间支承体左端装有压气机壳 3，右端装有涡轮壳 12。

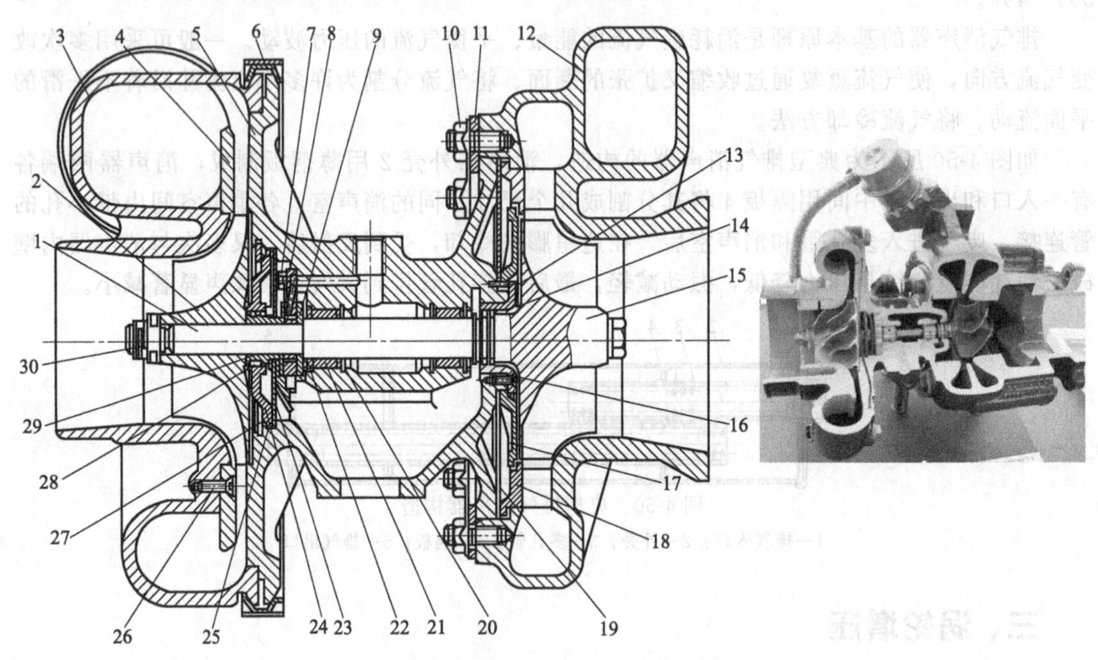

图 4-52　废气涡轮增压器的结构

1—转子轴；2—压气机叶轮；3—压气机壳；4—扩压器；5—中间壳；6—V 形夹箍总成；7—螺栓组件；8—推力轴承；9—推力片；10—螺栓和止动垫片；11—涡轮端压板；12—涡轮壳；13—衬套；14—弹力密封环；15—涡轮机叶轮；16—螺钉；17—涡轮端盖板；18—喷嘴环；19—隔热片；20—弹簧卡环；21—浮动轴承；22—推力环；23—挡油板；24—压气机端气封板；25—密封圈；26—埋头螺钉；27—挡圈；28—弹力密封环；29—压气机端轴封；30—自锁螺母

密封装置部分由压气机端轴封 29、弹力密封环 14、压气机端气封板 24、挡油板 23、涡轮端密封环、隔热片 19 等组成。压气机端密封装置的作用是密封压气机内的高压空气，并防止中间壳体油腔内的润滑油进入压气机。涡轮端密封装置的作用是阻止涡轮内的高温废气进入润滑油腔，并起隔热作用，以保持润滑油的质量，保证增压器正常工作。

该涡轮增压器采用压力润滑。润滑油来自柴油机的主油道，经过增压器机油滤清器再次滤清后，进入增压器的中间壳油腔，分两边流向浮动轴承进行润滑和冷却，经其下部出油口流回曲轴箱，形成一条不断循环的润滑油路。

废气涡轮增压器转子体转速高达每分钟数万转甚至数十万转以上，因轴表面与轴承内表面间的滑动速度相当高，故采用浮动轴承。浮动轴承与转子轴之间、与轴承壳之间均有间隙。当转子轴高速旋转时，具有压力的润滑油从中间壳油腔进入轴承内、外间隙，使浮动轴承在内外两层油膜中随转子轴同时旋转，但其转速比转子轴低得多，从而使轴承对轴承孔和转子轴的相对速度大大下降。

2. 废气涡轮增压器的工作原理

如图 4-53 所示，废气涡轮增压器工作原理是将排气管 1 接到增压器的涡轮壳 4 上。柴油机排出的具有高温、高压的废气经排气管 1 进入涡轮壳 4 内的喷嘴环 2，按一定的方向冲击涡轮 3，使涡轮高速运转，通过涡轮的废气最后排入大气；与涡轮 3 固装在同一转子轴 5 上的压气机叶轮 8 也以相同的速度旋转，将经过空气滤清器的空气吸入压气机壳，高速旋转的压气机叶轮 8 把空气甩向叶轮的外缘，使其速度和压力增加，这些压缩的空气经柴油机进气管 10 进入汽缸与更多的柴油混合燃烧，以保证发动机发出更大的功率。

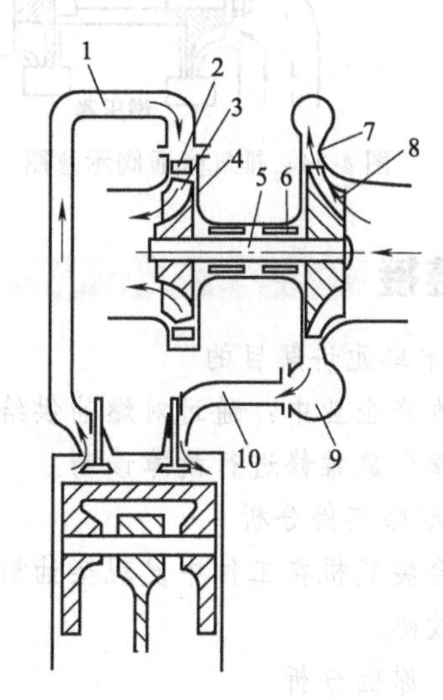

图 4-53　废气涡轮增压器工作原理示意图

1—排气管；2—喷嘴环；3—涡轮；4—涡轮壳；5—转子轴；6—轴承；7—扩压器；8—压气机叶轮；9—压气机壳；10—进气管

3. 涡轮增压器使用注意事项

涡轮增压器是在高温和高转速条件下工作的，为保证其工作正常，使用时应注意：

① 新的或刚维修好的增压器，使用前用手拨动转子轴，检查有无卡滞现象和不正常的声音，安装前加注润滑油。

② 加强空气滤清器的维护，不得有异物进入涡轮增压器。

③ 启动发动机时，严禁急加速，保持发动机暖机过程，保证涡轮增压器可靠润滑。

④ 柴油机熄火时，怠速运转 3～5min 时间，发动机降温，以便让润滑油将热量带走，以免烧坏 O 形密封环、轴承咬死和中间壳变形。

4. 排气旁通阀

为了防止增压后柴油机在高速高负荷时排气流量过大，造成增压器转速过大和增压过高，多加设排气旁通阀，如图 4-54 所示。当排气量大时，旁通阀打开，放掉一部分废气，降低增压器转速，控制压比。

四、中冷器

工程机械发动机采用高增压式增压器常安装有中间冷却器（简称中冷器），使增压后的空气温度降低，密度增加，从而增加进气量，大大提高柴油机的功率并改善其经济性。

如图 4-48、图 4-55 所示为空气冷却式中冷器，安装于发动机水箱前部或与水箱并联处，从压气机输出的部分高温高压空气经中冷器进入发动机进气总管，风扇将周围空气吹向中冷器芯子，以冷却进入进气管的压缩空气。

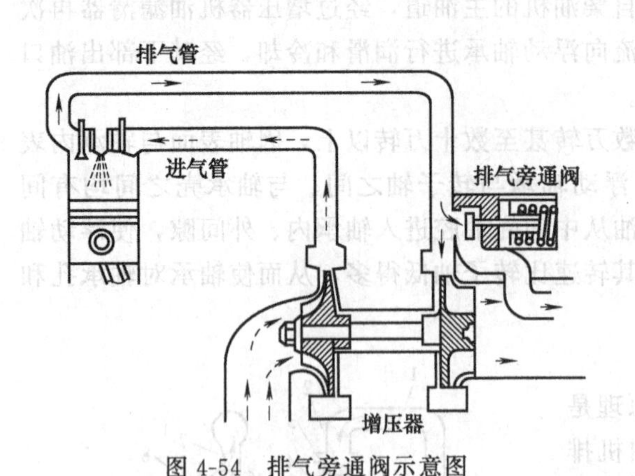

图 4-54　排气旁通阀示意图

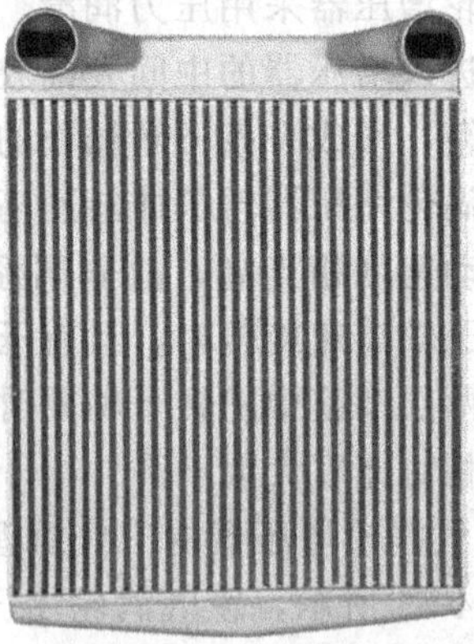

图 4-55　空气冷却式中冷器示意图

校企链接

1. 本单元讲解目的

在维修企业中：通过对燃油供给系的学习，对工程机械发动机燃油消耗量过高、怠速不稳等故障现象维修进行故障诊断。

2. 维修实例分析

一台装载机在工作中发现柴油机燃油消耗量过高，请你进行原因分析并解决本车的油耗过高的故障。

(1) 原因分析

① 燃油泄漏？

② 正时调整不当？

③ 涡轮增压器故障？

④ ……

……

(2) 维修

① 检查低压油路：油箱、输油泵、管路、燃油滤清器。更换损坏部件。

② 检查高压油路中喷油器、喷油泵柱塞偶件和出油阀偶件、调速器。更换磨损部件。

③ 检查涡轮增压器：

……

应用练习

一、填空题

1. 柴油机的燃油供给系统的功用是完成燃油的__________、__________和输送工作，按柴油机__________________的要求，__________、__________、定压并以一定的喷油质量喷入________，使其与空气迅速而良好地混合和燃烧，最后使废气排入大气。

2. 柴油机燃料供给系统包含哪些主要元件？填写图 4-56 中各序号的元件名称？

①________　②________　③________

④________　⑤________　⑥________

⑦________　⑧________　⑨________

⑩________　⑪________　⑫________

3. 根据图 4-56 写出燃油循环路线。

(1) 低压油路

从__________到__________再到__________之间的这段油路称为低压油路。这段油路中的油压是由__________建立的，而最终的出油压力一般为 0.15～0.3MPa。

(2) 高压油路

由__________、__________、__________组成。

4. 活塞式输油泵由手动泵总成和______________总成组成。

对照实物，观察图 4-57 描述活塞式输油泵的工作原理：

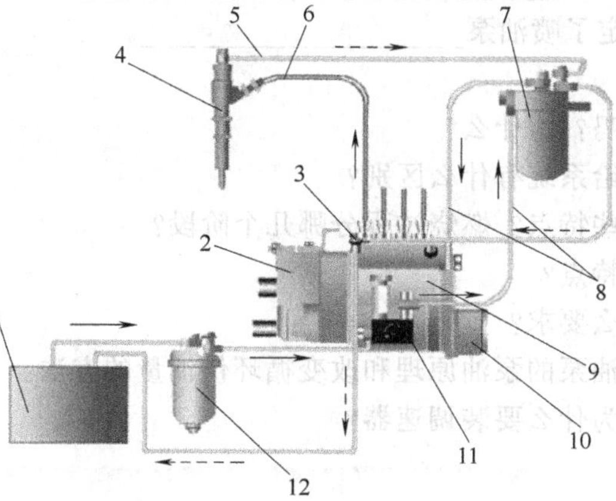

图 4-56　柴油机燃料供给系统组成

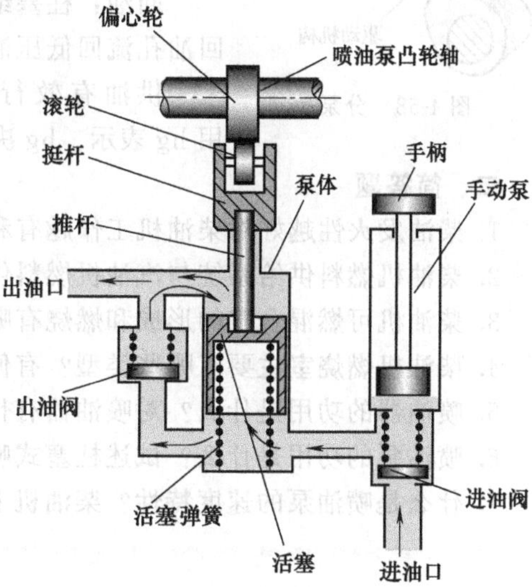

图 4-57　活塞式输油泵的工作原理

① 偏心轮转动，活塞________，下腔容积________，产生真空，进油阀________，柴油经进油口进入________。同时，上泵腔容积缩小，压力增大，出油阀________，上泵腔中的柴油经________压出。

② 准备压油行程

偏心轮推动滚轮、挺杆和活塞________运动，下泵腔油压________，进油阀________，出油阀________，柴油从下腔流入上腔。

③ 输油量的自动调节功能

输油泵供油量大于喷油泵需要量时，上泵腔油压________，与压力活塞弹簧弹力相平衡时，活塞便停止泵油。

④ 手动泵工作

可以用手动泵上下运动来________；另外还可以利用手动泵________。

5. 喷油泵的作用是按照发动机的________，________，定时、________、定压地向

________输送________柴油。要求各缸供油顺序与________一致；各缸供油量________；各缸供油提前角一致；各缸供停油________。

6. 每个汽缸所对应的分泵（图 4-58）是由一套________偶件、________偶件、油量调节机构、驱动机构等零件组成的高压泵油机构。

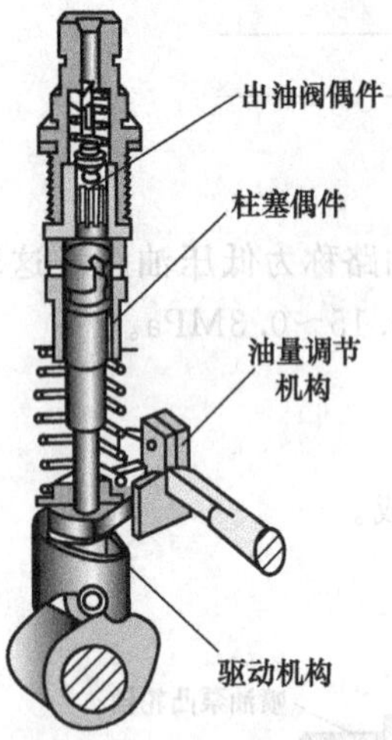

出油阀偶件的作用是________________________。

传动机构的作用是________________。它包括__________总成和凸轮轴。喷油泵凸轮轴是________通过齿轮驱动的，曲轴转两圈，各缸喷油一次，凸轮轴转________圈喷油________次，二者速比为__________。

7. 描述喷油泵的工作过程

进油：柱塞__________行，上方泵腔容积__________，产生__________，露出进油孔后，将油吸入。

压油：柱塞__________行，进油孔__________后，泵腔油压骤然__________，冲开出油阀后，流向__________。

回油：柱塞继续上行，回油孔__________后，泵腔高压油经回油孔流回低压油腔，出油阀__________，供油结束。

供油有效行程：______________________________的行程，用 hg 表示。hg 决定了喷油泵____________________。

出油阀偶件
柱塞偶件
油量调节机构
驱动机构

图 4-58　分泵

二、简答题

1. 柴油发火性越好对柴油机工作越有利吗？为什么？
2. 柴油机燃料供给系统与汽油机燃料供给系统有什么区别？
3. 柴油机可燃混合气的形成和燃烧有哪些特点？燃烧过程分哪几个阶段？
4. 柴油机燃烧室主要有哪些类型？有何特点？
5. 喷油器的功用是什么？对喷油器有什么要求？
6. 喷油泵的功用是什么？试述柱塞式喷油泵的泵油原理和改变循环供油量的方法。
7. 什么是喷油泵的速度特性？柴油机上为什么要装调速器？

项目五　润滑系统的构造与检修

任务一　润滑系统相关知识

教学前言

1. 教学目标

（1）理解润滑原理；

（2）掌握润滑系统的功用，掌握润滑方式；

（3）理解润滑油的作用、标号和选用。

2. 教学要求

（1）常用工程机械柴油机四缸或六缸发动机；

（2）常用工程机械；

（3）工程机械维修场地、布置、管理；

（4）PPT课件（图片或动画或实拍）。

系统知识

发动机工作时，相对运动的零件表面（如曲轴与主轴承、活塞与汽缸壁、正时齿轮副等）之间必然产生摩擦。这不仅会增加发动机内部的功率消耗，使零件工作表面迅速磨损，而且由于摩擦产生的大量热也有可能导致零件工作表面烧损，致使发动机无法运转。因此，为保证发动机正常工作，必须对相对运动零件表面加以润滑，即在摩擦表面上覆盖一层油膜，以减小摩擦阻力，降低功率损耗，减轻机件磨损，延长发动机使用寿命。

一、润滑原理

两个运动零件的工作表面，从微观上看是粗糙不平的，在相对运动中会因摩擦发热而消耗一定功率，同时引起磨损。若在两个零件的工作表面之间加入一层润滑油使其部分或完全分开，两表面之间的摩擦系数就会减小，零件磨损和功率消耗也会减少。

润滑油膜形成的基本条件是两零件之间存在油楔及相对运动，并且有足够的润滑油供给。如图5-1所示为利用油楔作用形成润滑油膜的润滑原理。

① 静止时，在自重的作用下，轴3处于最低位置与轴承以 P 点相接触［图5-1（a）］，这时润滑油从轴和轴承中被挤出来。

② 当轴转动时，黏附在轴表面的油便随轴一起转动。由于轴与轴承的间隙成楔形，使润滑油产生一定的压力。在此压力作用下，轴被推向一侧［图5-1（b）］。

③ 随着轴的转速的提高，单位时间被带动的油也越多，油压力就越大。当轴的转速达

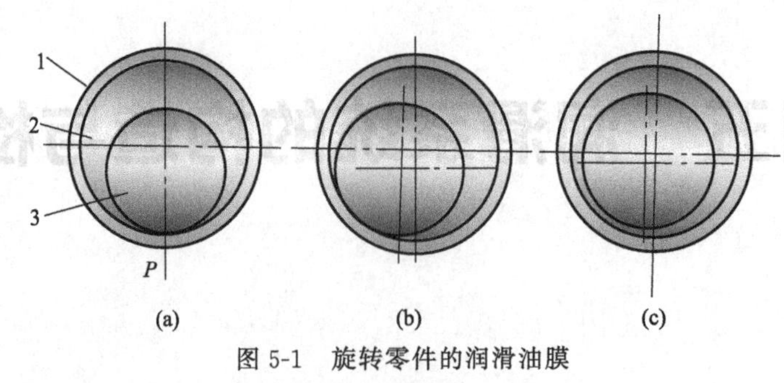

图 5-1　旋转零件的润滑油膜

1—轴承；2—润滑油；3—轴

到一定高度时，轴便被油压抬起［图 5-1（c）］。这样，油膜将轴与轴承完全隔开，使之变为液体摩擦，从而减轻了运动阻力，减少了运动件的磨损。

同理，如图 5-2 所示，作直线运动的零件，其前端有倒角时，润滑油也可楔入摩擦表面而形成油膜。

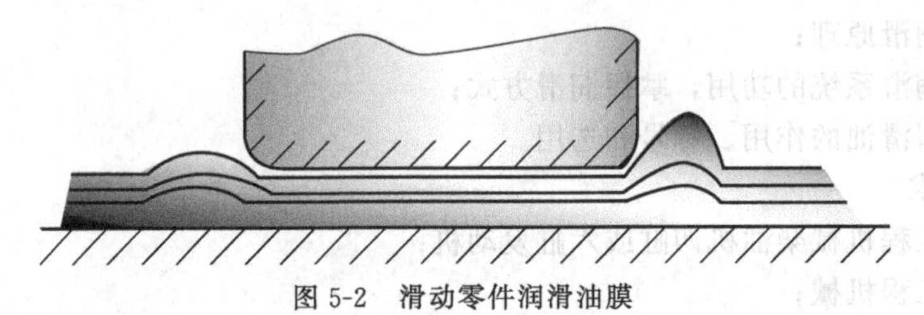

图 5-2　滑动零件润滑油膜

二、保证发动机润滑的条件

① 保证发动机有足够的润滑油。足够的润滑油量才能保证需要润滑的零件表面形成油膜。

② 具有合适的压力。合适的压力是保证润滑油被可靠地送到各个摩擦表面的重要条件。

③ 运动件表面之间有合适的间隙。只有合适的间隙，才能使润滑油进入到运动件表面之间。当两个表面逐渐收敛时，润滑油被挤压到一个窄的空间而产生一个压力，这个压力将两个表面强制分离，从而形成完整的油膜。

④ 足够快的速度。如果轴的转速不够快，它将没有足够快的速率带动或泵压足够的润滑油进入压力楔，以补充从轴承两端漏掉的润滑油量，其结果是无法保持完整的油膜润滑。

⑤ 润滑油必须有适当的黏度。当速度、负荷、油膜厚度都稳定的情况下，润滑油的黏度越大，摩擦阻力就越大，摩擦系数就越大，机械摩擦损失功率也就越大。但是，如果黏度过小，油膜承载能力不够，无法维持油膜润滑，从而摩擦阻力更大。因此，选用润滑油黏度应与转速、负荷配合适当，机械就能处于合适的油膜摩擦范围内工作。

三、润滑油的成分及作用

1. 润滑油的成分

润滑油由基础油和添加剂构成，添加剂的作用是改善润滑油的特性。目前，添加剂主要有清洁剂、抗氧化剂、分散剂、碱性剂、耐磨剂等。

清洁剂：防止高温时反应生成的不可溶解物。

分散剂：防止低温时生成沉积物。

抗氧化剂：分解氧化物。

碱性剂：中和酸以防止腐蚀发动机。

耐磨剂：形成油膜以减少磨损。

倾点分散剂：保持低温流动性。

消泡剂：防止生成气泡。

2. 润滑油的作用

润滑油俗称机油，其作用如下。

① 润滑作用：润滑运动零件表面，减小摩擦阻力和磨损，减小发动机的功率消耗。

② 清洗作用：机油在润滑系内不断循环，清洗摩擦表面，带走磨屑和其他异物。

③ 冷却作用：机油在润滑系内循环还可带走摩擦产生的热量，起冷却作用。

④ 密封作用：在运动零件之间形成油膜，提高它们的密封性，有利于防止漏气或漏油。

⑤ 防锈蚀作用：在零件表面形成油膜，对零件表面起保护作用，防止腐蚀生锈。

⑥ 液压作用：润滑油还可用作液压油，如液压挺柱，起液压作用。

⑦ 减震缓冲作用：在运动零件表面形成油膜，吸收冲击并减小振动，起减震缓冲作用。

⑧ 分散应力作用：润滑油能使局部受到的集中应力分散。

四、润滑油的分类及应用

1. 发动机机油的分类

(1) API 质量分类法（API 是美国石油协会的简称，API 等级代表发动机油的分类）

API 根据发动机油的用途和使用性能的高低将机油分为汽油发动机油和柴油发动机油。“S”系列代表汽油发动机用油；“C”系列代表柴油发动机用油；当“S”和“C”两个字母同时存在，则表示此机油为汽柴通用型。汽油机油定为 S 系列，按产品性能质量等级分类为 SA、SB、SC、SD、SE、SF、SG、SH、SJ、SM 等；柴油机油定为 C 系列，按产品性能质量等级分类为 CA、CB、CC、CD、CE、CF-4、CG-4、CH-4 等，产品质量依次提高。

(2) SAE 黏度分类法（SAE 是美国汽车工程师学会的简称，它规定了机油的黏度等级）

SAE 将机油分为冬季用油、春秋用油和夏季用油，黏度从小到大有 0W、5W、10W、15W、20W、25W、20、30、40、50 等多个黏度等级。

“W”是英文“Winter”的缩写，适合于冬天的低温气候使用，其牌号是根据最大低温黏度、最低泵送温度以及 100℃的运动黏度范围划分的，号数越低，表示其所适用的环境温度也越低。

不带“W”的为春秋与夏季用油，牌号仅根据 100℃的运动黏度划分，号数越大，表明高温时的黏度越大，适用的最高气温越高。

此外，为增宽机油对季节和气温的适应范围，还规定了冬夏两季均可使用的多级油，目前该等级机油有 5W/20、5W/30、5W/40、10W/40、15W/40、20W/40 等。

2. 发动机油的选用

选用发动机油，首先根据机械使用说明书或发动机工作条件确定发动机油的质量等级；其次，根据机械使用地区的气温情况选择合适的发动机油黏度等级。

(1) 质量等级的选用　发动机油质量等级的选用必须严格按照机械使用说明书的规定，在无使用说明书的情况下，可根据发动机工作条件的苛刻程度，选用合适质量等级的润滑油。

（2）黏度等级的选用　黏度等级的选用是根据机械使用地区和季节气温来选择的，由于单级油不能同时满足低温和高温的要求，因此只能根据当地季节气温适当选用。而多级油黏温性好，适应温度范围宽，应尽量选用多级油。我国发动机润滑油黏度等级与适用温度范围如表 5-1 所示。

表 5-1　发动机润滑油黏度等级与适用温度范围

SAE 黏度级别	适用气温/℃
5W/30	－30～30
10W/30	－25～30
15W/30	－20～30
15W/40	－20～40
30	－10～30
40	－5～40

五、润滑方式

发动机工作时，由于各运动零件的工作条件不同，因而所要求的润滑强度和方式也不同。

发动机常见的润滑方式有：

（1）压力润滑　利用机油泵，将具有一定压力的润滑油源源不断地送往摩擦表面。适用于工作载荷大、相对速度高的运动表面，如曲轴主轴承、连杆轴承、凸轮轴轴承及无法飞溅润滑缸盖上部摇臂轴等处。

（2）飞溅润滑　利用发动机工作时运动零件飞溅起来的油滴或油雾来润滑摩擦表面。适用于载荷较轻、相对速度较低的运动件表面，如活塞、汽缸壁、凸轮、正时齿轮等。

（3）润滑脂润滑　发动机辅助系统中有些零件则只需定期加注润滑脂进行润滑，例如水泵及发电机轴承等。近年来，有采用含有耐磨润滑材料（如尼龙、二硫化钼等）的轴承来代替加注润滑脂的轴承的趋势。

六、润滑系统的作用

润滑系统的作用是连续不断地将润滑油以一定的压力和流量输送到各个需要润滑的摩擦表面，维持润滑油的正常工作温度，保证润滑油的循环。

任务二　润滑系统的组成、工作原理及零部件检修

教学前言

1. 教学目标

（1）理解润滑系统的组成；

（2）掌握润滑系统的工作原理；

（3）掌握润滑油泵的结构与工作原理；

（4）掌握润滑系统零部件结构、检测和维修；

（5）掌握曲轴箱通风的原理。

2. 教学要求

（1）常用工程机械柴油机四缸或六缸发动机；

（2）常用工程机械；

（3）工程机械维修场地、布置、管理；

（4）PPT 课件（图片或动画或实拍）。

系统知识

单元一　润滑系统的组成及工作原理

由于柴油机与汽油机的结构和工作条件不一样，其润滑系统的组成和油路也各有不同。

柴油机润滑系统的特点如下：

① 柴油机活塞一般专设油道进行冷却，因其机械负荷和热负荷较大。

② 柴油机所配用的喷油泵、调速器、增压器等也需要润滑，因此，要求柴油机的润滑强度较高。

③ 为了保证润滑系统工作可靠，通常设有机油散热器。

④ 由于柴油机机油泵可由曲轴正时齿轮直接或间接驱动。这样，可使机油泵的转速等于或高于发动机转速，以满足柴油机高强度润滑的需要。

一、润滑系统的组成及各零部件作用

为保证柴油发动机正常润滑，发动机润滑系统一般有以下四个基本装置。

① 储存、建立并限制油压、引导机油的装置：如油底壳、机油泵、油道、限压阀等。

② 滤清装置：如集滤器、机油滤清器等，用来清除机油中的杂质，保证润滑油清洁和润滑可靠。

③ 冷却装置：如机油散热器、机油冷却器等，用来冷却发动机机油，保持油温正常和润滑可靠。

④ 仪表装置：如机油温表、机油压表等，用来监测润滑系统工作情况。

二、润滑系统的工作原理

本章主要以 VOLVO 发动机为例说明。

图 5-3 中，润滑油由油泵从油底壳经过集滤器后泵出，通过由节温器控制的机油冷却器到自带有旁通阀的机油滤清器后进入主油道，由溢流阀控制主油道的机油压力，主油道润滑油被管道导引到各润滑点。润滑部位有曲轴、凸轮轴、摇臂轴、涡轮增压器、高压泵、正时齿轮、机油压力表等；泄漏油回油底壳，循环使用。

图 5-4 中为 D6DEAE2 发动机，润滑油由油泵从油底壳经过集滤器后泵出，通过由旁通阀控制的机油冷却器到自带有旁通阀的机油滤清器，由溢流阀控制进入滤清器的机油压力，最后进入主油道，主油道润滑油被管道导引到各润滑点。润滑部位有曲轴、凸轮轴、涡轮增压器等；汽缸盖上部摇臂轴润滑油由配气机构挺杆、推杆、调整螺钉、摇臂内部油道进入摇臂轴，泄漏油流回油底壳，循环使用。

三、曲轴箱通风

曲轴箱通风装置的作用就是将由活塞环漏入曲轴箱内气体及时从曲轴箱内抽出，保证润滑系统的正常润滑，延长机油的使用寿命，防止发生机油泄漏。

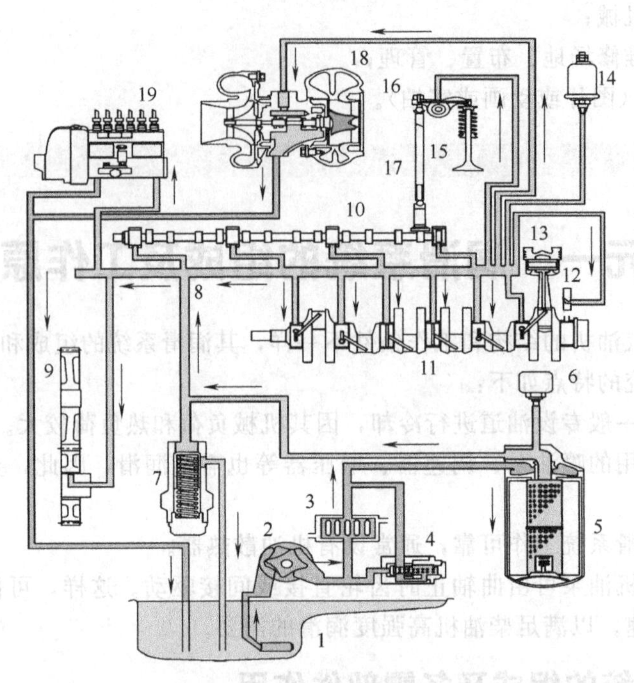

图 5-3　润滑油流程图（一）

1—油底壳；2—机油泵；3—油冷却器；4—节温器；5—滤芯；6—压力传感器；7—溢流阀；8—主油道；9—定时齿轮；10—凸轮轴；11—曲轴；12—冷却喷嘴；13—活塞；14—空压机；15—气阀；16—摇臂；17—挺杆；18—涡轮增压器；19—喷油泵

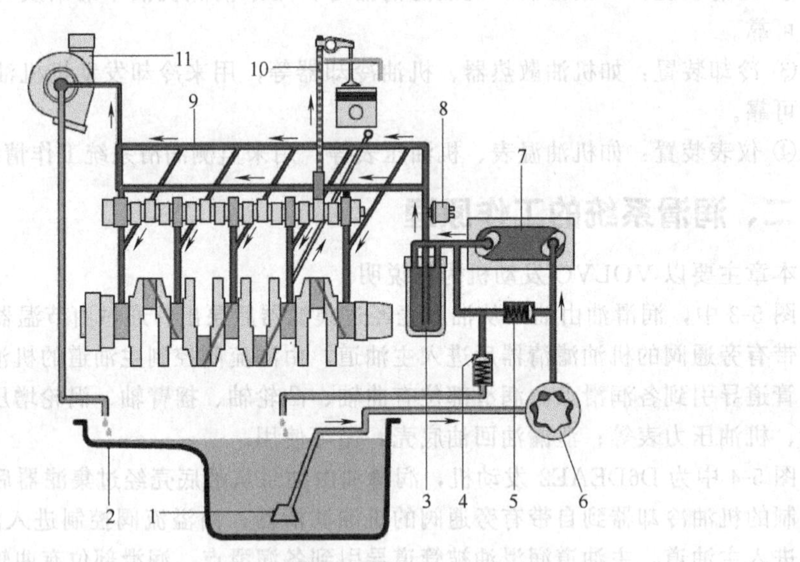

图 5-4　润滑油流程图（二）

1—集滤器；2—油底壳；3—滤清器（含旁通阀）；4—溢流阀（压力调节阀）；5—冷却器旁通阀；6—机油泵；7—机油散热器；8—机油压力传感器；9—主油道；10—摇臂润滑油道（中空推杆）；11—涡轮增压器

发动机工作时，由于活塞环端隙的存在，可燃混合气和废气会经由活塞环端隙漏到曲轴箱内部。漏到曲轴箱内的柴油蒸气凝结后会稀释机油，使机油黏度变小；废气中的水蒸气和酸性物质凝结后将侵蚀零件并使机油变质；漏入曲轴箱内的气体使曲轴箱压力和温度升高，将造成机油从油封、衬垫处向外渗漏。因此曲轴箱开设通风装置，排出漏入曲轴箱的气体，同时使新鲜的空气进入曲轴箱，形成不断的对流。

曲轴箱通风就是将曲轴箱内的气体排出，如果将曲轴箱内的气体直接排到大气中去，称为自然通风；将曲轴箱内的气体导入进气管内，称为强制曲轴箱通风。

图 5-5 中，柴油机通常采用自然通风，是将曲轴箱内的气体直接导入大气中，在曲轴箱连通的气门室盖或机油加注口接出一根下垂的出气管，管口处切成斜口，切口的方向与机械行驶方向相反。利用机械行驶和冷却风扇的气流，在出气口处形成一定的真空度，将气体从曲轴箱内抽出。自然通风结构比较简单，但与强制通风相比，因为将曲轴箱气体直接导入大气，造成燃料浪费，增加大气污染，且通风效果也不好。

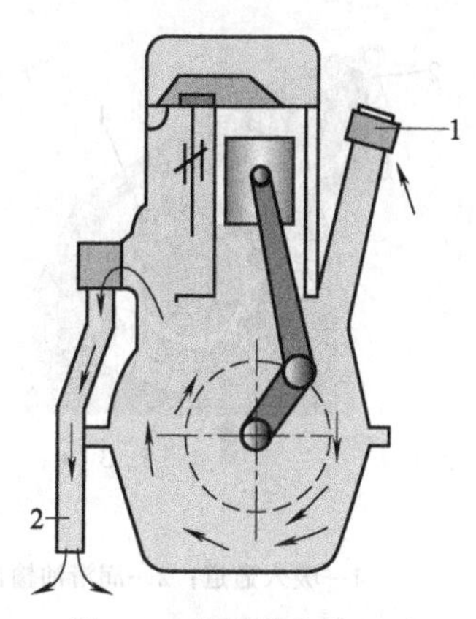

图 5-5　曲轴箱自然通风

1—空气滤清器；2—通风管

单元二　润滑系统零部件的结构与检测

一、机油泵

1. 机油泵的作用

机油泵将油底壳中的润滑油吸出，提高润滑油压力，经过滤清器和机油散热器后，按照不同设定的压力，强制输送到发动机各个需要润滑的部位。

2. 机油泵的分类

机油泵按其结构不同可分为齿轮式和转子式两种。它们的结构如图 5-6 及图 5-7 所示。

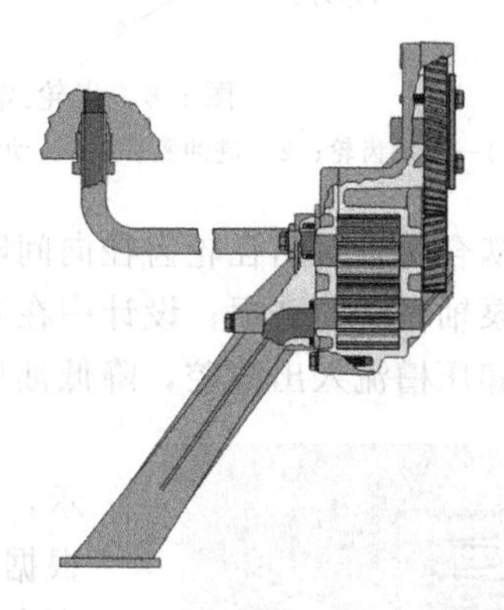

图 5-6　齿轮式机油泵

3. 机油泵的结构、工作原理

(1) 齿轮泵结构、工作原理　齿轮式机油泵结构简单、制造方便、工作可靠、效率高，故应用广泛。

如图 5-8 所示，齿轮式机油泵的结构主要由机油泵驱动轴、主动齿轮、从动齿轮、机油泵体、泵盖等组成；一般由正时齿轮经过惰轮驱动。

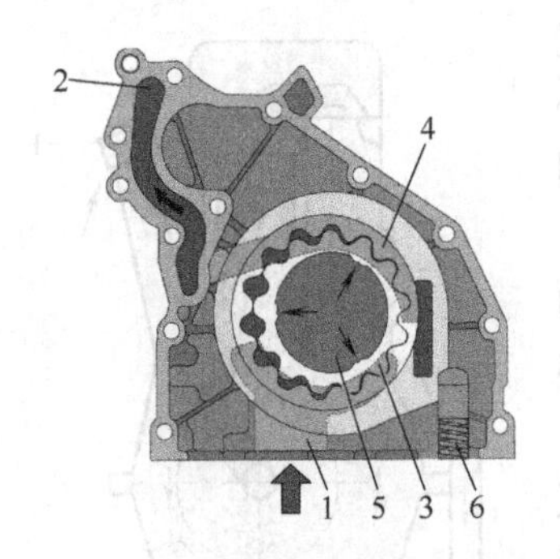

图 5-7 转子式机油泵

1—吸入通道；2—润滑油输出通道；3—内转子；4—外转子；5—驱动部分（曲轴）；6—机油限压阀

齿轮式机油泵的工作原理如图 5-8 所示。当主动齿轮按图示方向旋转时，右侧轮齿逐渐脱离啮合而使油腔 2 的容积增大，腔内产生一定的真空，机油从油底壳经进油口被吸入进油腔，随后又被轮齿带到出油腔；左侧轮齿逐渐进入啮合而使油腔 6 的容积减小，机油压力升高，机油经出油口被压入发动机机体上的油道。在发动机工作时，机油泵齿轮不停地旋转，机油便连续不断地流入油道，经过冷却器、滤清器进入主油道及机体油道润滑各部位。

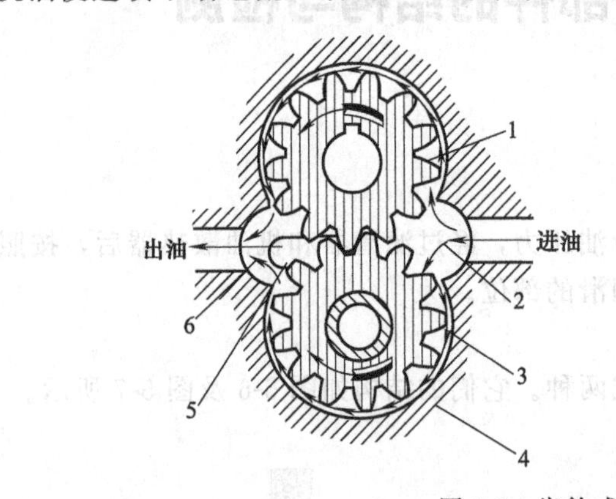

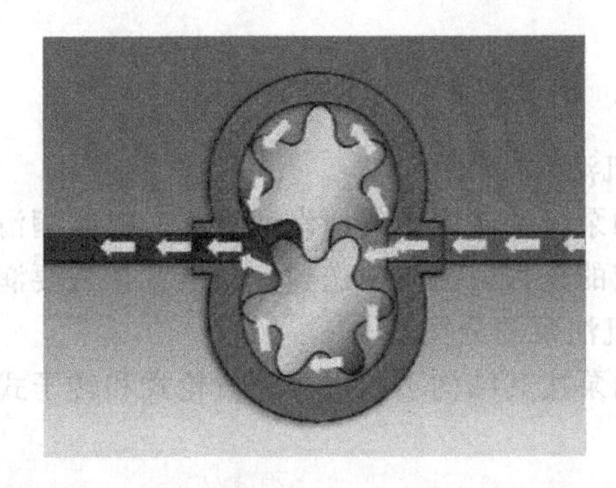

图 5-8 齿轮式机油泵的工作原理

1—主动齿轮；2—进油腔；3—从动齿轮；4—泵壳；5—卸压槽；6—出油腔

当轮齿进入啮合时，封闭在轮齿径向间隙内的机油，压力急剧升高，使齿轮受到很大的推力，加剧机油泵轴衬套的磨损；设计中在泵盖上加工一道卸压槽 5，使轮齿径向间隙内被挤压的机油通过卸压槽流入出油腔，降低油压。

安装在机油泵旁通油路上的限压阀如图 5-9 所示，可以限制机油泵的出口压力；限压阀是常开阀，根据限压阀开启大小，确保机油油压达到规定值，多余的机油返回机油泵进口。

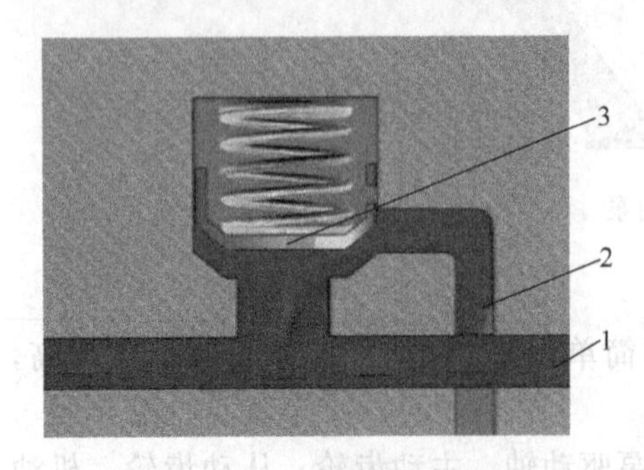

图 5-9 机油泵限压阀

1—油泵出口；2—油泵泄压口；3—限压阀

（2）转子泵结构、工作原理　转子式机油泵结构紧凑，吸油真空度高，供油均匀，噪声小，泵油量大，对安装位置无特殊要求，但是内、外转子啮合表面的滑动阻力比齿轮泵大，因此，功率消耗较大。VOLVOD6D 发动机采用该结构，由壳体、内转子、外转子、端盖组成，并由曲轴直接驱动。

转子式机油泵工作原理如图 5-10 所示，主动的内转子有凸齿，从动的外转子有内齿，外转子在泵壳内可自由转动，内外转子间有一定的偏心距。当内转子旋转时，带动外转子一起旋转，无论转子转到任何角度，内外转子每个齿的齿形轮廓线上总有接触点，于是内外转子间便形成了几个工作腔。且由于偏心距的存在，使工作腔的容积产生较大变化。当某一工作腔从进油腔 1 转过时，容积增大，产生真空，机油便经进油孔被吸入。当该工作腔与出油腔 6 相通时，腔内容积减小，油压升高，机油经出油孔压出去。

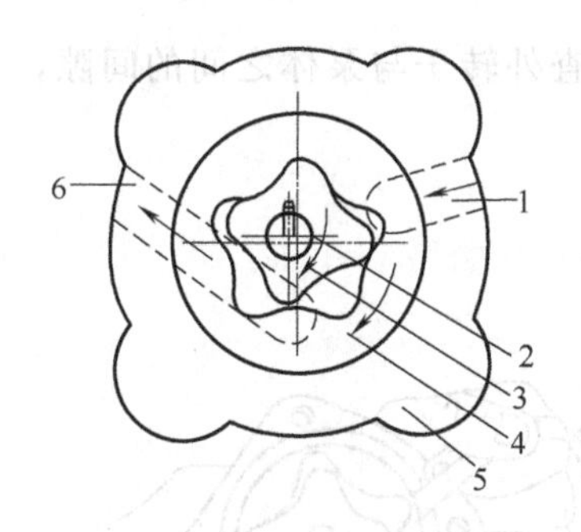

图 5-10 转子式机油泵工作原理

1—进油腔；2—主动轴；3—内转子；4—外转子；5—机油泵壳体；6—出油腔

4. 机油泵的检修

机油泵的主要损伤形式是零件的磨损所造成的泄漏，使泵油压力和泵油量减少。机油泵的端面间隙、齿顶间隙、齿轮啮合间隙以及轴与轴承之间间隙的增大，各处密封性和限压阀的调整都将影响泵油压力和泵油量。由于机油泵工作时，润滑条件好，零件磨损速度慢，使用寿命长，因此可根据机油泵的工作性能确定是否需拆检和修理。

(1) 齿轮式机油泵的检修内容

① 检查齿轮啮合间隙 检查时，将机油泵盖拆下，用窄塞尺在互成 120°三个位置处测量机油泵主、从动齿轮的啮合间隙，如图 5-11 所示。新机油泵啮合间隙为 0.05mm，磨损极限为 0.20mm，超过规定值时，应更换。

② 检查传动齿轮与机油泵盖接合面间的间隙 主、从动齿轮与机油泵盖接合面间隙的检查方法如图 5-12 所示，正常间隙为 0.05mm，磨损极限间隙值为 0.15mm。超过规定值时，应更换。

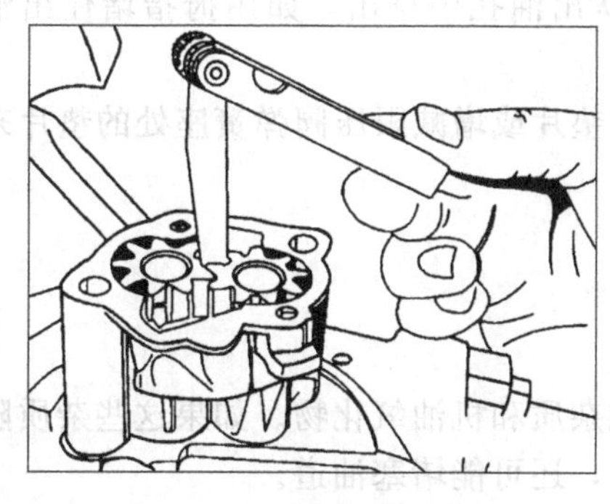

图 5-11 检查啮合间隙

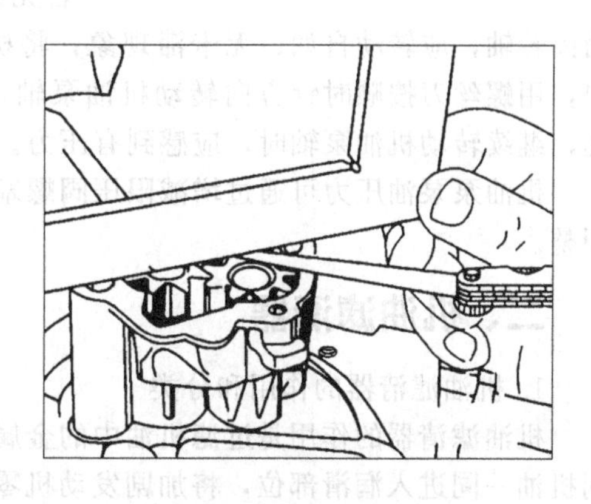

图 5-12 检查传动齿轮与泵盖间隙

③ 检查主动齿轮轴与机油泵壳体的配合间隙　主动齿轮轴与机油泵壳体的配合间隙应为0.03～0.075mm，磨损极限值为0.20mm；超过规定值时，应更换。

④ 检查限压阀　检查限压阀弹簧有无损坏、弹力是否减弱，必要时更换；检查限压阀油道有无堵塞，柱塞运动是否有卡滞现象，必要时更换限压阀。

(2) 转子式机油泵的检修内容

① 检查内转子端面间隙　如图5-13所示，用直尺和塞尺检查内转子端面间隙，标准值为0.03～0.09mm，超过0.15mm时，应更换新件。

② 外转子与泵体之间的间隙　如图5-14所示，用塞尺检查外转子与泵体之间的间隙，标准值为0.11～0.16mm，超过0.20mm时，应更换新件。

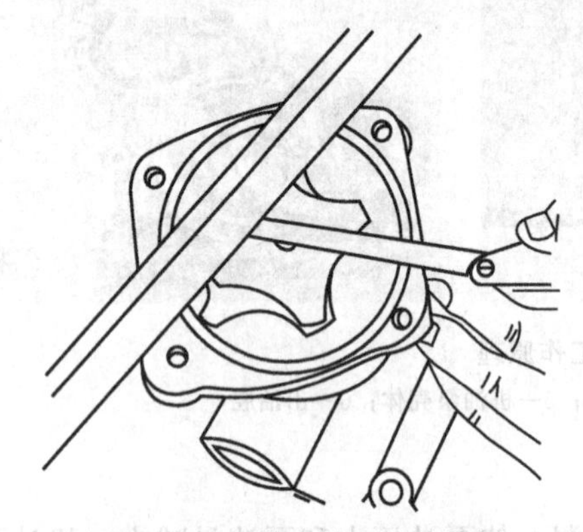

图5-13　内转子端面间隙检测

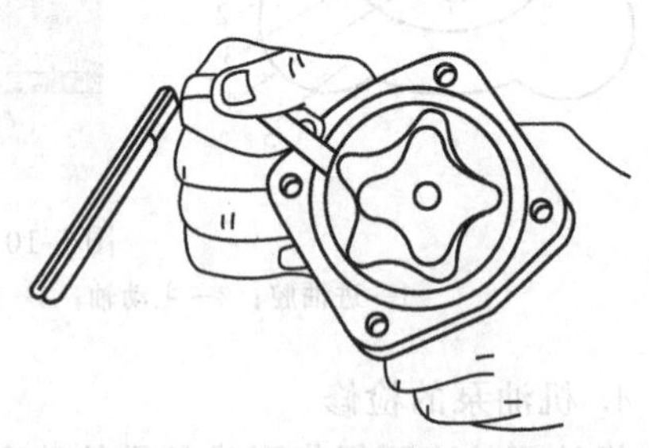

图5-14　外转子与泵体之间间隙检测

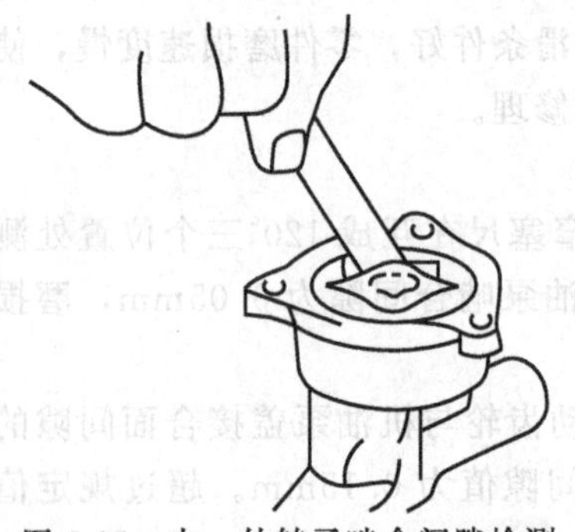

图5-15　内、外转子啮合间隙检测

③ 检查内、外转子啮合间隙　如图5-15所示，用塞尺检查内、外转子啮合间隙，标准值为0.04～0.12mm，超过0.18mm时，应更换新件。

④ 检查限压阀　限压阀是否有刮伤，限压阀柱塞在孔内有无卡滞或松旷，弹簧弹力是否减弱，必要时更换。

机油泵装复后应进行试验，确认性能良好后再装车。机油泵试验可在试验台上进行，也可用经验法试验。

在试验台上试验时，可测量泵油量（L/min）和泵油压力，应符合标准。

若无试验台，可采用经验检查法，用手转动机油泵传动齿轮轴，应转动自如、无卡滞现象；将机油泵和集滤器装复后，一同放入清洁的机油池中，用螺丝刀按顺时针方向转动机油泵轴，应有机油从出油孔中排出，如用拇指堵住出油孔，继续转动机油泵轴时，应感到有压力。

机油泵泵油压力可通过增减限压阀螺塞下面的调整垫片或增减限压阀弹簧座处的垫片来调整。

二、机油滤清器

1. 机油滤清器的作用和分类

机油滤清器的作用是过滤机油中的金属磨屑、机械杂质和机油氧化物。如果这些杂质随同机油一同进入润滑部位，将加剧发动机零部件的磨损，还可能堵塞油道。

为了保证过滤效果，一般使用多级滤清器，方式有两种：如图5-16所示，发动机普遍

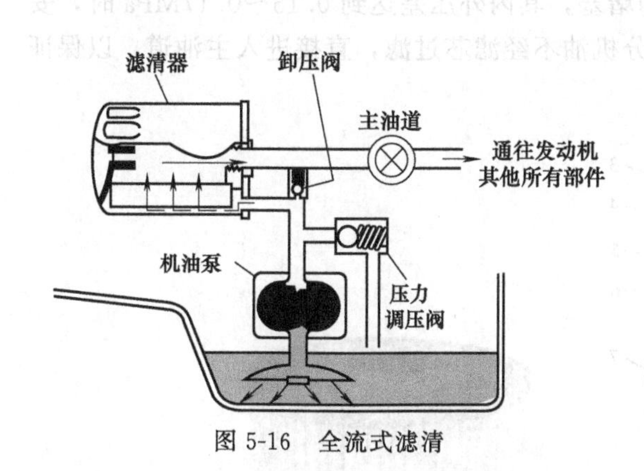

图 5-16　全流式滤清

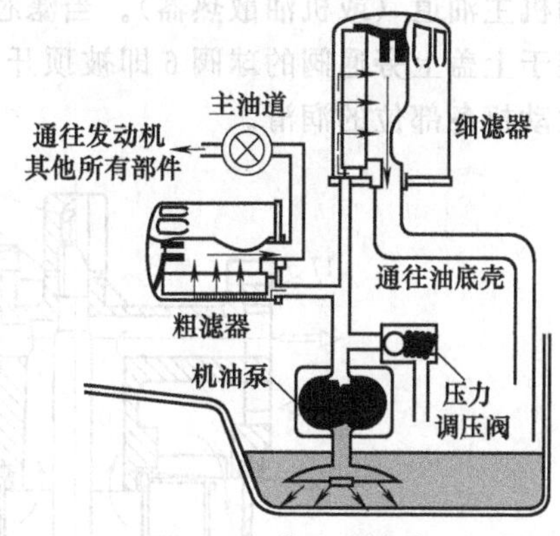

图 5-17　分流式滤清

采用集滤器加全流式机油滤清器的过滤方式，机油滤清器串联于机油泵和主油道之间，全部机油都经过它滤清；如图 5-17 所示，部分柴油机采用集滤器加粗、细双级滤清器的过滤方式，其中机油粗滤器与主油道串联，机油细滤器则与主油道并联分流，经过粗滤器的机油进入主油道，而流过细滤器的机油过滤后直接返回油底壳。

2. 机油滤清器的结构

(1) 集滤器　如图 5-18 所示，集滤器用来过滤机油中颗粒较大的杂质，它安装在机油泵进油管上，多采用滤网式。柴油机集滤器安装在缸体下部，伸入油底壳机油中，结构简单，使用广泛。

图 5-18　机油集滤器

(2) 机油粗滤器　如图 5-19 所示，机油粗滤器串联安装于机油泵出油口与主油道（或机油散热器）之间，用来过滤机油中颗粒度较大（直径在 0.05～0.10mm）的杂质。粗滤器和细滤器都安装于缸体外面，以方便维修。

图 5-19　机油滤清器安装部位

目前国内外发动机广泛应用纸质滤清器，其特点是质量轻、体积小、结构简单、滤清效果好、过滤阻力小、成本低、保养方便。分为组合式（可以单独更换滤芯式）和整体式两种。

组合式（可以单独更换滤芯式）机油粗滤器，如图 5-20 所示，壳体由上盖 17 和外壳 15 组成。中间纸质滤芯 14 用经过树脂处理的微孔滤纸制成。滤芯的两端由滤芯密封圈 12 和 16 密封。机油由上盖 17 上的进油孔流入，通过滤芯滤清后，经上盖上的出油孔流出进入发动机主油道（或机油散热器）。当滤芯被污物堵塞，其内外压差达到 0.15～0.17MPa 时，安装于上盖上旁通阀的球阀 6 即被顶开，大部分机油不经滤芯过滤，直接进入主油道，以保证发动机各部位的润滑。

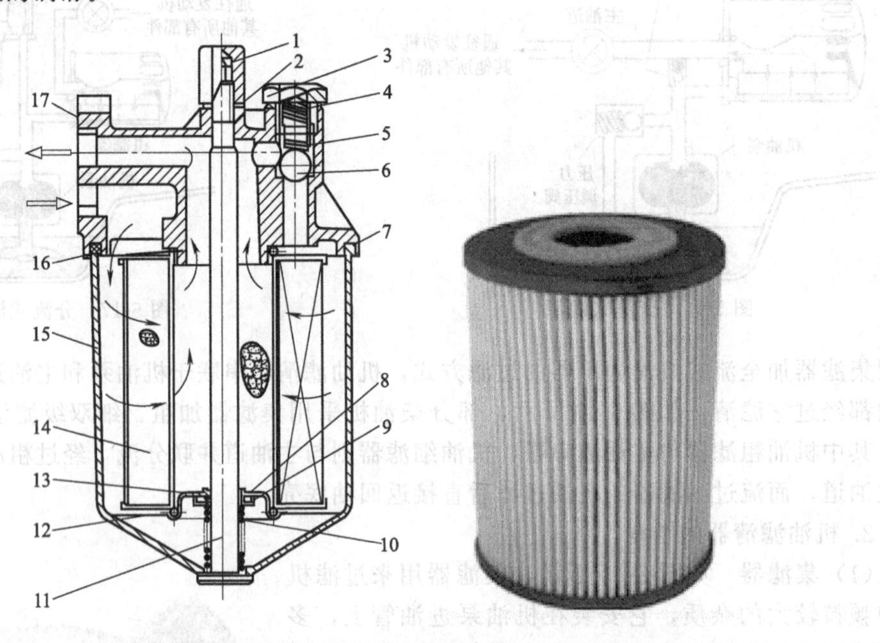

图 5-20　机油粗滤器结构

1—螺母；2，4—密封垫圈；3—阀座；5—旁通阀弹簧；6—球阀；7—外壳密封圈；
8—拉杆密封圈；9—压紧弹簧垫圈；10—滤芯压紧弹簧；11—拉杆；
12,16—滤芯密封圈；13—托板；14—纸质滤芯；15—外壳；17—上盖

整体式机油粗滤器又称为全流式机油滤清器，如图 5-21 所示。纸质滤芯 6 装在滤清器外壳 5 内，滤清器出油口 1 是螺纹孔，能把滤清器拧在机体上的螺纹接头上，螺纹接头与机体主油道相通。在机体安装平面与滤清器之间用密封圈 4 密封。机油从纸质滤芯的外围进入滤清器中心，然后经出油口流进机体主油道，机油流过滤芯时杂质被截留在滤芯上。

图 5-21　全流式机油滤清器

1—出油口；2,4—密封圈；3—进油口；5—外壳；6—纸质滤芯；7—滤芯衬网；
8—旁通阀弹簧；9—旁通阀片；10—弹簧

当滤芯被污物堵塞，其内外压差达到0.15～0.17MPa时，滤清器中的旁通阀片9开启，大部分机油不经滤芯过滤，直接进入主油道，以保证发动机各部位的润滑。

（3）机油细滤器　机油细滤器属于分流式滤清器，可以滤除直径为0.01mm以上的细小机械杂质及胶质。因为这种滤清器对机油的流动阻力较大，所以与主油道并联，只有10%～15%的机油通过。

机油细滤器有过滤式和离心式两种类型。目前离心式机油细滤器应用较广泛。这种细滤器滤清能力高，通过能力好，且不受沉淀物影响，不需更换滤芯，只需定期清洗即可，但对胶质滤清效果较差。

离心式机油细滤器由底座4、转子体15、外罩6等部分组成，见图5-22。底座上设有低压限压阀1。带中心孔的转子轴9装在底座上，并用转子轴止推片2锁紧。转子体通过上下两个转子衬套套在转子轴上，可以自由转动，并由上下两个弹簧挡圈作轴向定位，转子下端装有两个按中心对称水平安装的喷嘴3。导流罩8套装在转子体上，紧固螺母12将转子罩7与转子体紧固在一起，形成一个空腔，通过导流罩、转子体及转子轴上对应的径向油孔与转子轴中心孔相通。

整个转子用外罩盖住，并通过盖形螺母14和垫片13将其固定在底座上。

发动机工作时，从机油泵来的机油进入细滤器进油口D，若油压低于0.147MPa，低压限压阀1不开启，机油不进入机油细滤器而全部供给主油道，以保证发动机可靠润滑。当油压高于此值时，低压限压阀被顶开，机油沿转子轴内的中心油道，经转子轴油孔B、转子体进油孔C、导流罩油孔A流入转子罩7内腔后，又经导流罩8导流从两个喷嘴3喷出，此时转子在喷射反作用力推动下高速旋转。当油压在0.3MPa时，转子转速可高达5000～6000r/min。由于转子内腔的机油随着转子高速旋转，机油中的机械杂质在离心力的作用下被甩向转子壁，洁净的机油不断从喷嘴喷出，并经出油口流回油底壳。

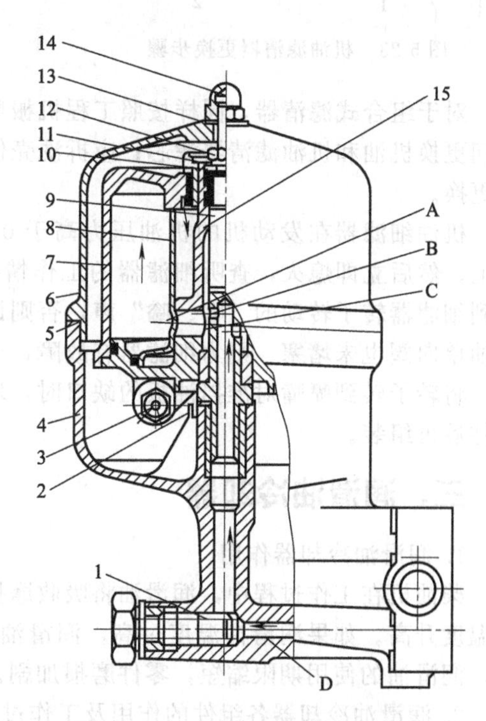

图5-22　离心式机油细滤器

1—低压限压阀；2—转子轴止推片；3—喷嘴；4—底座；5—外罩密封圈；6—外罩；7—转子罩；8—导流罩；9—转子轴；10—止推垫；11—垫圈；12—紧固螺母；13—垫片；14—盖形螺母；15—转子体；A—导流罩油孔；B—转子轴油孔；C—转子体进油孔；D—细滤器进油孔

有些发动机的机油滤清器除设置旁通阀之外还加装单向阀。当发动机停机后，单向阀将滤清器的进油口关闭，机油不能从滤清器流回油底壳。在这种情况下，当重新启动发动机时，润滑系统能迅速建立起油压，从而可以减轻由于启动时供油不足而引起的零件磨损。

3. 机油滤清器的检查与更换

机油集滤器常见的损坏形式是滤网堵塞，造成机油压力下降，可拆卸油底壳，用柴油或煤油清洗后用压缩空气吹干，或更换。

对于整体式机油滤清器（全流式机油滤清器），如图5-23所示，按照工程机械柴油发动机维修手册，按工作小时（一般500h）定期更换机油和机油滤清器；利用专用工具

(图 5-24)，拧下滤清器，更换新滤清器，内部倒入新机油在密封圈处涂上机油，用手安装并拧紧机油滤清器，再按照维修手册利用专用工具拧紧到规定力矩或一定角度。注意，过度拧紧会造成密封圈损坏漏油。

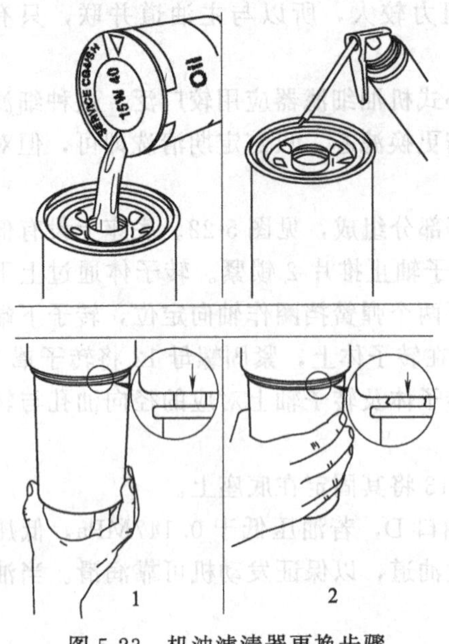

图 5-23 机油滤清器更换步骤

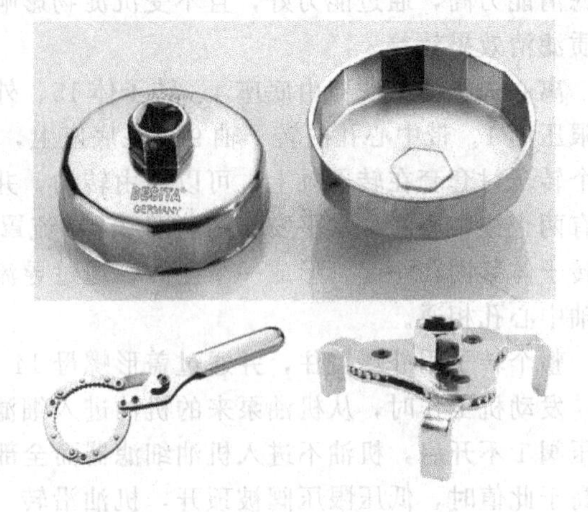

图 5-24 更换滤清器专用工具

对于组合式滤清器，同样按照工程机械柴油发动机维修手册，按工作小时（一般 500h）定期更换机油和机油滤清器滤芯；应拆洗壳体，更换滤芯；检查各密封圈，若有老化、损坏应更换。

机油细滤器在发动机的机油压力高于 0.15MPa 时（否则限压阀不开启），运转 10min 以上，然后立即熄火，查听细滤器的工作情况。在熄火后的 2～3min 内，在发动机旁应能听到细滤器转子转动的“嗡、嗡”声，否则说明细滤器不工作。若机油压力正常，细滤器的进油单向阀也未堵塞，则为细滤器有故障，应拆检清洗细滤器。首先拧开压紧螺母，取下外罩，将转子转到喷嘴对准挡油板的缺口时，取下转子。然后清洗转子并疏通喷嘴，经调整或换件后再组装。

三、润滑油冷却器

1. 润滑油冷却器作用

柴油机在工作过程中，润滑油将吸收摩擦产生的热量以及燃烧传导给零件的热量，润滑油温度升高。如果润滑油温度过高，润滑油的老化变质程度加快，黏度下降，润滑性能变差，润滑油的使用期限缩短，零件磨损加剧。

2. 润滑油冷却器各组件的作用及工作过程

如图 5-25 所示，在柴油机的润滑系统中安装有润滑油冷却器，其安装在缸体内部，利用发动机冷却液对润滑油降温。在润滑油冷却器的两端并联有润滑油冷却器旁通阀。它是一个单向压力阀。当柴油机温度较低时，润滑油的黏度较大，润滑油流过冷却器的阻力增大，润滑油压力升高，当润滑油压力升高达到（2.1±0.35）bar 时，冷却器旁通阀开启，大部分润滑油不经过冷却器而直接由此阀流过，保证可靠润滑；当润滑油的温度升高到一定数值时，旁通阀关闭，润滑油便全部流过冷却器而得到冷却，从而维持润滑油温度在一个合适的

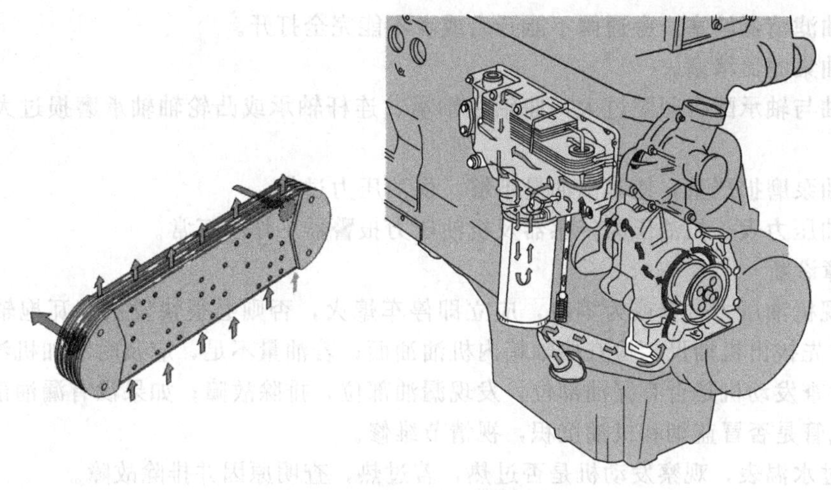

图 5-25 水冷式机油散热器

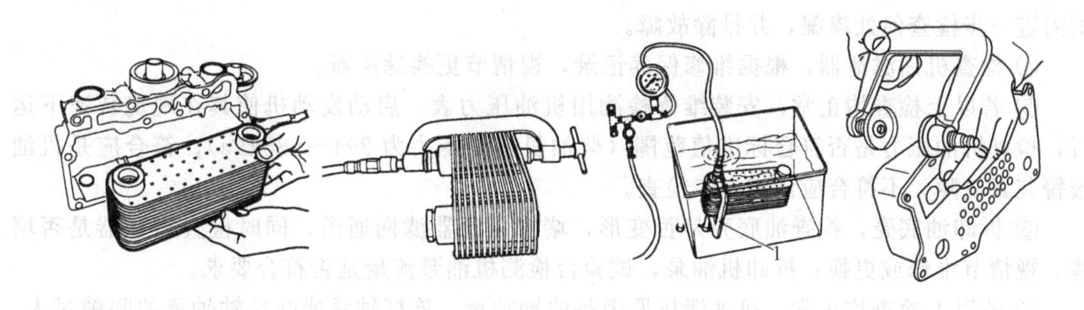

图 5-26 冷却器检测

范围内。

3. 润滑油冷却器的检测与维修

润滑油冷却器损坏方式是裂纹或密封圈损坏导致漏油，使冷却水中有机油或机油中有水；需要对冷却器检测，检测方法如图 5-26 所示，拆卸机油冷却器，利用螺塞堵塞一侧油孔，将专用工具安装在机油散热器上，施加规定压力并将机油散热器放置在水槽中，检测是否有气泡，判断是否损坏，视情节可以对其维修或更换。

单元三 润滑系统的检测与维修

发动机润滑系统的常见故障有机油压力过高或过低、机油变质及机油消耗过多。

1. 机油压力过低

发动机启动后，机油报警灯闪亮或在正常温度和转速下，机油压力表读数始终低于规定值；机油压力过低，将使润滑效果变差，加剧发动机零部件的磨损，甚至危及发动机的正常运转而损坏零部件。

2. 故障原因分析

① 机油油量不足，没有达到规定容量。

② 机油变质、黏度变小。

③ 发动机过热。

④ 机油滤清器堵塞，旁通阀不能开启或者不能完全打开。

⑤ 机油集滤器堵塞。

⑥ 曲轴与轴承配合间隙过大，曲轴主轴承、连杆轴承或凸轮轴轴承磨损过大造成机油泄漏。

⑦ 机油泵磨损严重，使其出油量不够，供油压力过低。

⑧ 机油压力表、机油压力传感器及机油压力报警器工作不正常。

3. 故障诊断

① 发现机油压力过低或为零时，应立即停车熄火，否则会很快发生烧瓦抱轴等严重机械故障。首先拔出机油尺，检查曲轴箱内机油油面；若油量不足，应及时添加机油至标准油面，同时检查发动机是否有漏油部位，发现漏油部位，排除故障；如果没有漏油部位，检查发动机排气管是否冒蓝烟和机油沉积，视情节维修。

② 通过水温表，观察发动机是否过热，若过热，查明原因并排除故障。

③ 检查机油黏度是否变小，用拇指和食指沾少许机油，两指拉开，两指间应拉有 2～3mm 的油丝，否则即为机油过稀。检查机油中是否含有燃油或水分，若混杂有燃油或水分，则需进一步检查何处渗漏，并排除故障。

④ 检查机油滤清器，根据维修保养记录，视情节更换滤清器。

⑤ 若以上检查均正常，安装维修检测用机油压力表，启动发动机使其在规定转速下运行，检查机油压力是否符合标准值范围（柴油机机油压力为 294～588kPa）；符合应是机油报警装置故障，不符合应该进一步检查。

⑥ 拆卸油底壳，检查油底壳是否变形，堵塞集滤器滤网通道，同时检查集滤器是否堵塞。视情节维修或更换；拆卸机油泵，试验台检测机油泵流量是否符合要求。

⑦ 若以上检查均正常，机油泄压原因是曲轴轴承、连杆轴承或凸轮轴轴承的间隙过大。视情节发动机维修。

校企链接

1. 本单元讲解目的

(1) 在维修企业中，利用发动机润滑系统的工作原理，对工程机械发动机零件磨损、导致三漏等故障进行诊断和维修。

(2) 在挖掘机工作与保养维修方面得到更好的管理和正常化。

2. 维修实例分析

发动机曲轴大瓦烧出洞口，连杆导出。原因分析？如何维修？

(1) 原因分析

① 发动机润滑系统工作是否正常？（润滑系统组成元件工作是否正常）

② 机油选用是否正确？

(2) 维修

检查润滑系统各组成元件是否完好。

检查润滑系统各组成元件工作是否正常。

经检查，发现润滑系统中滤清器两头的软管装反，即进油口与出油口装反，导致润滑油泵不上去，曲轴大瓦被烧出洞口，连杆导出。

发动机需大修。更换磨损部件，正确安装滤清器，工作恢复正常。

应用练习

一、填空题

1. 润滑油俗称__________，其作用有__________、__________、__________、__________、__________、__________、__________和__________。

2. 发动机常见的润滑方式有__________、__________、__________。

3. 润滑系统的作用是__________。

4. 润滑油冷却器由__________、__________、__________、__________、__________、__________等组成，其作用是__________。

5. 过滤器旁通阀开启压力是__________ bar。

6. 冷却器旁通阀开启压力是__________ bar。

7. 单向阀开启压力是__________ bar。

二、判断题

1. 维修检测汽缸压力就是压缩比。（　）

2. 压缩比随发动机汽缸磨损是在变化的。（　）

3. 利用启动灵（启动液）可以判断柴油发动机油路故障。（　）

三、简答题

1. 润滑系的作用是什么？

2. 保证发动机润滑的条件有哪些？

3. 以 VOLVO 发动机（EC210B）为例简述润滑系的工作原理。

4. 挖掘机的润滑要求有哪些？

5. 挖掘机在特殊条件下的保养包括哪些方面？

项目六　发动机冷却系统的结构与检修

任务一　认识发动机冷却系统的作用及组成

教学前言

1. 教学目标

(1) 能够掌握冷却系统的作用；

(2) 能够了解冷却系统的类型及其结构特点；

(3) 能够掌握水冷系统零部件组成及冷却液的循环路线；

(4) 能够了解冷却液和防冻液的相关知识。

2. 教学要求

(1) 常用工程机械柴油机四缸或六缸发动机；

(2) 常用工程机械；

(3) PPT 课件。

系统知识

一、冷却系统的作用及类型

1. 冷却系统的作用

无论是汽油机还是柴油机，均配备有冷却系统。

内燃机是一个热力发动机，它必须产生热量以产生动力。然而，如果它产生并保持太多的热量，将使发动机的性能急剧下降，以致失效。这就是内燃机需要冷却系统的原因。另一方面，如果发动机不能产生并保持足够的热量，发动机的功率、经济性和排放控制也将受损，此时，冷却系统将阻止发动机在过低的温度下运行。为使发动机在最佳状态下工作，冷却系统必须自动控制发动机的温度在一个精确而窄小的范围内。

发动机冷却系统的作用是保证受热零件得到适度且可靠地冷却，使发动机在最适宜的温度范围内持续地、可靠地正常运转。另外，冷却系统还为暖风系统提供热源；在柴油发动机上，冷却液还给润滑系统的润滑油散热。

2. 冷却系统的类型

根据冷却介质的不同，发动机冷却系统可分成两大类型：一种是空气冷却，另一种是水冷却。以空气为冷却介质的冷却系统称为风冷系统，如图 6-1 所示；以冷却液为冷却介质的冷却系统称为水冷系统，如图 6-2 所示。

如图 6-1 所示，空气冷却一般由散热片、汽缸导流罩、导流罩、分流板、风扇等组成。

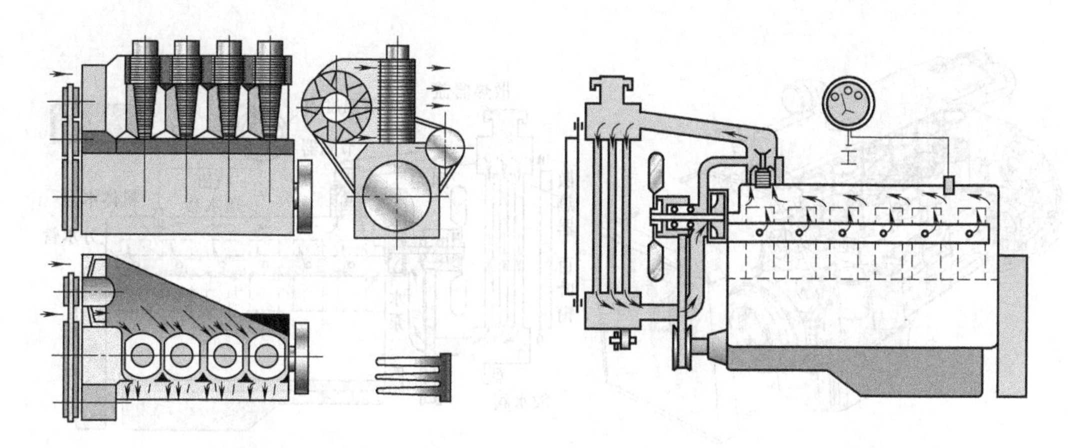

图 6-1 风冷式发动机　　图 6-2 水冷式发动机

其结构特点是：在汽缸体和汽缸盖上，铸造有许多散热片，以增大散热面积；它利用特设的风扇，使空气吹过散热片，将热量带走。空气冷却装置结构简单，不易损坏，无需特殊保养。但在多缸发动机上，会使各缸的冷却不均匀，并且在冬季时启动困难，燃油和机油消耗量也较大。因此，只用于部分小排量发动机。

如图 6-2 所示，水冷却的结构特点是：水套直接布置在汽缸的周围，利用发动机冷却液吸收水套周围的热量，受热的冷却液流经散热器时将热量散发到空气中去，再利用水泵通过水管从散热器内吸入低温水，使冷却水在发动机缸体和缸盖的水道中不停地循环流动，冷却水吸收热量后又流回散热器，如此不断循环进行散热。由于这种冷却方式克服了空气冷却的缺点，冷却强度大、易调节、便于冬季启动，因此，现代工程机械发动机广泛采用水冷系统。

二、水冷系统的组成与循环水路

1. 水冷系统的组成

工程机械发动机上普遍采用强制闭式循环水冷系统。如图 6-2 所示，其组成主要有：冷却风扇、散热器、节温器、风扇皮带、水泵、水套（在汽缸盖或汽缸体上制出的夹层空间）、百叶窗、风扇离合器、机油冷却器、膨胀水箱等。

2. 水冷系统的循环水路

如图 6-3、图 6-4 所示，散热器内的冷却液经水泵加压后，通过分水管（由前向后孔径逐渐增大，保证发动机前后冷却均匀）压送到汽缸体水套和汽缸盖水套内，冷却液从水套壁周围流过并吸收了机体的大量热量而升温。然后经汽缸盖出水孔、节温器流回散热器。由于有风扇的强力抽吸，空气从前向后高速流过散热器，使吸热后的冷却液在流过散热器芯管的过程中，热量不断地被散发到大气中去，冷却后的冷却液流到散热器的底部，又被水泵抽出，再次泵送到发动机的水套中，如此不断地在冷却系统中循环，把热量不断地送到大气中去，使发动机在最适宜的温度范围内工作。

为了控制冷却液的温度，强制循环式水冷却系统还运用节温器、百叶窗和自动风扇离合器等冷却强度调节装置来调节冷却液温度。

为了保证发动机在不同负荷、转速和气候条件下保持正常的工作温度，冷却液的循环路线是不同的。如图 6-5、图 6-7 所示，当发动机温度较低时，节温器的副阀门开启，主阀门关闭，冷却液不流经散热器，只在水套与水泵之间进行小循环。其目的是使发动机温度迅速升高到正常工作温度。

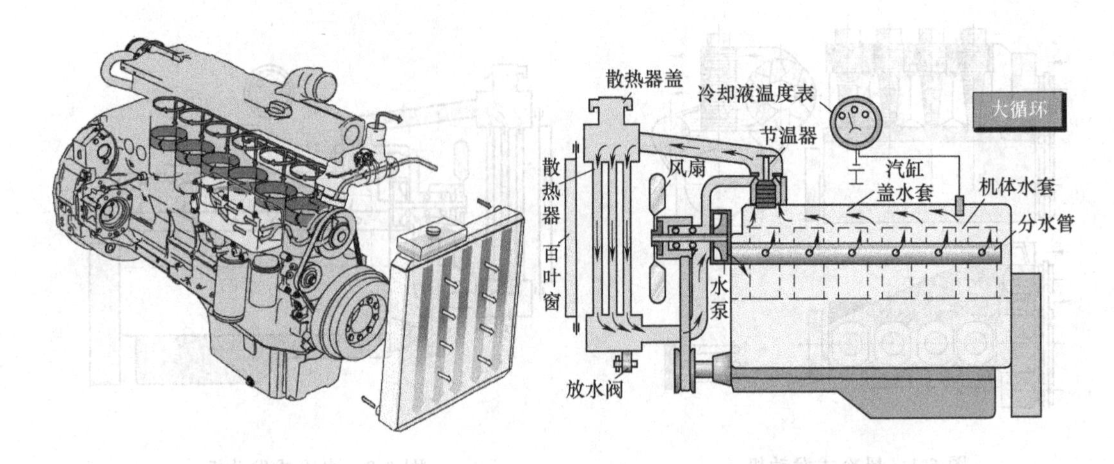

图 6-3　VOLVO D6D 冷却系循环水路　　图 6-4　冷却系大循环

而当发动机温度达到 80℃以上时，节温器的副阀门关闭，主阀门开启，冷却液全部流经散热器，进行大循环，如图 6-4、图 6-8 所示。在这一过程中，由于冷却液流经水套周围时，吸收了汽缸和燃烧室的热量，并经散热器将热量散发到空气当中去了，从而达到了保持发动机正常工作温度的目的。

图 6-6 所示为节温器处于半开闭状态时，一部分水进行大循环，而另一部分水进行小循环，称为混合循环。

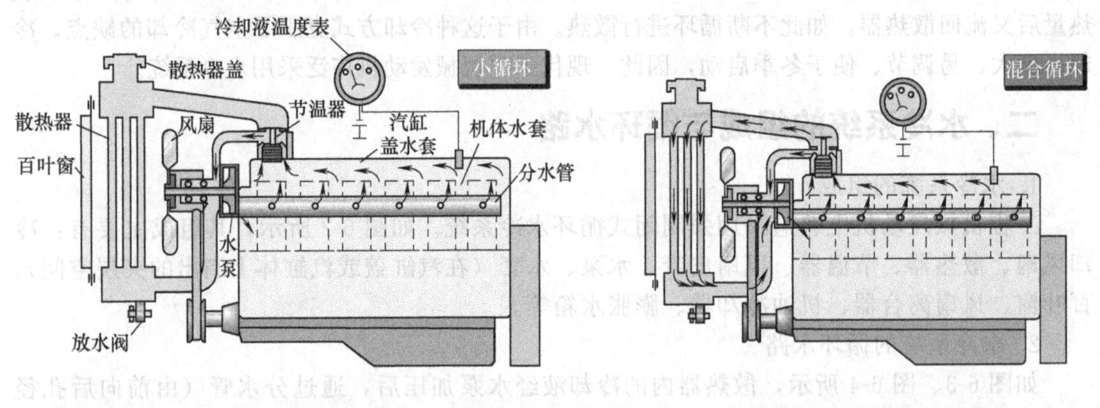

图 6-5　冷却系小循环　　图 6-6　冷却系混合循环

图 6-9 是 F 系列 VOLVO 柴油机的冷却系统。冷却液泵 1 将冷却液向上输送到机油冷却器 3，机油冷却器与其盖通过螺栓紧固。在机油冷却器中，冷却液通过孔 2 流到缸套下冷却管道，同时大部分的冷却液继续通过孔 4 流到缸套上冷却管道。在那里，冷却液通过通道 5 流到缸盖。缸盖装有水平分隔壁，以强迫冷却液通过最热的区域，实现有效换热。然后，冷却液流入节温器 6，再通过散热器或旁通管道 7 回流到冷却液泵。冷却液的流动路线取决于冷却液温度。空气压缩机 8 通过外部管道提供冷却，回流将引导至泵的抽吸侧。

三、冷却液与防冻液

1. 冷却液

冷却液是发动机冷却系统中最重要的工作介质，工程机械常用的冷却液由冷却水及加有

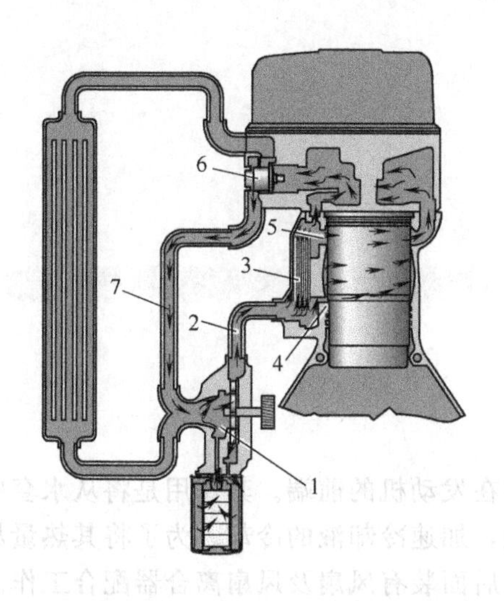

图 6-7　VOLVO D12D 冷却系小循环

1—水泵；2,7—输送管；3—机油冷却器；4，5—孔；6—节温器

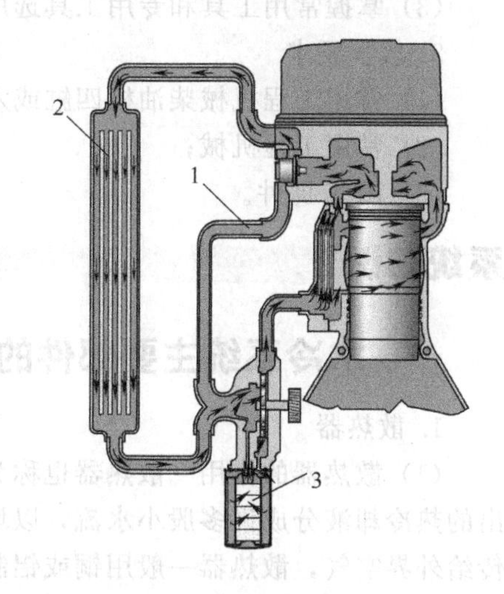

图 6-8　VOLVO D12D 冷却系大循环

1—输送管；2—散热器；3—冷却液滤清器

防冻剂的防冻液组成。发动机中使用的冷却水应是清洁的软水，如雨水、自来水等；而井水、河水等硬水中含有矿物质，在高温作用下，这些矿物质会从水中沉淀析出来而生成水垢，这些水垢积附在缸体水套的内壁、水箱及软管的接口处，影响了水的循环，造成高温零件散热困难而使发动机过热。因此不能直接作为发动机冷却水，而需对硬水进行软化处理后方可使用。

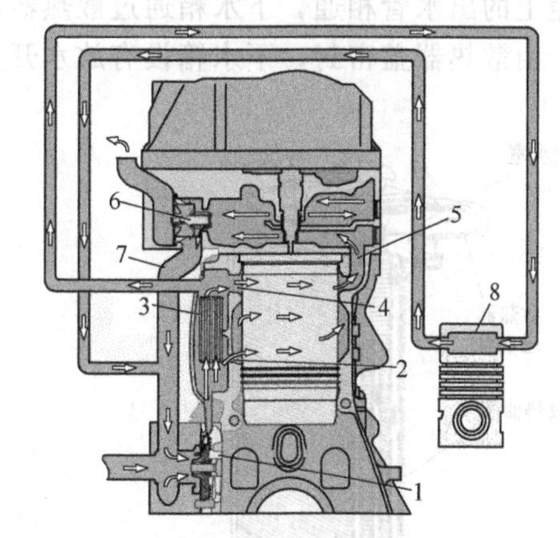

图 6-9　D11F～D16F 系列柴油机冷却系统

1—冷却液泵；2,4—孔；3—机油冷却器；5—通道；6—节温器；7—旁通管道；8—空气压缩机

2. 防冻液

防冻液由防冻剂、防锈剂、泡沫抑制剂和着色剂等组成。为防止在冬季寒冷地区，因冷却水结冰而使散热器、汽缸体、汽缸盖发生变形或胀裂，可在冷却水中加入一定量的防冻剂（乙二醇），以达到降低冰点、提高沸点的目的；添加有防锈剂和泡沫抑制剂的冷却液，有利于减轻冷却系统的锈蚀和冷却液泡沫的产生，提高冷却效果。

任务二　水冷系统的主要部件构造与检修

教学前言

1. 教学目标

（1）能够掌握水冷却系统各主要部件的结构、作用及检修方法；

（2）能够掌握水冷却系统冷却强度的调节方法；

（3）掌握常用工具和专用工具选用和使用。

2. 教学要求

（1）常用工程机械柴油机四缸或六缸发动机；

（2）常用工程机械；

（3）PPT课件。

系统知识

一、水冷系统主要部件的构造

1. 散热器

（1）散热器的作用　散热器也称为水箱，安装在发动机的前端。其作用是将从水套中流出的热冷却液分成许多股小水流，以增大散热面积，加速冷却液的冷却。为了将其热量尽快传给外界空气，散热器一般用铜或铝制成，并在其后面装有风扇及风扇离合器配合工作。

（2）散热器的构造　散热器主要由上水箱（进水室）、散热器芯（包括冷却管和散热片）、下水箱（出水室）和散热器盖等组成，如图6-10所示。上水箱通过散热器进水软管与缸盖上的出水管相通，下水箱通过散热器出水软管与水泵进水口相通，上水箱上端设有加水口，由散热器盖密封，下水箱设有放水开关，必要时可将散热器内的冷却液放掉。

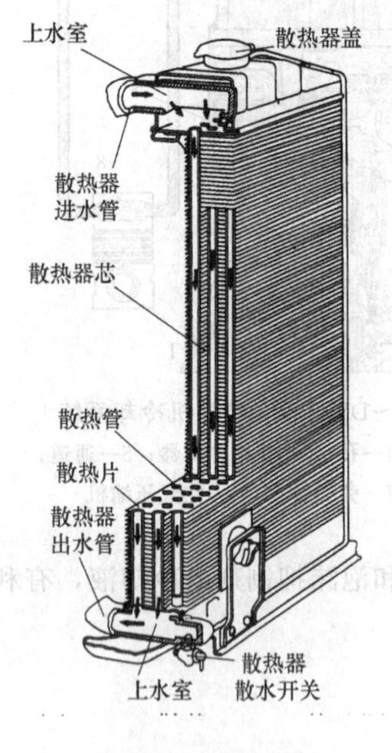

图6-10　散热器

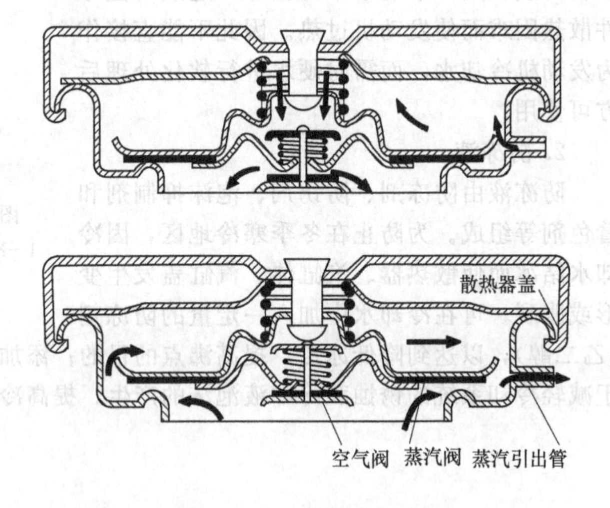

图6-11　压力式散热器盖

（3）散热器盖　闭式液冷系统的散热器盖既能密封液冷系统，以防冷却液溅出，同时它包含的一个压力阀和一个真空阀（均为单向阀）还能自动调节冷却系内部压力，提高冷却效果，如图6-11所示。发动机处于正常热态时，两阀门关闭，将冷却系统与大气隔开，防止水蒸气逸出，使冷却系统内的压力稍高于大气压力，从而可提高冷却液的沸点，改善了冷却效能，保证发动机在较长时间及较高负荷下工作。

当液冷系统过热而使水蒸气增多时，冷却系统压力过高，可能导致散热器芯胀破，此时散热器盖中的压力阀开启而使水蒸气经溢流管流出，冷却系统内的压力下降；当压力下降到一定值时，压力阀在弹簧作用下又重新关闭。这样就可使冷却系统内的压力稍高于大气压力，从而可提高冷却液沸点。

当液冷系统过冷而使水蒸气凝结，冷却系统压力过低，可能导致散热器芯被压瘪而破裂，此时散热器盖中的真空阀开启，使外部空气从通气孔进入散热器，以防止散热器内产生真空而塌陷；当散热器内的压力升高到一定值后，真空阀在其弹簧作用下又重新关闭。

2. 冷却液补偿装置

(1) 膨胀水箱

① 膨胀水箱的作用 为防止防冻液的损失，有些发动机在冷却系统中设置了膨胀水箱，如图 6-12 所示。其作用是密封冷却系统，并给冷却液提供一个膨胀空间，减少冷却液的溢失；避免空气不断进入引起机件氧化腐蚀、穴蚀；使冷却系统中的液、气分离，保持系统内压力稳定，提高水泵的泵液量。

② 膨胀水箱的构造 膨胀水箱用透明塑料制成，设置于散热器的一侧且位置略高于散热器。透过箱体可直接观察到液面高度，无需打开散热器盖。膨胀水箱上端通过水套出气管 5 和散热器出气管 8 分别与缸盖水套及散热器上储液室相通。膨胀水箱下端通过补充冷却液管 9 与旁通管 10 及水泵进水管 2 相通。

③ 膨胀水箱的工作原理 膨胀水箱位置略高于散热器，在膨胀水箱液面上方有一定的空间，由于膨胀水箱温度较低，当发动机工作时，在散热器和水套内产生的蒸汽通过出气管 8 和 5 进入膨胀水箱后冷凝成液体，不仅及时得到了液、气分离，而且冷凝后的冷却液通过补充冷却液管 9 进入水泵。同时，积聚在膨胀水箱液面上的气体起缓冲作用，使冷却系统内压力保持稳定状态。

由于水泵冷却液的吸取侧压力低，易产生蒸汽泡，使水泵的出液量显著下降，并引起水泵叶轮和水套的穴蚀，在其表面产生麻点或凹坑，缩短了叶轮和水套的使用寿命。而加装膨胀水箱后，由于补充冷却液管 9 向水泵输送冷却液，使水泵避免了气泡的产生。

④ 膨胀水箱上刻线标记 膨胀水箱上有两条液面高度标记线，即“GAO”、“DI”或“MAX”、“MIN”或“FULL”、“LOW”。液面高度应在两者之间，不足时应及时补充。

(2) 补偿水箱 为防止冷却液的损失，有些发动机冷却系统中设置了补偿水箱（也称副水箱），对散热器内的冷却液起到了自动补偿的作用。如图 6-13 所示。补偿水箱设置于散热器一侧，它通过橡胶软管与散热器盖加水口处的出气口相连。当冷却液受热膨胀使散热器内蒸汽压力升高到某一值时，其盖上的压力阀打开，冷却液通过压力阀和溢流管进入补偿水箱；而当温度降低、散热器内产生真空时，补偿水箱内的冷却液及时返回散热器。补偿水箱上有两条刻线标记，即“GAO”（高）和“DI”（低）。当水温为 50℃时，补偿水箱内的液面高度不得低于“DI”；当水温为室温时，补偿水箱内的液面高度不应超过“GAO”。但补偿水箱对穴蚀无明显改善。

3. 水泵

(1) 水泵的作用 水泵（或称冷却液泵）通常安装在发动机前端，由曲轴通过一个 V 带或多槽 V 带驱动（多槽 V 带优先采用）。其作用是对冷却液加压，强制冷却液在冷却系统内循环流动，保证可靠冷却。

(2) 水泵的构造 工程机械发动机多采用离心式水泵，它具有结构简单、尺寸小、排量大及维修方便等优点。其结构如图 6-14 所示。

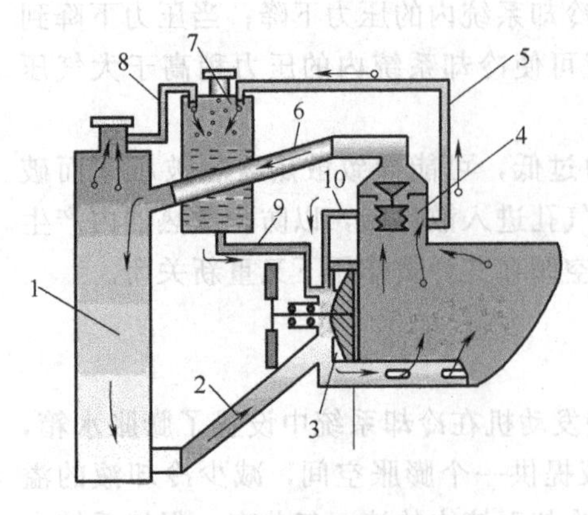

图 6-12 膨胀水箱示意图

1—散热器；2—水泵进水管；3—水泵；
4—节温器；5—水套出气管；6—水套出液管；
7—膨胀水箱；8—散热器出气管；
9—补充冷却液管；10—旁通管

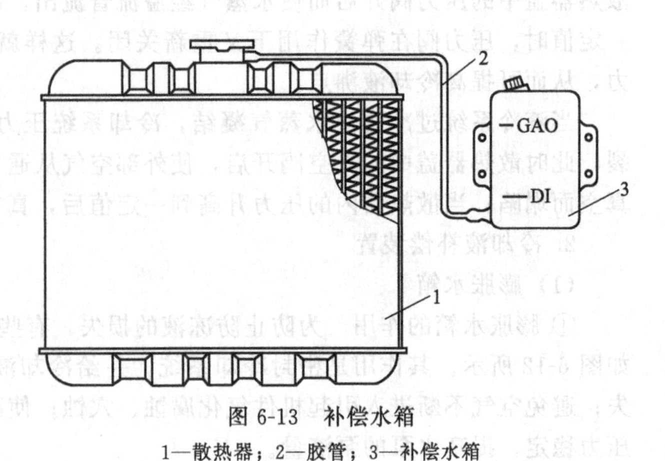

图 6-13 补偿水箱

1—散热器；2—胶管；3—补偿水箱

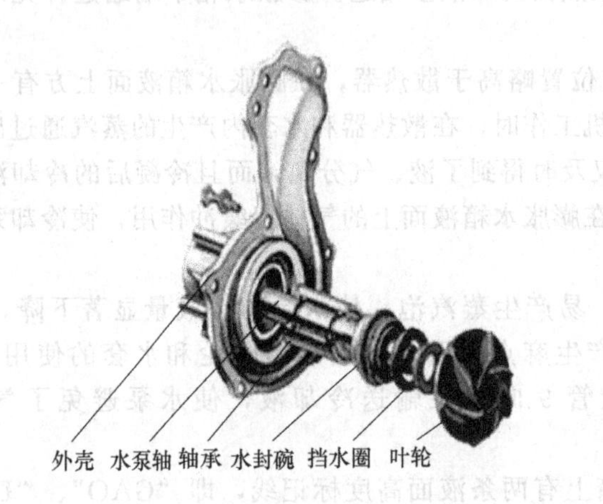

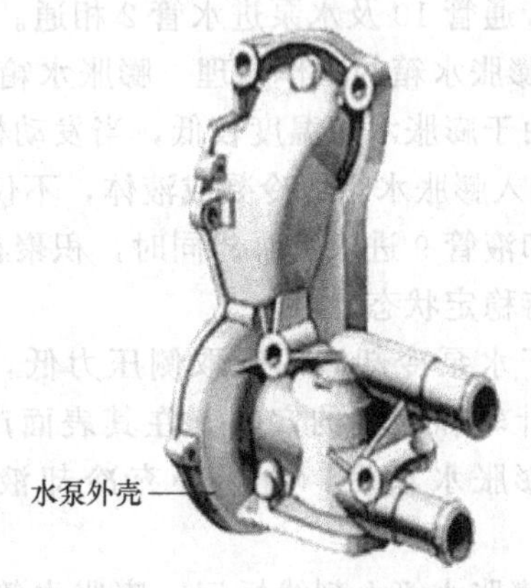

图 6-14 离心式水泵

图 6-15 和图 6-16 分别为 VOLVO F 型和 D 型柴油机冷却液泵的结构组成，包括泵壳、叶轮、轴承、油封、截流阀、冷却液滤清器等。

如图 6-15 所示，冷却液泵装有铝合金外壳 1，包含塑料叶轮 2、轴密封件 3、轴承 4 和滑轮 5。轴承是永久润滑的组合辊轴承。在轴密封件和轴承之间有一个带指示孔 7 的通风空间 6，以指示是否有冷却液或机油泄漏。泵壳 8 的后面部分通过螺栓紧固到缸体上。水泵由一个 V 带或多槽 V 带驱动。

如图 6-16 所示为 D12D 柴油机冷却液泵，与其他水泵不同的是，冷却液泵被安装在发动机的右边，由齿轮驱动，截流阀在更换冷却液滤清器而不排放冷却液时使用，当它处于水平位置时关闭。

(3) 离心式水泵的工作原理

① 压冷却液　当水泵叶轮旋转时，水泵中的冷却液被叶轮带动一起旋转，由于离心力的作用，冷却液被甩向叶轮边缘，在蜗形壳体内将动能转变为压能，经外壳上与叶轮成切线方向的出水管被泵送到发动机水套内，吸收发动机部分热量。

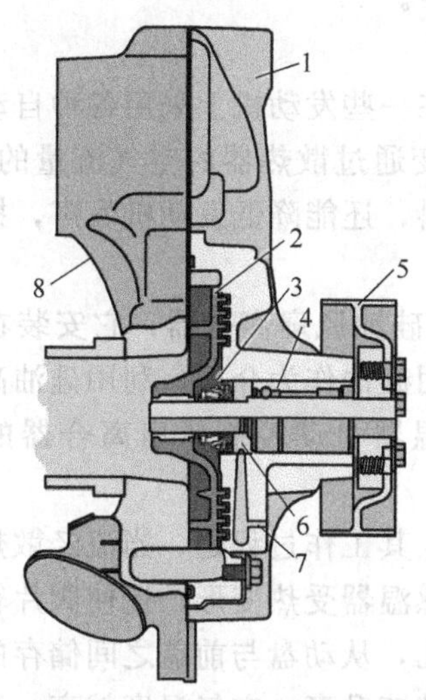

图 6-15　D11F 柴油机冷却液泵
1—铝合金外壳；2—塑料叶轮；3—轴密封件；4—轴承；
5—滑轮；6—通风空间；7—指示孔；8—泵壳

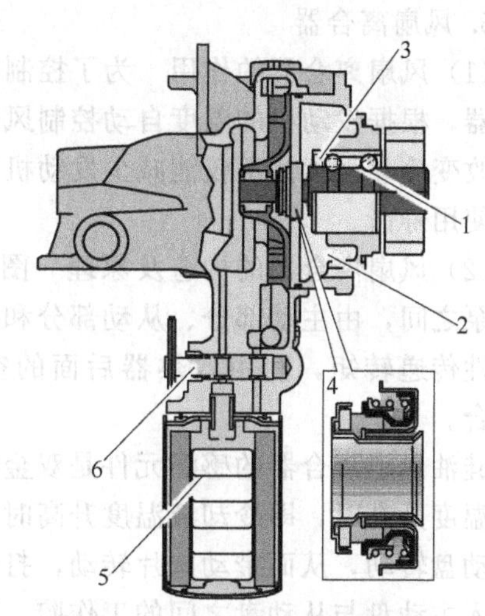

图 6-16　D12D 柴油机冷却液泵
1—球轴承；2—通风室；3—油封；4—冷却液密封；
5—冷却液滤清器；6—截流阀

② 吸冷却液　在压冷却液的同时，叶轮中心处形成一定的真空，将来自散热器底部出口的低温冷却液吸入水泵进水管，如此连续地作用，使冷却液在液路中不断地循环。如图 6-17 所示。

4. 冷却风扇

(1) 冷却风扇的作用　冷却风扇通常安装在发动机与散热器之间，与水泵同轴驱动。其作用是提高流经散热器的空气流速和流量，加快散热器中冷却液的冷却，并同时适当冷却发动机外壳及附件。

对风扇的要求是：有足够的风量和风压；效率高；噪声小；消耗发动机的功率少。

(2) 冷却风扇的构造　发动机水冷系统通常采用低压头、大风量、高效率的轴流式风扇，如图 6-18 所示，风扇旋转时空气沿着风扇旋转轴的轴线方向流动。在风扇外围设有导风罩，使冷却风扇吸进的空气全部通过散热器，提高风扇效率。

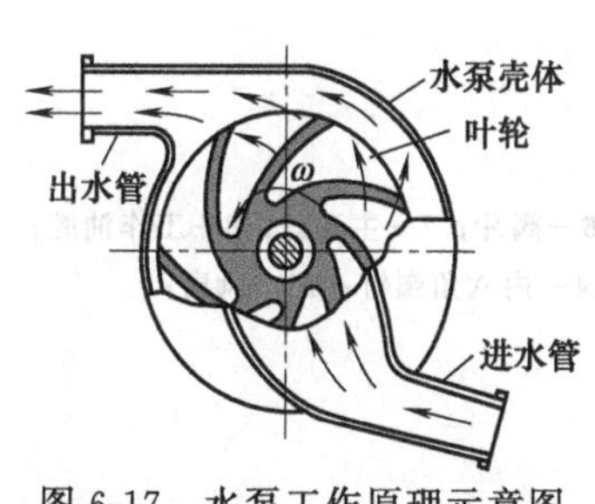

图 6-17　水泵工作原理示意图

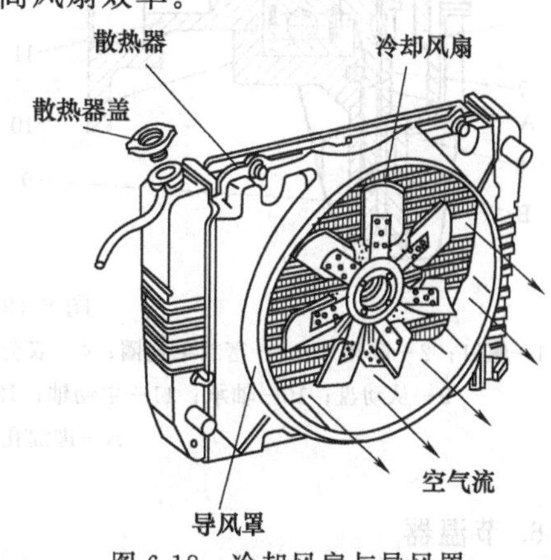

图 6-18　冷却风扇与导风罩

风扇的转速与发动机在各种工况下的运行有很大关系。当发动机转速较慢时，不易得到足够快的风扇转速；而当发动机的转速较高，即汽车高速行驶时，或在天气寒冷时，则不希望风扇的转速过高，以免增加发动机的功率损失和风扇噪声。

5. 风扇离合器

（1）风扇离合器的作用　为了控制冷却风扇的转速，在一些发动机上采用各种自动风扇离合器，根据发动机的温度自动控制风扇转速，以达到改变通过散热器的空气流量的目的，从而改变冷却强度。不仅能减少发动机功率损耗，节省燃料，还能降低发动机噪声，提高发动机使用寿命。

（2）风扇离合器的构造及原理　图 6-19 所示为常用的硅油风扇离合器，它安装在风扇与水泵之间，由主动部分、从动部分和控制部分组成。它用硅油作为介质，利用硅油高黏度的特性传递转矩，利用散热器后面的空气温度，通过感温器自动控制风扇离合器的分离和接合。

硅油风扇离合器的感温元件是双金属螺旋弹簧感温器。其工作过程是：当流经散热器的空气温度升高时，即冷却液温度升高时，双金属螺旋弹簧感温器受热变形，迫使阀片轴相对于从动盘转动，从而带动阀片转动，打开从动盘上的进油孔，从动盘与前盖之间储存的硅油便流入主动盘与从动盘之间的工作腔，离合器接合，风扇转速升高。空气温度越高，进油孔开度越大，风扇转速就越快。当流经散热器的空气温度下降时，双金属螺旋弹簧感温器恢复原状，阀片关闭进油孔，在离心力作用下，硅油经回油孔从工作腔返回储油腔，离合器分离，风扇转速降低。

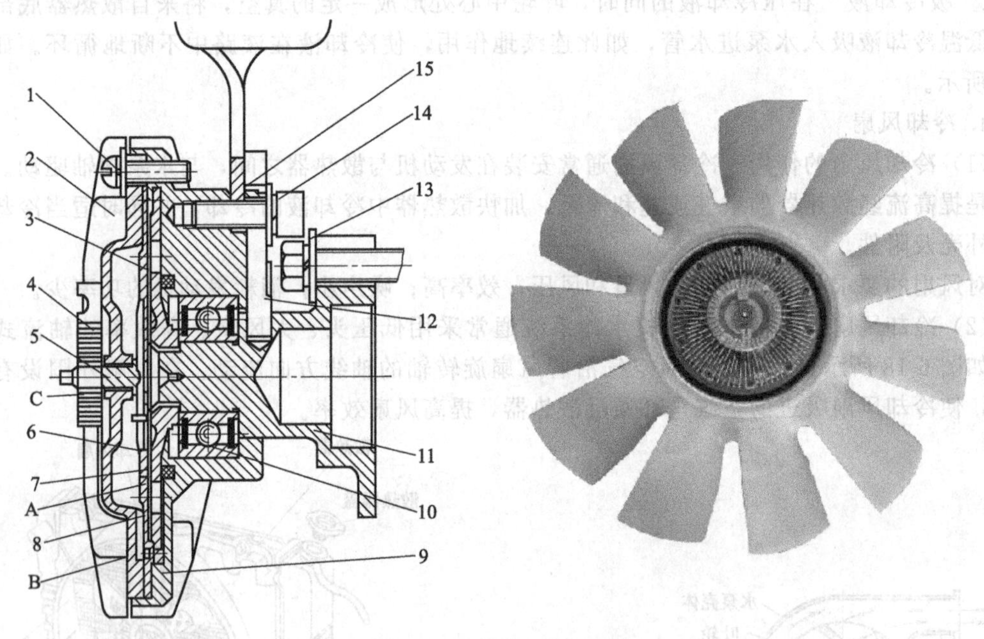

图 6-19　硅油风扇离合器

1—螺钉；2—散热片；3—密封毛毡圈；4—双金属感温器；5—阀片轴；6—阀片；7—主动盘；8—工作油腔；9—从动盘；10—轴承；11—主动轴；12—锁止板；13—螺栓；14—内六角螺钉；15—风扇；A—进油孔；B—回油孔；C—前盖

6. 节温器

（1）节温器的作用和类型　节温器通常安装在冷却液循环的通路中（一般安装在汽缸盖的出水口），如图 6-4 所示。其作用是随发动机负荷大小和水温的高低自动改变冷却液的循环路线和流量，调节冷却系统冷却强度，以缩短发动机的预热时间，保证发动机在适宜的温度下工作，减少燃料消耗和机件的磨损。

工程机械发动机上广泛采用蜡式节温器，它有单阀型和双阀型两种。

(2) 蜡式节温器的结构与原理 蜡式节温器结构如图 6-20 所示，它是一种双阀节温器。它主要由主阀门、副阀门、推杆、节温器外壳、石蜡和弹簧等组成。推杆的一端固定在支架上，另一端插入胶管的中心孔内，石蜡装在胶管与节温器外壳之间的腔体内。石蜡材料受外部温度变化时会收缩或膨胀，利用这个物理特性，来控制出水室阀门的大小。

发动机温度较低时，节温器关闭至水箱（散热器）的水道。以 VOLVO 柴油机 D7D 为例，水温低于 83℃时，主阀门关闭，旁通阀门开放，冷却水只能经旁通循环管直接流回水泵的进水口，然后又被水泵压入水套。此时水不流经散热器，称小循环，水流路线是节温器→小循环管→水泵→机油散热器→水套→节温器。如图 6-5 和图 6-21 所示。

当发动机内水温升高达 95℃时，主阀门全开，旁通阀全关闭，冷却水经大循环管全部流进散热器。此时，冷却强度增大，使水温不致过高。由于这时的冷却水流动路线长因而称为大循环：水箱→水泵→机油散热器→水套→节温器→大循环管。如图 6-4 和图 6-21 所示。

当发动机内冷却液处于上述两种温度之间时，主阀门和旁通阀均部分开放，冷却水的大小循环同时存在，此时冷却液的循环称为混合循环。如图 6-6 所示。

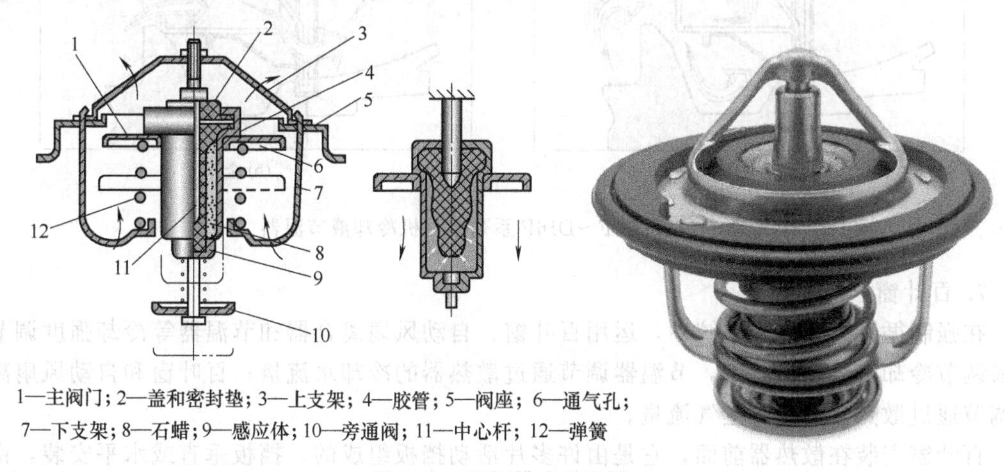

1—主阀门；2—盖和密封垫；3—上支架；4—胶管；5—阀座；6—通气孔；
7—下支架；8—石蜡；9—感应体；10—旁通阀；11—中心杆；12—弹簧

图 6-20 双阀蜡式节温器

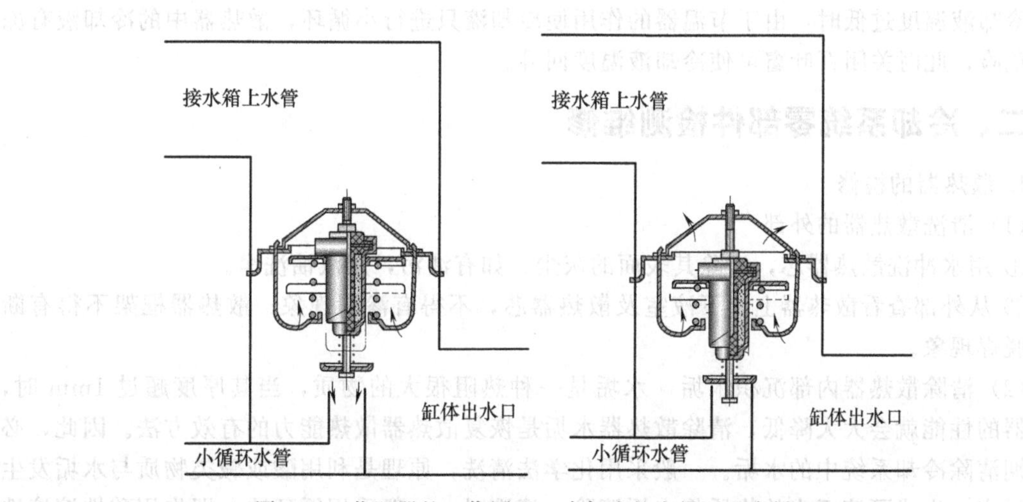

图 6-21 节温器的工作原理（冷却液的大循环和小循环）

图 6-22 所示为 D11F～D16F 系列柴油机冷却液节温器，它是整合活塞、传感器、密封件和壳体于一身的新型整体装置。这种节温器与传统活塞节温器相比具有更小的压力降。节温器在冷却液温度为 82℃时开始打开。

图 6-22（a）为关闭的节温器，其中冷却液通过发动机右前侧的外部管道旁通到冷却液泵的抽吸侧（冷发动机）。

图 6-22（b）为打开的节温器，其中冷却液通过前端管道直接流入节温器，然后进入散热器（热发动机）。

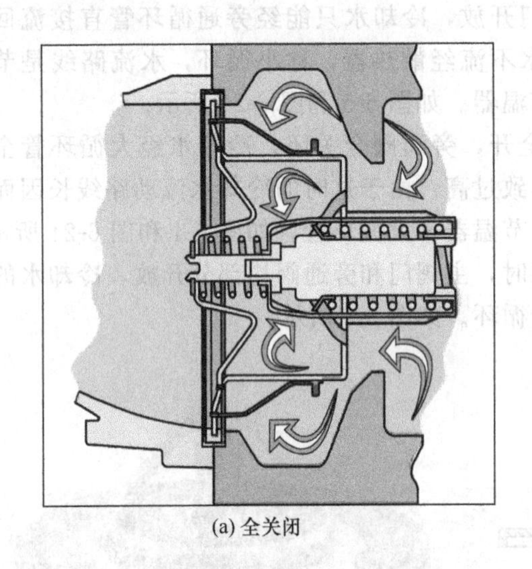

(a) 全关闭

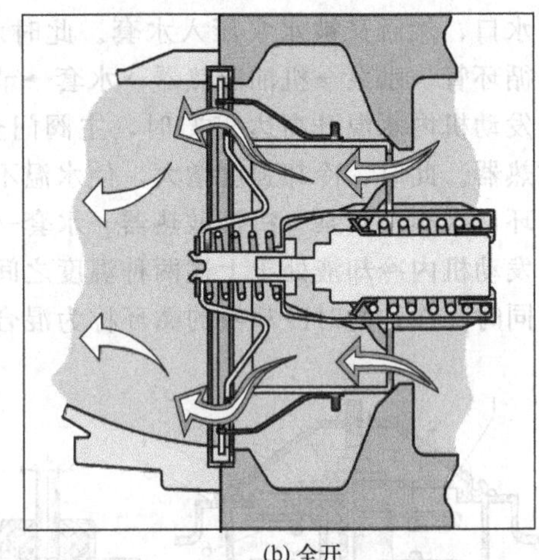

(b) 全开

图 6-22 D11F～D16F 系列柴油机冷却液节温器

7. 百叶窗

在强制循环式水冷却系统中，运用百叶窗、自动风扇离合器和节温器等冷却强度调节装置来调节冷却液温度。其中，节温器调节通过散热器的冷却水流量；百叶窗和自动风扇离合器调节通过散热器的冷却空气流量。

百叶窗安装在散热器前面，它是由许多片活动挡板组成的。挡板垂直或水平安装，由驾驶员通过装在驾驶室内的手柄操纵调节挡板的开度，也可用感温器自动控制。在严寒的冬季，冷却液温度过低时，由于节温器的作用使冷却液只进行小循环，散热器中的冷却液有冻结的危险，此时关闭百叶窗可使冷却液温度回升。

二、冷却系统零部件检测维修

1. 散热器的检修

（1）清洗散热器的外部

① 用水冲洗散热器芯，清除其表面的灰尘，如有油污，用汽油洗净。

② 从外部查看散热器上、下液室及散热器芯，不得有渗漏现象；散热器框架不得有断裂和脱焊现象。

（2）清除散热器内部沉积水垢　水垢是一种热阻很大的物质，当其厚度超过 1mm 时，散热器的性能就会大大降低，清除散热器水垢是恢复散热器散热能力的有效方法。因此，必须定期清除冷却系统中的水垢。一般采用化学法清洗，原理是利用酸或碱类物质与水垢发生化学反应，生成可溶于水的物质将水垢清除。清洗时，一般采用循环法，即先用酸性溶液洗涤，再用碱性溶液冲洗中和，并在冲洗时给除垢剂一定的压力（约10kPa），在汽缸体水套或散热器内一般经3～5min循环后即可清洗完毕。

（3）检查散热器渗漏　在检修冷却系统之前，必须特别注意：为避免烫伤，当发动机和散热器仍处于高温状态时，不要打开散热器盖，因为冷却液和蒸汽会在压力下喷出。

目测检查冷却系统的冷却液泄漏。如果发现问题，按如下方法检查（以VOLVO柴油机D6D为例）。

把散热器内的冷却液加到正常位置，按图6-23所示将散热器加水口盖测试仪装在散热器上；操作手泵加压到设定压力0.088MPa[(0.9±0.15)kgf/cm^2]，检查压力是否下降。如果测试仪压力计随之下降，说明冷却液正从冷却系统渗漏。检查并修理冷却液的泄漏点。

或者将散热器进、出液孔堵死，在散热器内注入50～100kPa压力的压缩空气，并将其浸泡在清水池里，检查有无气泡冒出。若有气泡冒出，说明该处漏气，做好标记，以便焊修。

（4）散热器盖检查　安装散热器盖到散热器加水口盖测试仪上，泵气加压到设置测试压力0.088MPa，并检查确认盖的减压阀会打开。如果减压阀不打开，则说明有问题，应更换。

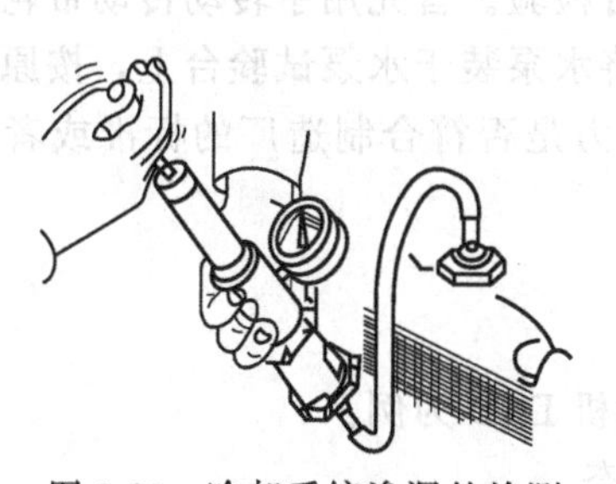

图6-23　冷却系统渗漏的检测

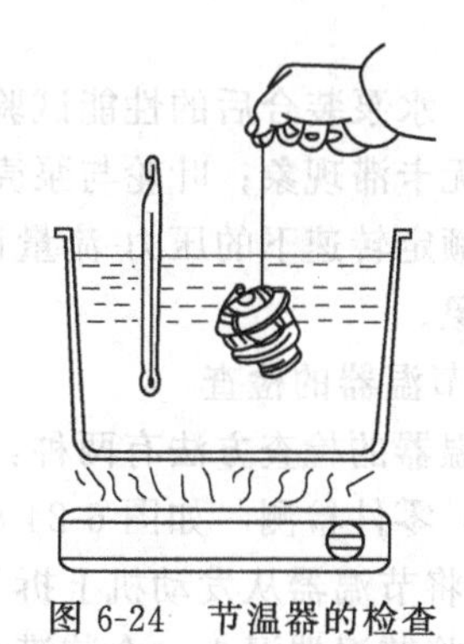

图6-24　节温器的检查

（5）修理散热器　散热器常见的损坏形式有因机械损伤、化学腐蚀、芯管堵塞等原因，导致的破损、凹陷、腐蚀、泄漏等。散热器芯上如果嵌有杂物，可用细钢丝进行清理；当芯管有堵塞时，应使用专用通条进行疏通；散热片有变形或倒伏时，应及时进行整形、扶正；散热器如有扭斜、变形，应进行压校使其平整。破损较大可用补板法修复；凹陷处可用拉平法修复；当腐蚀破损不严重时，一般可用锡焊法修复。如果个别散热管破损严重，可裁去后焊上新管。

散热器泄漏一般发生在芯管与储水室的接合部。如果冷却液管与上、下液室间的连接处有细微破漏，可用钎焊修复；如果冷却液管上出现泄漏时，可采取局部封堵，注意封堵散热管的数量不得超过管数总量的10%，切断散热片的面积不得大于迎风总面积的10%；如果冷却液管破损严重，可采用接管法或换管法。

冷却系统修理竣工后，应再次进行系统泄漏检查。

2. 水泵的检修

水泵常见的损伤有泵壳裂纹、叶轮松脱或损坏、泵轴磨损或变形、水封损坏及轴承磨损等。

（1）就车检查水泵的技术状况　启动发动机，查看水泵溢水孔是否有渗漏，若渗漏，则表明水封损坏。同时查听水泵工作时有无异响。停车后用手扳动风扇叶片，查看带轮与水泵轴配合是否松旷，稍有间隙感觉为正常；若感觉明显松旷，表明带轮与泵轴或带轮与锥形套配合松旷。

如果就车检查水泵无漏水、发卡、异响及带轮摇摆现象，可不用对其分解，只加注润滑油既可。若有上述异常现象，则应分解检查，并予以修理或更换新件。

当带轮松旷摆动时，应检查风扇及带轮的螺栓及螺母，若松旷应予拧紧；如螺栓和螺母紧固良好，传动带仍松旷摆动，则可能是水泵轴松旷，应分解水泵，检查水泵轴承，若松旷应予更换。

当水泵漏水时，应检查水泵衬垫、水泵壳上的泄水孔。当水泵衬垫漏水时，先检查水泵紧固螺栓是否松动，若松动应更换衬垫拧紧。当水泵壳上的漏水孔漏水时，应分解水泵，检查自紧式水封总成，若损坏应更换。更换后，应进行简易漏水试验。方法是：堵住水泵进水口，将水注满叶轮室，转动泵轴，泄水孔应不漏水。

（2）水泵零件检修　泵壳出现裂纹可焊接或更换；水封转动环与静止环磨损起槽、表面剥落或破裂导致漏水时，应更换水封总成；水泵轴弯曲变形不得超过0.05mm，否则应冷压校直或更换；水泵轴轴颈及轴承磨损严重，导致水泵轴的摆动超过0.10mm及水泵叶轮破损，均应更换新件；拆卸后各密封圈及密封垫均应全部换用新件。

（3）水泵装合后的性能试验　水泵装合后，应进行检验。首先用手转动传动带轮，泵轴转动应无卡滞现象；叶轮与泵壳应无碰擦感觉。然后将水泵装于水泵试验台上，按原厂的规定进行额定转速下的压力-流量试验。观察排水量、压力是否符合制造厂的标准或者是否有漏水现象。

3. 节温器的检查

节温器的检查方法有两种：在线检测和零件检测。

（1）零件检测　如图6-24所示。以VOLVO柴油机D6D为例：

① 将节温器从发动机上拆下，并使它处于关闭状态。

② 将节温器浸入一个装满水的容器里，慢慢将水加热，并用温度表检测水温。

③ 检查节温器阀门开启温度。水温约为83℃时，节温器阀门开始打开；水温约为95℃时，节温器阀门完全打开。

如果阀门开启温度不符合上述要求，则更换节温器。

（2）在线检测　根据水温表显示的温度，利用手感知水箱上下水的温差，同样能够判断节温器是否开启或关闭。

任务三　水冷系统常见故障诊断

教学前言

1. 教学目标

（1）了解冷却系统常见的故障，学会故障分析方法；

（2）掌握发动机过热、过冷及冷却系统渗漏故障的现象、原因及诊断处理方法。

2. 教学要求

(1) 常用工程机械柴油机四缸或六缸发动机；

(2) 常用工程机械；

(3) PPT课件。

3. 引入案例（维修实例分析）

工程机械柴油机水温过高，原因分析？如何维修？

系统知识

要维持发动机在最适宜的温度范围内工作，就必须保持冷却系统的技术状况良好。而冷却系统经长时期使用后，其技术状况将发生变化。若不能正确地操作、使用和维护冷却系统，或冷却系统机件遭到损坏等，发动机将会出现过热、过冷、漏水等常见故障。

一、发动机过热

1. 故障现象

工程机械在运行过程中，在百叶窗完全打开的情况下，仪表盘上冷却液温度警报灯闪烁或冷却液温度表指针指向红色区域；或冷却液沸腾出现蒸汽，伴随有散热器出现“开锅”现象；或柴油机易发生早燃致使工作粗暴。出现这些现象，可判断发动机存在过热故障。

2. 故障原因

① 接头、软管、水封、水堵等部位漏水造成冷却液量不足。

② 节温器失效，冷却液不能流过散热器，不能进行大循环。

③ 散热器或缸体内水套结垢多、堵塞，使冷却液冷却效果降低。

④ 散热器风扇电机或散热器温控开关出现故障。

⑤ 冷却液泵堵塞或损坏、传动带打滑或断裂。

⑥ 汽缸垫损坏或缸盖螺栓拧紧力矩过小。

⑦ 风扇传动带打滑或断裂，硅油风扇离合器工作不良。

⑧ 风扇叶片变形或角度不对或装反。

⑨ 冷却水道堵塞或水垢过厚。

⑩ 散热器盖密封不良或阀门工作不良。

⑪ 发动机积炭过多。

⑫ 混合气过浓或过稀。

⑬ 超负荷、低速挡工作时间过长。

⑭ 防冻剂与水的混合比不当。

⑮ 凸轮轴磨损、排气管堵塞等造成的排气不畅。

⑯ 自动变速箱油温过高，间接导致冷却液温度过高。

3. 诊断处理方法

必须特别注意：在检修冷却系统时，为避免烫伤，当发动机和散热器仍处于高温状态时，不要打开散热器盖，因为高温高压的冷却液和蒸汽会在压力下喷出。

① 首先进行目测，主要检查冷却液的外部泄漏和冷却液量。

当发动机停转后，在打开散热盖之前，先用手捏一下散热器上水管，查看冷却系统是否有压力。如液面下降很快，应检查软管、接头、散热器、冷却液泵及水堵处是否有泄漏；若未发现外部泄漏，则检查暖风机芯、缸体和缸盖。

检查冷却液液位只能在发动机运转加热至操作温度，然后又冷却下来后进行。发动机冷却液的液位应在“Low”和“Full”标线之间，如果液位下降，应使用维修手册所推荐的冷却液，通过膨胀箱重新添加。

注意：千万不要在发动机热机时用冷的冷却液添加到冷却系统，这可能会导致发动机缸体和汽缸盖裂缝；发动机因过热而开锅时，切不可将散热器盖马上打开补充冷却水。

② 检查风扇是否正常运转。分别检查风扇皮带松紧度（是否过松）、打滑、断裂；电动风扇电动机、温控开关及有关的插接器是否损坏。调整风扇传动带的松紧度或更换新带；按电动风扇电动机电路查找原因；检修或更换温控开关等。

③ 若水套和分水管积垢或堵塞，清理水套和分水管。

④ 若水泵工作不良，检修或更换水泵零件或水泵总成。

⑤ 若节温器主阀门不能正常开启，水流不能进行大循环，使水温升高。排除方法是更换节温器。

⑥ 若由于散热器水垢过多而导致发动机过热，可将水箱清洗剂倒入水箱；启动发动机运转 10min，并适当提高转速；将水箱中的清洗剂放掉，并加入清水再运行 10min 后再放掉；加入新的冷却液。

⑦ 若百叶窗不能打开，抢修百叶窗及控制机构。

二、发动机过冷

1. 故障现象

在寒冷地区或冬季运行的机械，在百叶窗完全关闭，冷却液温度表和冷却液温度传感器技术状况完好的情况下，发动机在工作很长时间或全部工作时间内，冷却水温达不到正常工作温度范围，发动机动力不足，行驶乏力，油耗增加。出现这些现象，可判断发动机存在过冷故障。

2. 故障原因

① 百叶窗关闭不严。

② 风扇离合器接合过早。

③ 温控开关闭合太早。

④ 节温器失效，卡在全开位置，冷却液在低温状态下也进行大循环。

⑤ 散热器风扇电机发生故障、风扇电机只能以高速挡运转。

⑥ 水温表或水温传感器失效。

⑦ 环境温度太低且逆风行驶。

3. 诊断处理方法

① 检修百叶窗及控制机构，正确使用保温装置。

② 检修或更换风扇离合器、温控开关。

③ 检修或更换节温器，保持节温器工作正常。

④ 检修或更换风扇电机、水温传感器。

三、冷却液渗漏

1. 故障现象

在正常情况下，由于发动机冷却系统是全封闭的，冷却液不需经常添加。如果冷却液液面比正常情况下降很快，即表明存在冷却系统泄漏故障。

2. 故障原因

① 冷却系统外部渗漏。

② 冷却系统内部渗漏。

③ 散热器盖及密封垫损坏或散热器盖开启压力过低。

3. 诊断处理方法

① 通过目测检查外部有无漏水痕迹，确定有无外部渗漏。由于冷却液加有染料着色，很容易看到渗漏部位。常见的渗漏点是软管、软管接头、散热器芯和水泵等部位，对渗漏部位进行修复。

② 通过检查机油是否发白或在发动机冷却液温度正常时排气是否冒白烟，确定发动机内部汽缸盖垫是否有渗漏。若冷却液从冷却系统内渗漏到发动机内，可检查缸盖螺栓是否拧紧，缸垫是否密封，缸盖是否翘曲，缸盖、缸体是否破裂。若确认冷却系统发生了泄漏，应更换汽缸或汽缸体。

③ 散热器盖及其密封垫损坏，将破坏冷却系统的密封，在发动机工作时，冷却液蒸发逸出或汽车摇晃造成冷却液洒出损失。为检验散热器盖是否密封，可对散热器盖进行压力实验。在散热器盖上装上手动压力检测器，加压到规定值时，盖上的蒸汽阀才会开启，否则应更换散热器盖。

校企链接

1. 本单元讲解目的

在维修企业中：利用发动机冷却系统的结构及工作原理，对工程机械发动机出现过热、过冷及冷却液渗漏等故障现象进行分析、诊断和维修，以恢复发动机的正常工作状况。

2. 典型维修案例分析

案例：VOLVO 履带挖掘机工作时，D6D 柴油机水温过高。

(1) 故障现象　机器工作不到半个小时，发动机水温过高（开锅）。

(2) 故障排查过程

① 检查散热器表面、风扇、皮带及张紧轮，均处于正常状态，也未发现有漏水的痕迹，重新补充防冻液后再试机，故障现象依旧。

② 当发动机水温高时，检查水箱上水管、下水管都是热的，但是上、下水管的温差不是很明显；同时检查液压油散热器，液压油箱液压油未出现高温的现象。

③ 拆开节温器检查并放到水中加热测试，未发现节温器损坏；除掉节温器，冷机启动时上水管是有水喷出的，此时可以判断水泵、节温器的工作是正常的，冷却液也是循环的。但是发动机温度高时是否存在循环还不确定，因此拆开水泵检查，但未发现水泵轴与叶轮有松脱的现象。

④ 冷机时打开水箱盖子并运转发动机，检查副水箱并没有明显的气泡，说明汽缸垫应该是密封的。

⑤ 拆下水箱，清洗内部的水道，发现散热器与副水箱相连的一根小软管中的节流孔被水垢堵塞（此台机器的机油散热器曾经出现过故障，机油混入冷却系统，并有一段时间使用普通的水作为冷却液，所以导致水垢增多，将水管堵塞），如图 6-25 所示。

(3) 解决方案　将被堵塞的节流孔的水垢清除，将其他的软管也全部一起清通。装回试机后故障解决。

(4) 原理分析　影响发动机水温过高的原因主要有以下几项。

① 水泵：如果水泵坏了冷却液是不循环的，可以在水温达到工作温度后打开水箱盖查看冷却液是否有明显的翻滚现象。若有，水泵应该是正常的。

② 节温器：将节温器拆下放到水中加热，观察节温器开始打开及达到全开状态的温度，判断节温器的好坏。如果是节温器不能开启，冷却液温度会上升得非常快。

③ 散热器：检查水箱表面是否有污垢，散热的风道、水箱内部的水道是否通畅。如果堵塞将会影响水的流量，因为水泵的泵水量除了与转速有关外，还与冷却系统内部压力、冷却水的温度、水流的阻力及水泵的状态等有关。特别是如果主水箱与副水箱的通气管堵塞将会导致主水箱内随着水温的升高产生蒸汽压力升高，影响泵水量甚至水泵无法泵水；如果水泵进水口的补水管堵塞将会使冷却系统产生气穴；如果是出水口处的排泄管堵塞有可能会加大水流的阻力。

④ 风扇及皮带：风扇装反或不符合规格会影响送风量；皮带松紧度不合适也会影响风扇的转速，影响散热效果。

⑤ 运动部件的过度磨损：运动件的过度磨损会产生多余的热量使冷却液温度过高，这个原因一般伴随着有发动机功率下降、烧机油、油耗增大等现象出现。

⑥ 其他原因：其他的一些原因有冷却液量和机油量是否足够、机器是否存在超负载运转、发动机内部水道是否有太多的水垢、液压油温是否过高等。冷却液也不能加太多，否则温度升高后会导致冷却系统的压力增高，冷却液会从水箱盖喷出。

（5）维修小结　发动机一定要使用专用的冷却液，不同品牌的不能混合添加，并定期更换，保证冷却系统的清洁。

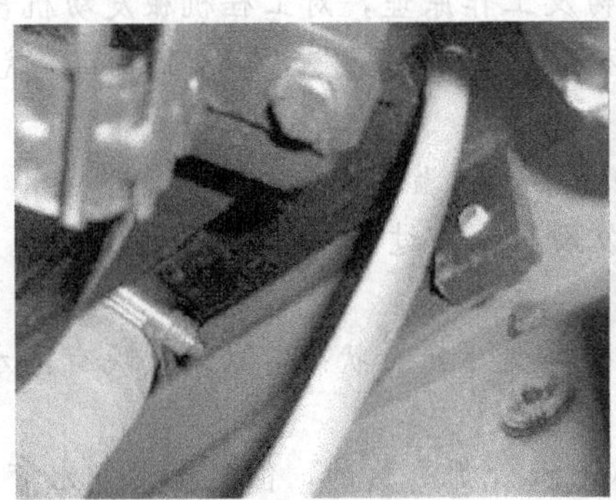
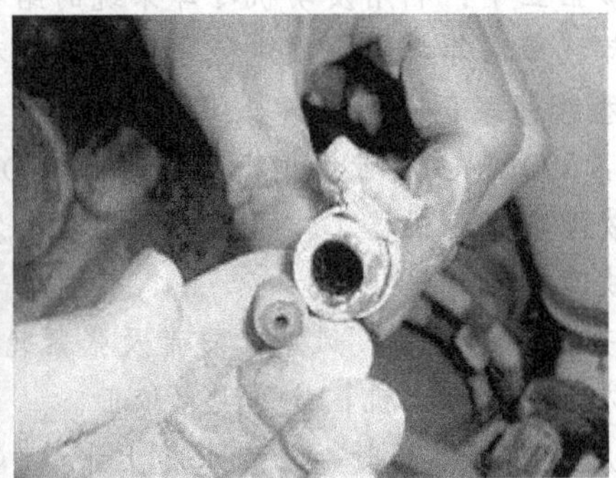

图 6-25　软管中的节流孔被水垢堵塞故障照片

应用练习

一、填空题

1. 工程机械发动机普遍采用强制循环__________系统。主要由__________、__________、__________、__________、__________、__________、__________等部件组成。

2. 工程机械发动机多采用__________水泵。它具有排液量__________等优点。

3. 风扇离合器的作用是根据发动机的__________自动控制风扇__________。

二、判断题

1. 散热器盖只为密封液冷系统。（　）

2. 膨胀水箱给冷却液提供一个膨胀空间，减少冷却液的溢失。（　）

3. 节温器能随发动机负荷和水温的变化自动改变冷却液的循环路线。（　）

三、简答题

1. 为什么对发动机的冷却系统采用不同的循环？

2. 水冷却系统中为什么要装节温器？什么叫大循环？什么叫小循环？

3. 发动机上为什么要采用风扇离合器？试述硅油风扇离合器的工作原理。

4. 为什么要用冷却液代替冷却水？

5. 怎样检查散热器渗漏？

6. 发动机未达到规范所规定的工作温度，请问在冷却系统中有哪些问题？

7. 水循环图中接通哪个部件可提高大循环冷却效果？

8. 冷却系统中水温过高或水温过低有哪些原因？

9. 怎样检测发动机节温器？

10. 怎样清除发动机散热器内的沉积水垢？

项目七 电控柴油机

柴油发动机电控系统借助电子控制单元的功能，可以实现复杂的控制规律，确保柴油机的性能大为改观，并且随着电控系统的逐步发展和成熟，人们对柴油发动机所提出的种种苛刻要求都能够满足。柴油发动机电控系统从最基本的燃油喷射控制，即喷油量控制和喷油正时控制，已扩展到对喷油数率控制和喷油压力控制在内的多项目标控制的燃油喷射控制，从单一的燃油喷射控制扩展到怠速控制、进气控制、增压控制、排放控制、启动控制、故障自诊断、失效保护等综合控制在内的全方位集中控制。

一、电控柴油机电控系统基本组成

电控系统（全称电子控制系统）是指采用电子控制单元等电子设备作为控制装置的自动控制系统。任何一种电控系统，其主要组成都可分为信号输入装置、电子控制单元（ECU）和执行元件三大部分。如图 7-1 和图 7-2 所示。

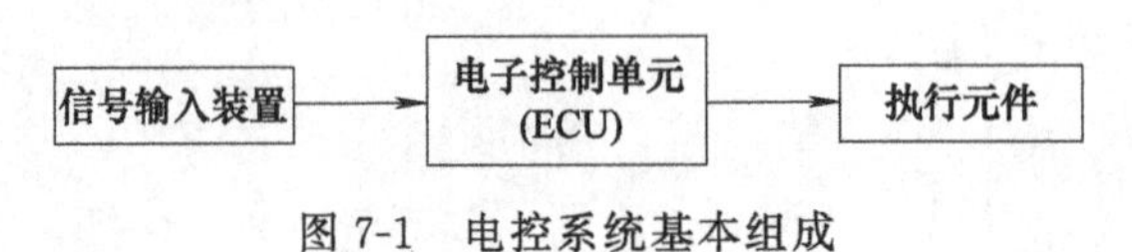

图 7-1　电控系统基本组成

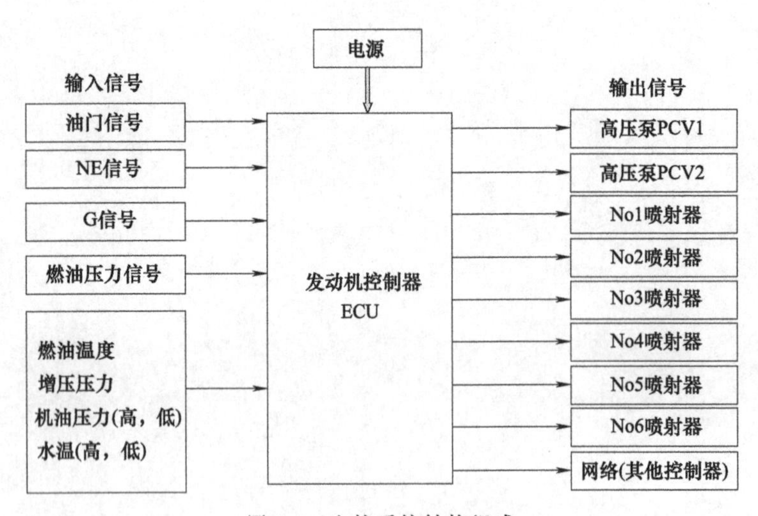

图 7-2　电控系统结构组成

① 电控系统中的信号输入装置是各种传感器。传感器的功用是采集控制系统中所需要的信息，并将其转换成电信号通过线路输送给电子控制单元。

② 电子控制单元（ECU）是一种综合控制电子装置，其功用是给各种传感器提供参考（基准）电压，接受传感器或其他装置输入的电信号，并对所接受的信号进行储存、计算和分析处理，根据计算和分析的结果向执行元件发出指令。

③ 执行元件是受电子控制单元控制，具体执行某项控制功能的装置。

如图 7-3 所示为 VolvoD12D 发动机电控系统的组成。

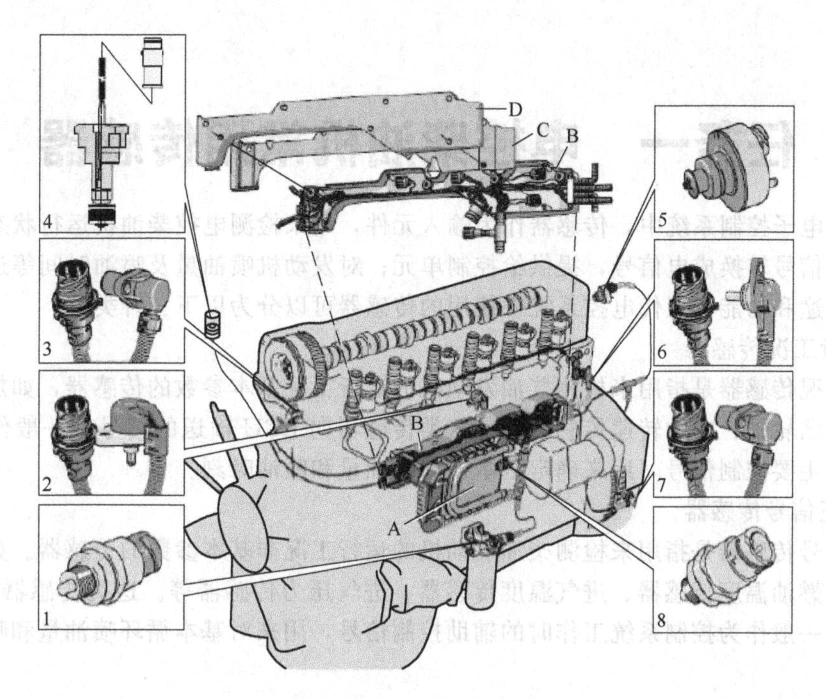

图 7-3　发动机电控系统

1—燃油压力传感器；2—增压压力和温度传感器；3—发动机速度（凸轮轴）传感器；4—冷却液液位传感器；5—进气压力和温度传感器；6—冷却液温度传感器；7—曲轴位置传感器；8—机油压力和温度传感器

二、电控柴油机发展及特点

随着排放法规和燃油经济性的要求不断提高，对柴油机的要求也越来越高，首当其冲的是柴油喷射技术。首先，为了降低燃烧噪声，要求预喷；为了使燃油燃烧充分、燃油雾化得好，就要增加喷油孔的数目，缩小喷油孔的直径；要保证足够的喷油速率，就要提高喷油压力。而为了实现多次喷射，就要改善喷油系统的响应特性。目前，欧Ⅳ排放标准的电控柴油发动机，其喷射压力在 135MPa 左右，欧Ⅴ排放标准的电控柴油发动机，其喷射压力高于 135MPa，其最高喷射压力已经达 200MPa 以上。

电控柴油发动机主要具有以下优点：

① 具有发动机自动保护功能。当专用传感器向电子控制单元指示系统超过正常安全参数运转时，ECU 将向驾驶员发出报警信号，并减小发动机功率，甚至使发动机停止运转。

② 具有发动机故障诊断功能。电子控制单元对发动机的所有传感器、连接器和线路进行连续监测，在传感器及电路发生故障时，ECU 将储存故障代码。在维修技师诊断和排出发动机故障时，故障代码对维修技师确定故障提供帮助，使故障诊断和排出更为快捷有效。

③ 改进了发动机调速控制，减少了发动机维护工作量。电子调速器取代机械调速器，减少了调整和维修项目，同时使转速控制更加精确。

④ 改善发动机冷启动性能。电控系统采用冷却液温度传感器的信号，确定发动机是否处于低温状态。控制单元将根据输入的信号对喷油量和喷油定时进行优化控制，同时高怠速运转。

⑤ 降低排放污染。电子控制单元根据传感器信号精确地控制喷油量和喷油时刻，使发

动机达到最佳燃烧状态。

任务一　电控柴油机常用传感器

柴油机电子控制系统中，传感器作为输入元件，用来检测电控柴油机运行状态，它的功能是将非电信号转换成电信号，提供给控制单元；对发动机喷油量及喷油时间等进行最佳控制。根据用途和功能，现代电控系统中使用的传感器可以分为以下三种类型。

1. 运行工况传感器

运行工况传感器是指用来检测柴油发动机的运行工况基本参数的传感器，如加速踏板位置传感器，凸轮轴、曲轴转速传感器等。这类传感器向 ECU 输送的信号，一般作为控制系统工作时的主要控制信号，用来确定基本循环喷油量和喷油时刻。

2. 修正信号传感器

修正信号传感器是指用来检测柴油发动机的运行工况非基本参数的传感器。如冷却液温度传感器、燃油温度传感器、进气温度传感器、进气压力传感器等。这类传感器向 ECU 输送的信号，一般作为控制系统工作时的辅助控制信号，用来对基本循环喷油量和喷油时刻进行修正。

3. 反馈信号传感器

电控系统一般对喷油量和喷油时刻采用闭环控制。反馈信号传感器就是指闭环控制系统中用来检测控制系统执行元件实际位置的传感器。在控制系统中主要包括喷油量、喷油压力传感器和喷油正时传感器两大类。

单元一　凸轮轴、曲轴位置传感器

教学前言

1. 教学目标

(1) 能够掌握凸轮轴、曲轴位置传感器结构工作过程；

(2) 能够利用检测工具进行凸轮轴、曲轴位置传感器检测。

2. 教学要求

(1) 霍尔式和磁感应式曲轴、凸轮轴位置传感器零部件；

(2) 电控柴油机（能够完成启动），不同结构形式（霍尔、磁感应）电控柴油机；

(3) 万用表（可以测量频率和脉宽）、示波器、发动机综合检测仪；

(4) PPT 课件（图片或动画或实拍）。

系统知识

一、凸轮轴、曲轴位置传感器作用、位置

1. 作用

凸轮轴位置传感器检测发动机转角基准位置（第一缸压缩上止点即 G 信号）的信号；

曲轴位置传感器检测发动机转速信号（发动机转速传感器）或曲轴转角信号（即 NE 信号）；

G 信号和 NE 信号提供控制单元对喷油时间和喷油时刻进行控制。

2. 安装位置

曲轴、凸轮轴位置传感器安装在与曲轴、凸轮轴有精确传动关系的位置处。如曲轴前端皮带轮处、曲轴后端飞轮处（如图 7-4 所示）、凸轮轴前后端、高压泵端（如图 7-5 所示）。

图 7-4 曲轴位置传感器位置

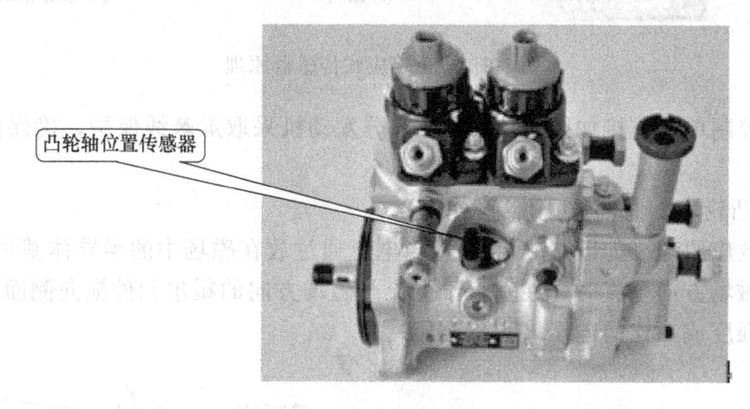

图 7-5 凸轮轴位置传感器位置

二、凸轮轴、曲轴位置传感器分类、结构、工作原理

1. 分类

按照工作原理不同，可分为电磁感应式凸轮轴、曲轴位置传感器和霍尔式凸轮轴、曲轴位置传感器。

2. 电磁感应式凸轮轴、曲轴位置传感器结构、工作原理

(1) 结构组成　如图 7-6、图 7-7 所示。传感器由永久磁铁、铁芯、感应线圈、转子等组成。

(2) 工作原理　发动机转动带动转子旋转，由于转子凸起与铁芯等间隙发生变化，引起铁芯内磁通量发生变化，在感应线圈内产生交流电压脉冲信号（如图 7-6、图 7-8 所示），提供给控制单元。

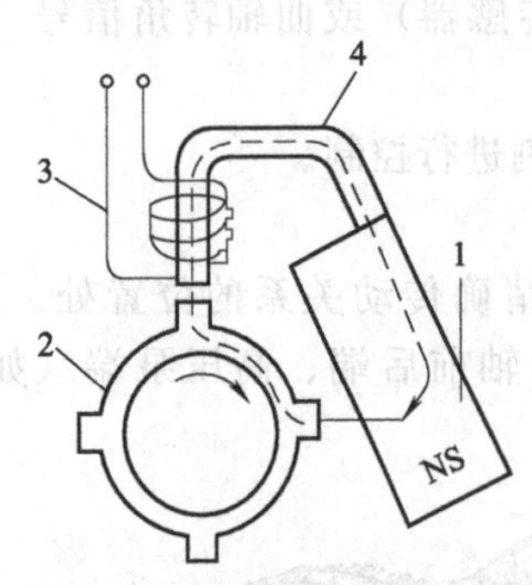

图 7-6　电磁感应式传感器原理

1—永久磁铁；2—转子；3—感应线圈；4—铁芯

图 7-7　曲轴位置传感器

1—永久磁铁；2—壳体；3—发动机机体；
4—铁芯；5—线圈；6—触发轮

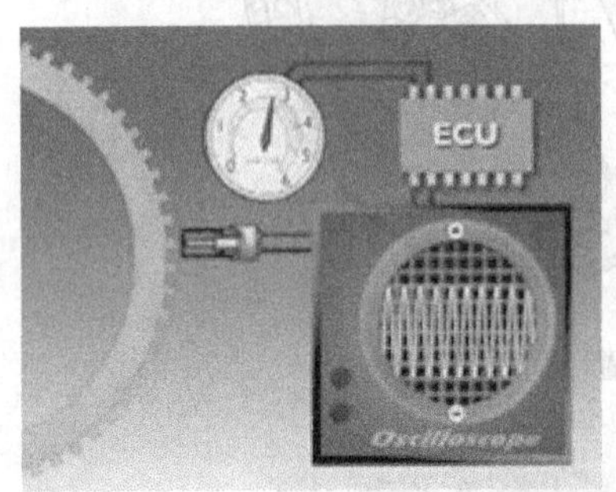

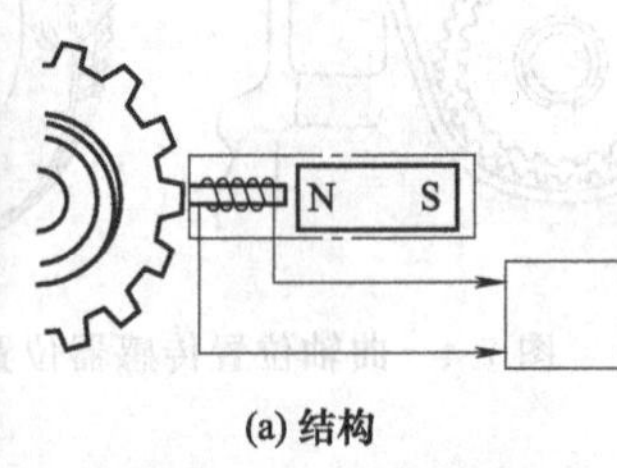

(a) 结构

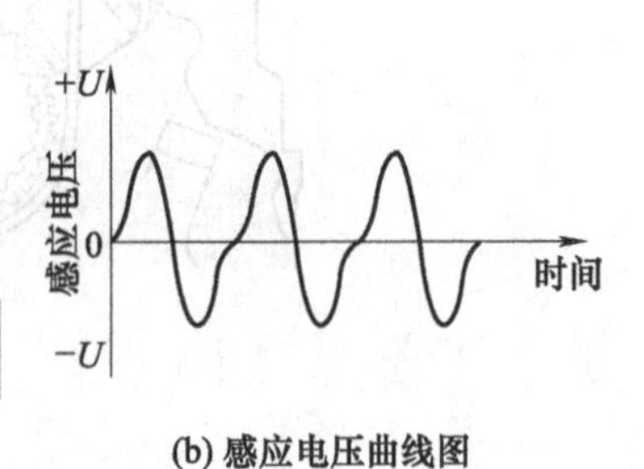

(b) 感应电压曲线图

图 7-8　电磁感应式传感器原理

传感器与控制单元连接如图 7-9 所示，部分发动机采取屏蔽线保护，确保信号不受外界干扰。

3. 霍尔式凸轮轴、曲轴位置传感器

(1) 霍尔效应原理　如图 7-10 所示，当电流通过放在磁场中的半导体基片（霍尔元件）且电流方向与磁场方向垂直时，在垂直于电流与磁场方向的霍尔元件横向侧面上，产生一个与电流和磁场强度成正比的电压（霍尔电压）。

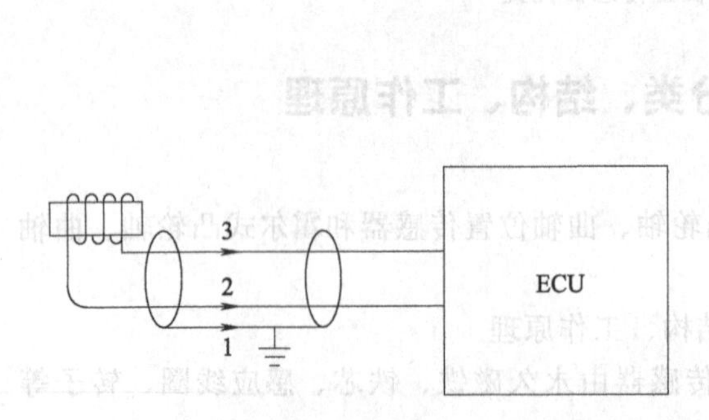

图 7-9　曲轴位置传感器与 ECU 连接

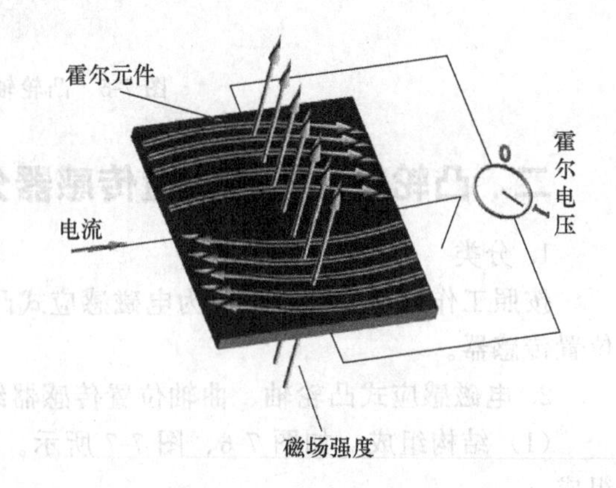

图 7-10　霍尔效应原理

根据霍尔式凸轮轴、曲轴位置传感器采用的触发转子不同，可分为触发叶片式和触发轮齿式两种。

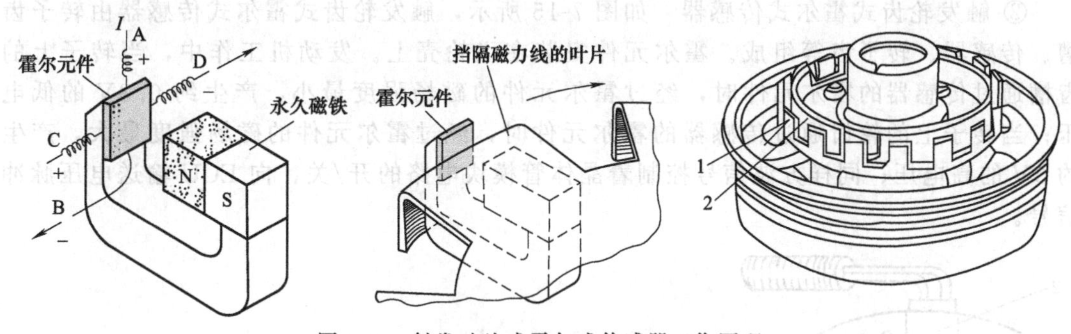

图 7-11　触发叶片式霍尔式传感器工作原理
触发叶片式霍尔式传感器转子
1—Ne 信号转子；2—G 信号转子

（2）结构组成　触发叶片式霍尔式传感器结构如图 7-11 所示。由带触发叶片的转子、永久磁铁、导磁板和霍尔元件等组成。

（3）工作原理

① 触发叶片式霍尔式传感器　如图 7-12 所示，永久磁铁与霍尔元件分别固定在触发叶片的两侧，带触发叶片的转子转动时，每当叶片进入永久磁铁与霍尔元件之间的空气隙，霍尔元件的磁场即被触发叶片所旁路（或称隔磁），这时不产生霍尔电压；当触发叶片离开空气隙时，永久磁铁的磁通便通过导磁板穿过霍尔元件，这时产生霍尔电压。

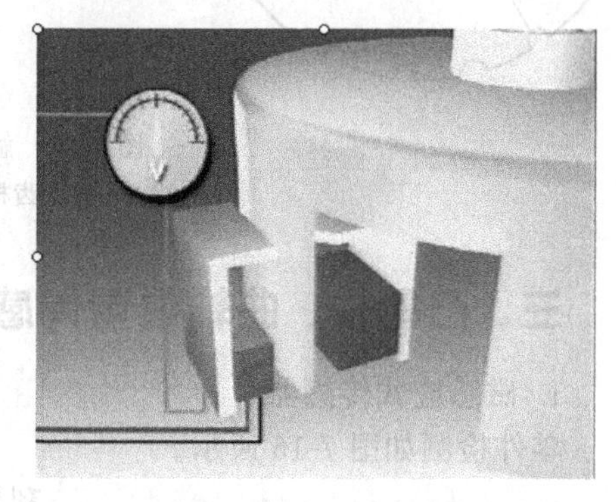

图 7-12　霍尔式曲轴位置传感器工作原理

如图 7-13 所示为霍尔电压信号的处理过程，霍尔元件产生的电压很低，所以由传感器的另外部分进行增强。经放大器放大后，信号的幅度加大，但其形状不变，在到达晶体管前，信号还必须经过施密特触发器进行锐化，经过触发器后，电压信号加到晶体管基极。方波信号控制晶体管的开关。晶体管就起到由触发信号控制开/关的开关作用。因此，晶体管控制着模块电路的开/关。即向 ECU 输送电压脉冲信号。

传感器与控制单元连接如图 7-14 所示。

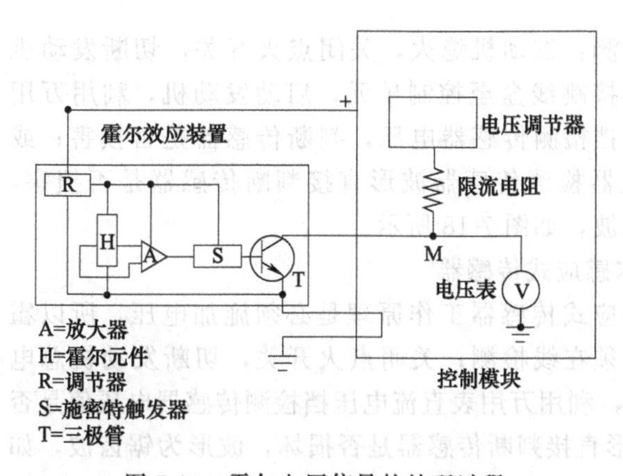

图 7-13　霍尔电压信号的处理过程

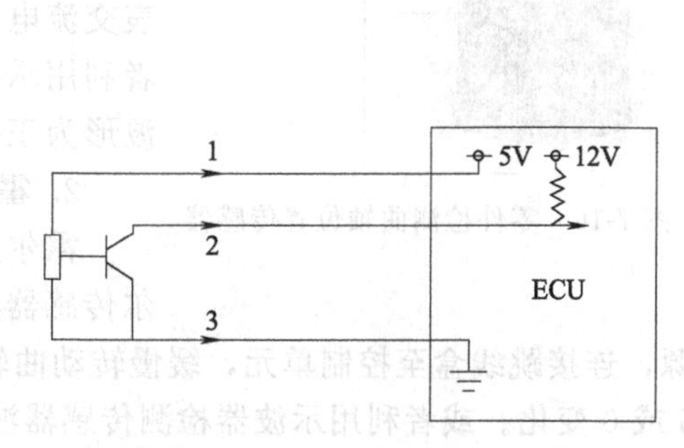

图 7-14　霍尔式曲轴位置传感器与 ECU 连接

② 触发轮齿式霍尔式传感器　如图 7-15 所示，触发轮齿式霍尔式传感器由转子齿槽、传感器、转子齿等组成。霍尔元件安装在飞轮壳上。发动机工作中，当转子上的齿槽通过传感器的霍尔元件时，经过霍尔元件的磁场强度最小，产生约 0.3V 的低电压；当转子上的轮齿通过传感器的霍尔元件时，经过霍尔元件的磁场强度最大，产生约 5V 的高电压；同样方波信号控制着晶体管模块电路的开/关，向 ECU 输送电压脉冲信号。

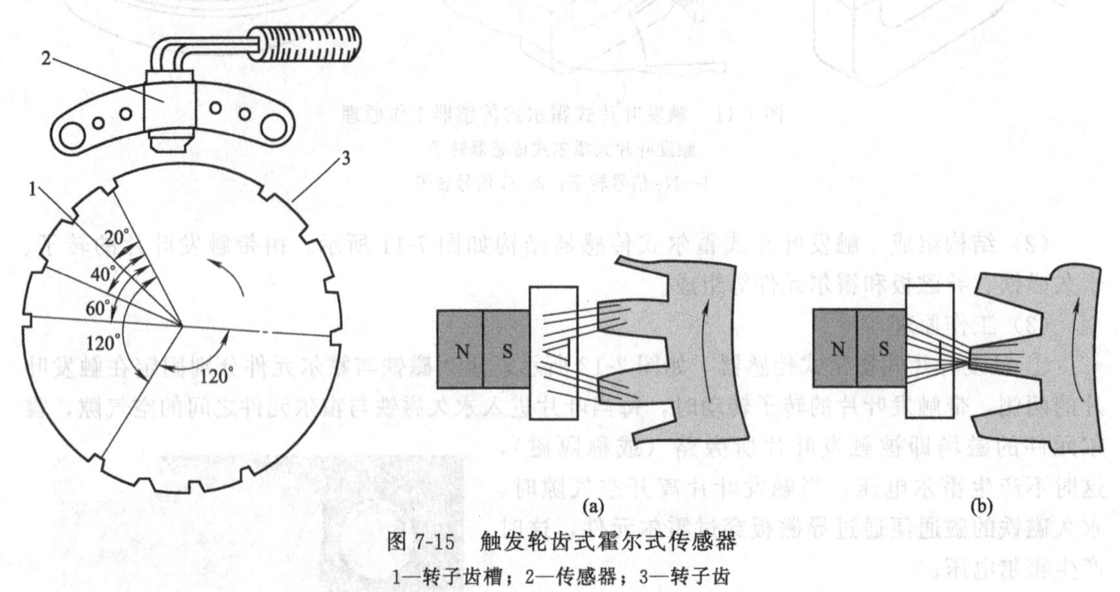

图 7-15　触发轮齿式霍尔式传感器

1—转子齿槽；2—传感器；3—转子齿

三、凸轮轴、曲轴位置传感器检测

1. 磁感应式传感器

零件检测如图 7-16 所示。

图 7-16　零件检测曲轴位置传感器

利用万用表电阻挡（2k 挡）检测线圈电阻，具体数值参见维修手册，一般为 800～1200Ω。非拆装零件检测，可以采用专用工具跳线盒（如图 7-17 所示），连接发动机控制单元，同样用万用表被动检测传感器电阻值。

在线检测：发动机熄火，关闭点火开关，切断发动机总电源，连接跳线盒至控制单元，启动发动机，利用万用表交流电压挡检测传感器电压，判断传感器是否损害；或者利用示波器检测传感器波形直接判断传感器是否损害，波形为正弦波，如图 7-18 所示。

2. 霍尔感应式传感器

霍尔感应式传感器工作原理是必须施加电压，所以霍尔传感器必须在线检测；关闭点火开关，切断发动机总电源，连接跳线盒至控制单元，缓慢转动曲轴，利用万用表直流电压挡检测传感器电压值是否 5 或 0 变化。或者利用示波器检测传感器波形直接判断传感器是否损坏，波形为锯齿波，如图 7-19 所示。

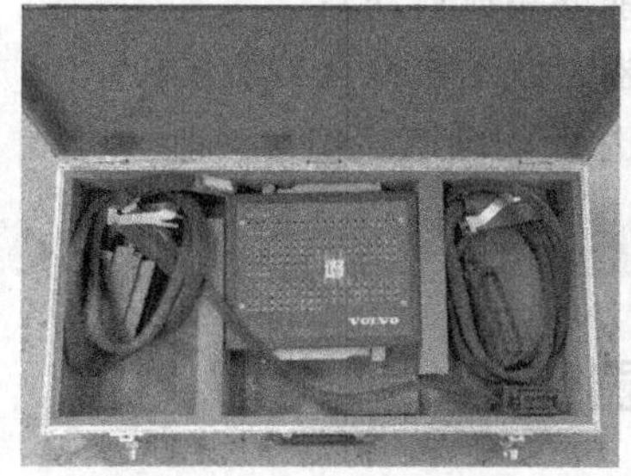

图 7-17　发动机检测专用工具——跳线盒

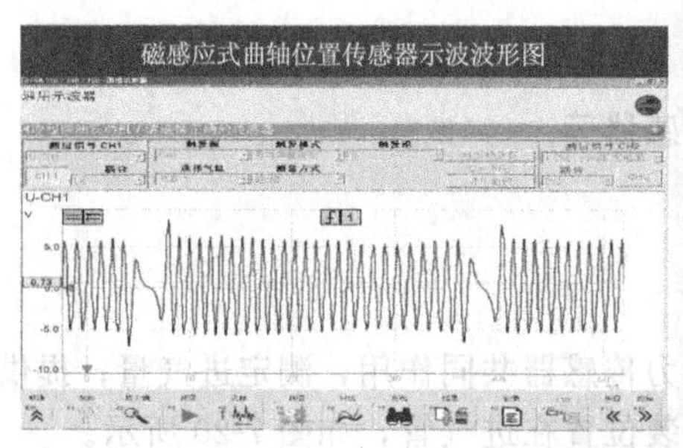

图 7-18　发动机检测专用工具——示波器

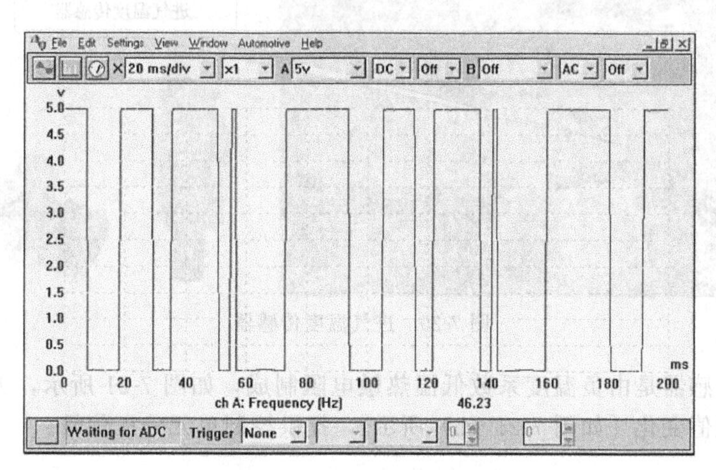

图 7-19　霍尔传感器波形

单元二　温度传感器

教学前言

1. 教学目标

(1) 掌握温度传感器的结构及工作过程；

(2) 能够利用检测工具进行温度传感器检测。

2. 教学要求

(1) 温度传感器零部件；

(2) 电控柴油机(能够完成启动);
(3) 万用表、示波器、发动机综合检测仪;
(4) PPT 课件(图片或动画或实拍)。

系统知识

一、温度传感器作用、种类

1. 作用

提供发动机各种温度信号,修正发动机喷油量、喷油时间;实行喷油时间和喷油时刻最佳控制。

2. 种类

进气温度传感器、水温传感器、燃油温度传感器等。

二、温度传感器结构、工作原理

1. 进气温度传感器

进气温度传感器作用是检测进气温度,与压力传感器共同作用,测定进气量;提供控制单元信号,用于喷油量、喷油时刻精确控制。安装位置在进气管,如图 7-20 所示。

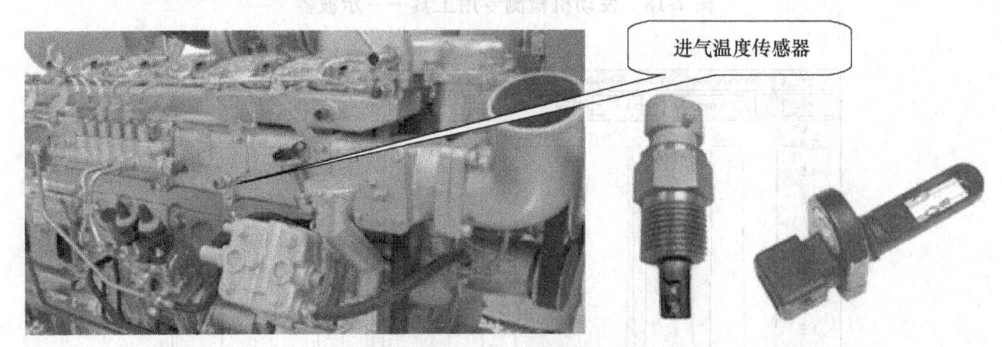

图 7-20　进气温度传感器

进气温度传感器是由负温度系数低温热敏电阻制成,如图 7-21 所示,工作原理是不同温度下它的电阻值变化[如图 7-21 (b) 所示],提供控制单元分压信号。

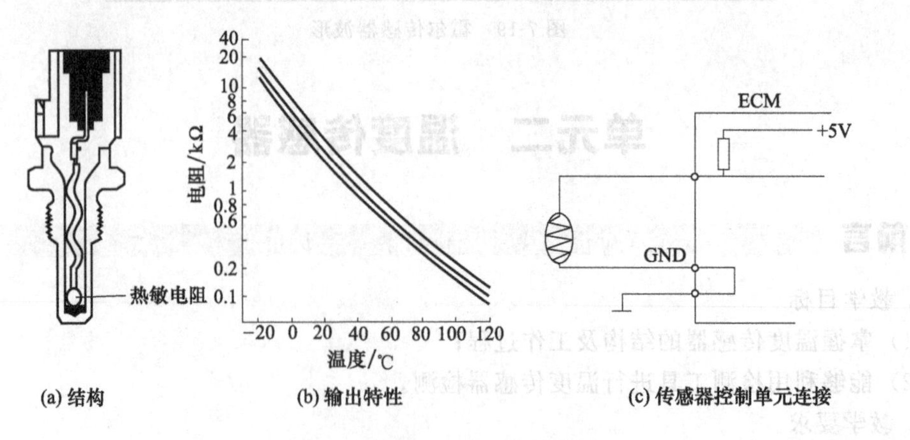

图 7-21　热敏电阻式温度传感器

进气温度传感器检测有两种：零件检测，可以利用万用表 20k 电阻挡，检测不同温度下电阻值，与标准数值对应，如图 7-22 所示；非拆装零件检测，可以采用专用工具跳线盒（如图 7-17 所示），连接发动机控制单元，同样用万用表被动检测进气温度传感器电阻值。

图 7-22 进气温度传感器检测

2. 发动机水温传感器

发动机水温传感器作用是检测发动机温度，用于启动、暖机等控制喷油量和 EGR 控制；安装位置在缸盖出水端，如图 7-23 所示。

发动机水温传感器同样由负温度系数低温热敏电阻制成，如图 7-24 所示，工作原理是不同温度下它的电阻值变化，提供控制单元分压信号（如图 7-25 所示），控制燃油增量比（如图 7-26 所示）。

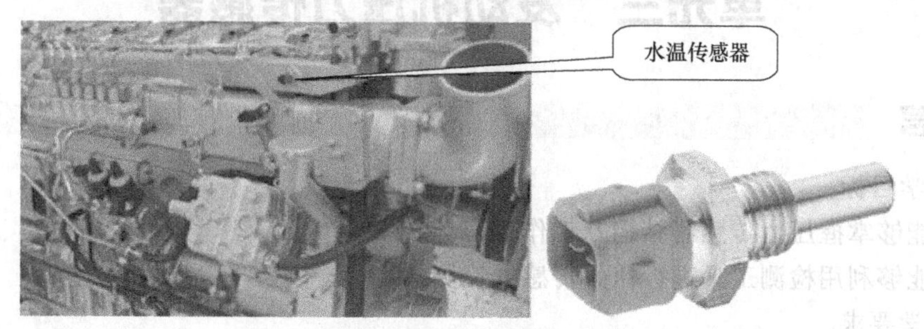

图 7-23 发动机水温传感器

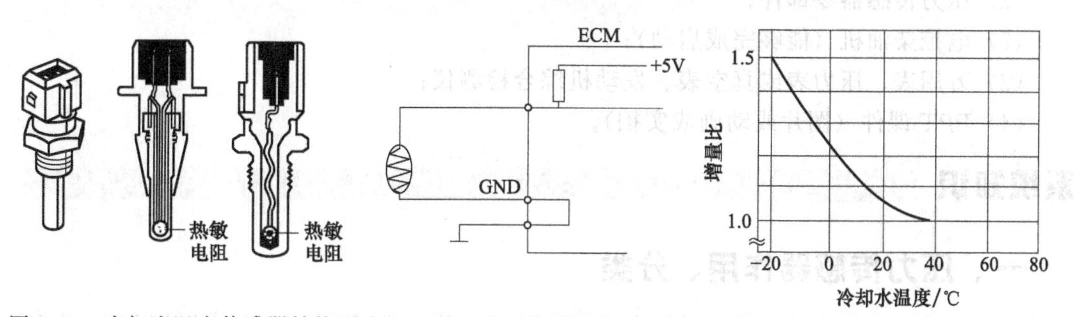

图 7-24 冷却液温度传感器结构形式 图 7-25 传感器与电脑连接 图 7-26 暖机时喷油量的修正

发动机水温传感器检测同样有两种：零件检测，可以利用万用表 20k 电阻挡（如图 7-27 所示），检测不同温度下电阻值，与标准数值对应，确定是否更换；非拆装零件检测，可以采用专用工具跳线盒（如图 7-17 所示），连接发动机控制单元，同样用万用表被动检测发动机水温传感器电阻值。

图 7-27 发动机水温传感器检测

3. 燃油温度传感器

燃油温度不同、密度不同；燃油温度传感器的作用是检测燃油温度，用于修正燃油喷油量，精确控制喷油量，安装在燃油供给系统的低压油路中；结构、原理、检测与其他温度传感器相同，如图 7-28 所示。

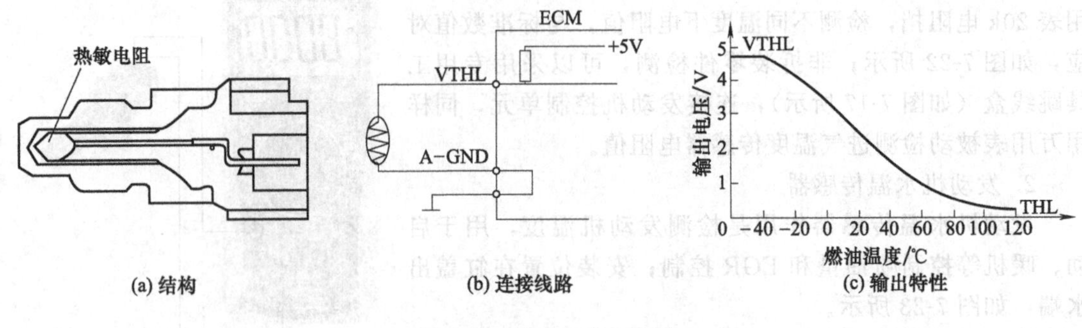

图 7-28　燃油温度传感器

单元三　发动机压力传感器

教学前言

1. 教学目标

（1）能够掌握压力传感器结构及工作过程；

（2）能够利用检测工具进行压力传感器检测。

2. 教学要求

（1）压力传感器零部件；

（2）电控柴油机（能够完成启动）；

（3）万用表、压力表或真空表、发动机综合检测仪；

（4）PPT 课件（图片或动画或实拍）。

系统知识

一、压力传感器作用、分类

压力传感器的作用是提供发动机各种压力信号，修正发动机喷油量、喷油时间；实行喷油时间和喷油时刻最佳控制。

压力传感器按照作用的不同可以分为大气压力传感器、增压压力传感器、燃油压力传感器等。

二、压力传感器结构、工作原理

1. 增压压力传感器

（1）增压压力传感器作用　增压压力传感器作用是检测增压冷却后发动机进气管中的压力；安装于发动机进气系统增压后中冷器后端进气管中，部分发动机增压压力传感器与进气温度传感器合二为一，如图 7-29 所示。

（2）增压压力传感器结构、工作原理

① 固态压阻式压力传感器　固态压阻式压力传感器如图 7-30 所示，由高压腔、低压腔、硅杯、应变电阻、引线等组成。

图 7-29 增压压力传感器

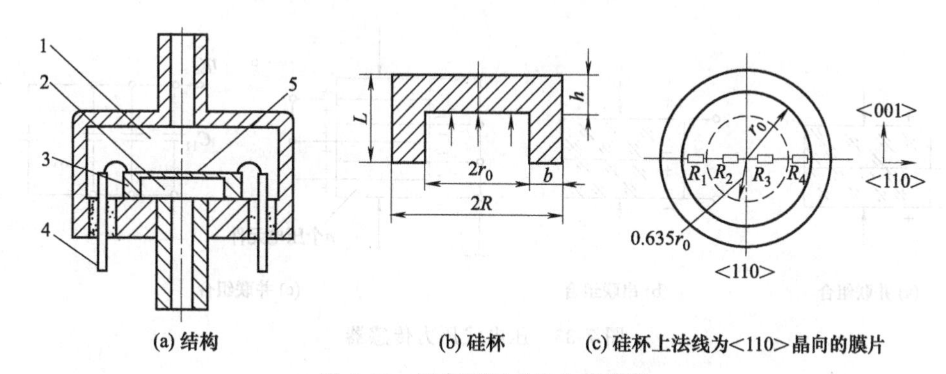

图 7-30 固态压阻式压力传感器

1—低压腔；2—高压腔；3—硅杯；4—引线；5—硅膜片

工作原理如图 7-31 所示。

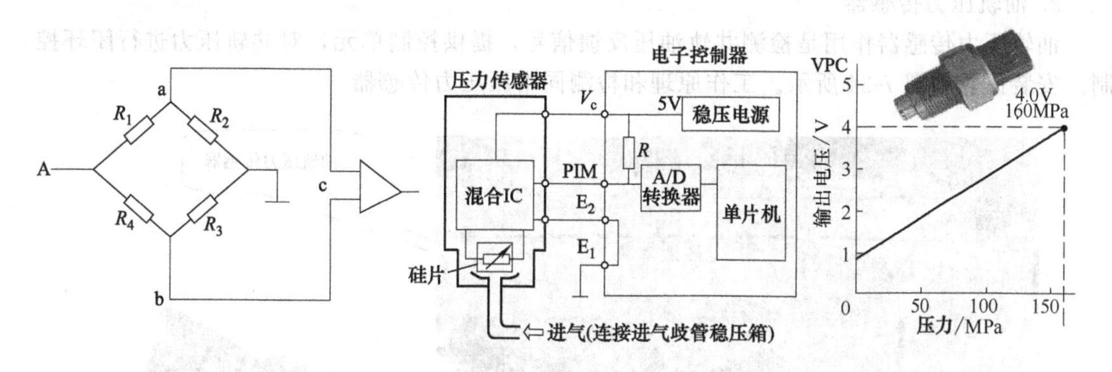

图 7-31 固态压阻式压力传感器工作原理

硅膜片上布置四个应变电阻构成桥式电路，A、c 端控制系统施加 5V 稳压电源，压力发生变化，应变电阻发生变化，电桥电路输出的电压（ab 端）与硅膜（片）承受压力（变形量）成正比，经控制器转变不同压力下的电压值（1～5V 电压）提供给 ECU 信号，对发动机燃油系统进行精确控制，如图 7-32 所示。

② 压电式压力传感器 压电式压力传感器如图 7-33 所示，由压电晶体、引出线等组成。

工作原理是进气管中压力变化，压电晶体产生电压、提供控制单元电信号，对发动机燃油系统提供精确控制。

（3）增压压力传感器检测 增压压力传感器通常采用固态压阻式压力传感器，传感器工

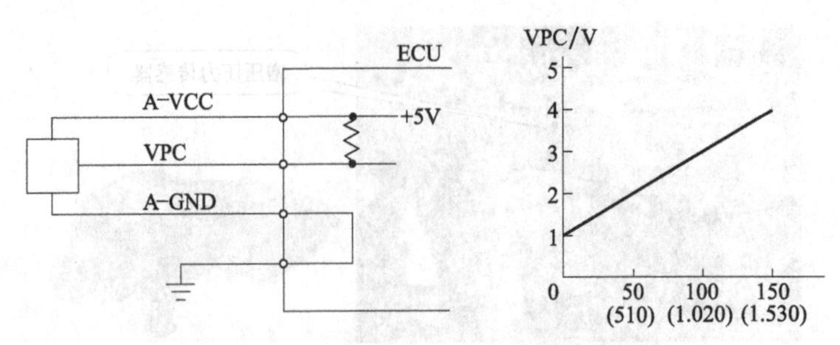

图 7-32　固态压阻式压力传感器线路连接

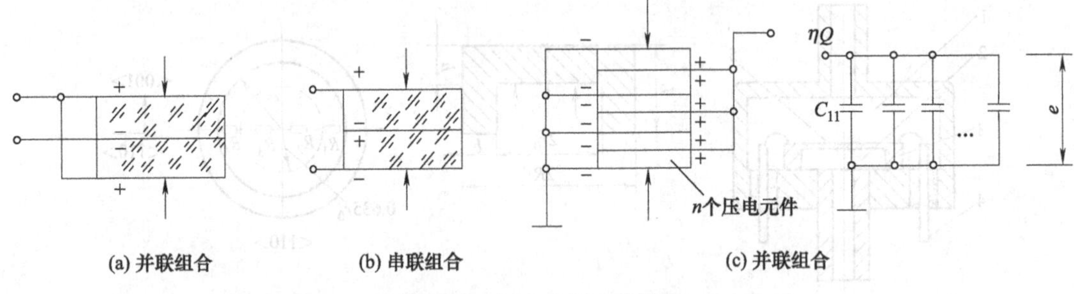

图 7-33　压电式压力传感器

作时必须施加电压，所以增压压力传感器必须在线检测，具体方法是：关闭点火开关，切断发动机总电源，连接跳线盒（或分线器）至控制单元（零件），启动发动机，利用万用表直流电压挡检测信号线与地之间的电压，电压值是 0～5V，具体数值参考维修手册。

2. 油轨压力传感器

油轨压力传感器作用是检测共轨油压反馈信号，提供控制单元，对共轨压力进行闭环控制。安装位置如图 7-34 所示。工作原理和检测同增压压力传感器。

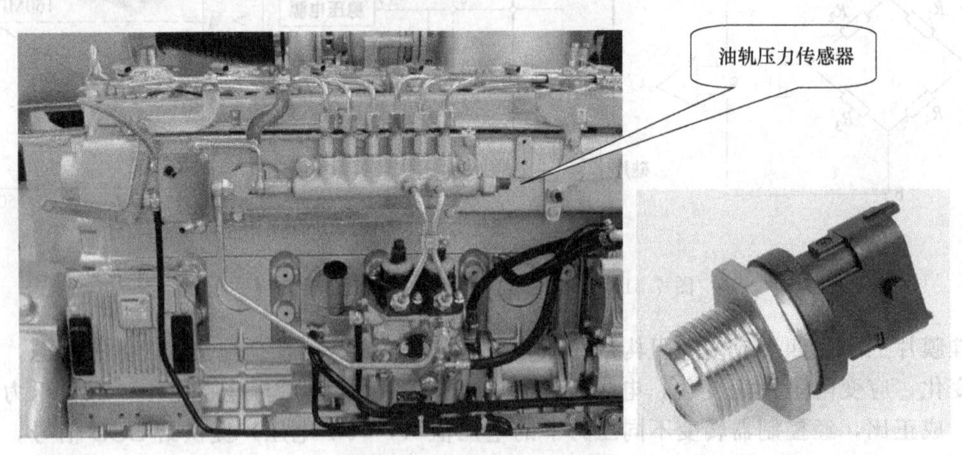

图 7-34　油轨压力传感器

3. 大气压力传感器

大气压力传感器的作用是检测实际环境的大气绝对压力，提供给控制单元，校正与大气压力有关的用于闭环控制回路的设定值。安装在控制单元内部或发动机机舱内。工作原理、检测同增压压力传感器。

单元四 踏板位置传感器

教学前言

1. 教学目标

(1) 能够掌握踏板位置传感器结构及工作过程；

(2) 能够利用检测工具进行踏板传感器检测。

2. 教学要求

(1) 踏板传感器零部件（不同结构形式）；

(2) 电控柴油机（能够完成启动）；

(3) 万用表、示波器、发动机综合检测仪；

(4) PPT 课件（图片或动画或实拍）。

系统知识

一、踏板位置传感器的作用、位置

在柴油机电控系统中，踏板位置传感器提供控制单元发动机负荷信号和急加速信号，实现喷油量和喷油时刻的精确控制。通常安装在发动机油门踏板处。如图 7-35 所示。

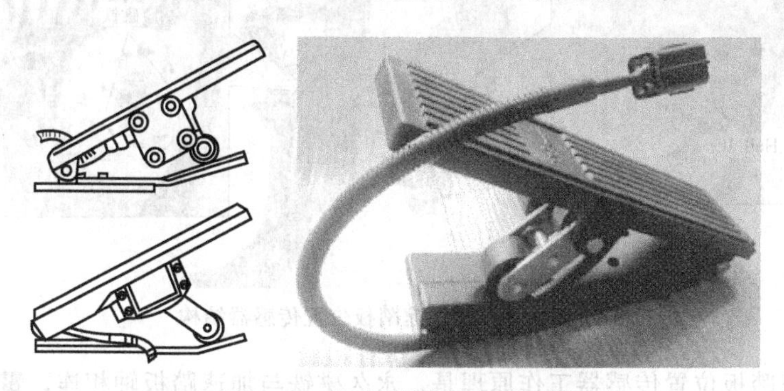

图 7-35 发动机踏板位置传感器

二、踏板位置传感器的结构、工作过程

踏板位置传感器按照工作原理不同可以分为两种结构形式，即电位计式和霍尔式。

1. 电位计式踏板位置传感器

电位计式踏板位置传感器结构如图 7-36 所示，由壳体、滑动变阻器、电位计滑动臂等组成；内部结构是两组结构相同阻值不同的滑动电阻电路。

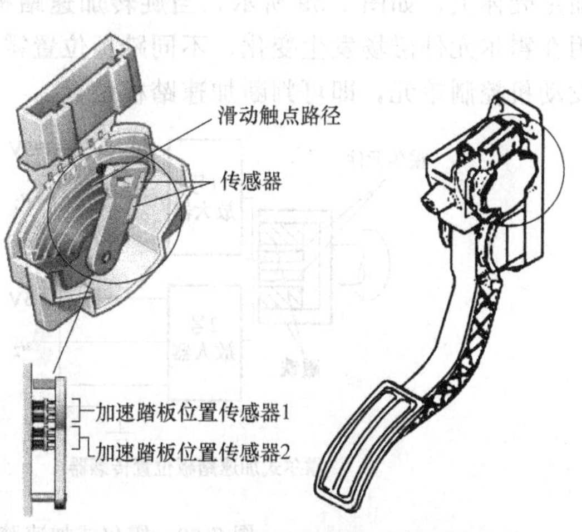

图 7-36 电位计式踏板位置传感器结构组成

电位计式踏板位置传感器工作原理如图 7-37 所示，发动机工作过程中，控制单元提

供两组位置传感器5V稳定电压，踏板位置传感器转动过程中，不同位置滑动动臂引出不同电压，利用两组不同信号，精确地提供发动机控制单元发动机负荷信号。

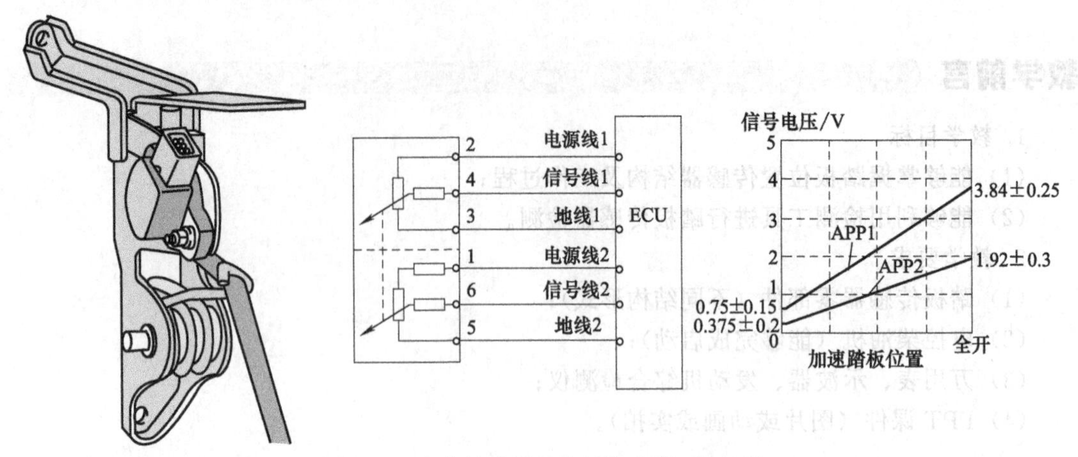

图 7-37　电位计式踏板位置传感器工作过程

2. 霍尔式加速踏板位置传感器

霍尔式加速踏板位置传感器结构如图7-38所示，由壳体、安装在壳体上的霍尔组件、动臂、安装在动臂上的永磁铁等组成，内部结构由两组结构相同的霍尔电路组成。

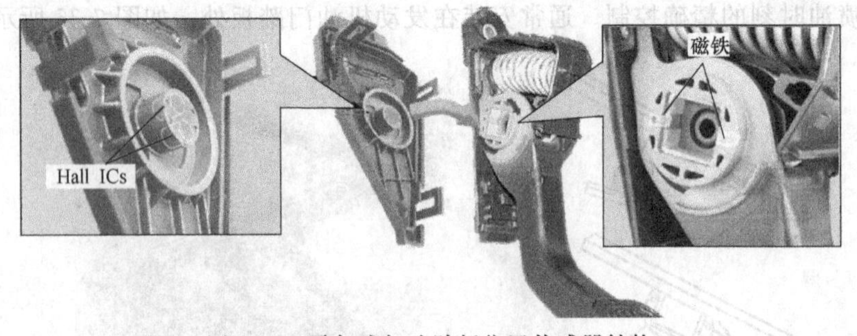

图 7-38　霍尔式加速踏板位置传感器结构

霍尔式加速踏板位置传感器工作原理是，永久磁铁与加速踏板轴相连，霍尔组件安装在固定壳体上，如图7-39所示，当旋转加速踏板轴，磁铁与霍尔元件相对位置发生变化，作用在霍尔元件磁场发生变化，不同踏板位置霍尔电压发生变化，经过信号放大处理，提供给发动机控制单元，即可判断加速踏板位置。

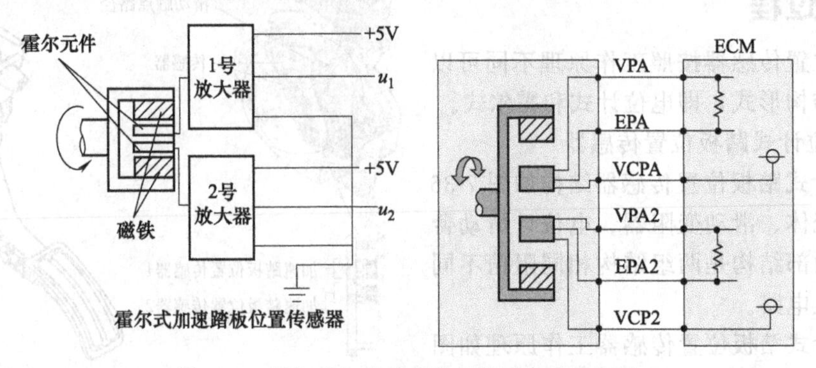

图 7-39　霍尔式加速踏板位置传感器工作原理

校企链接

1. 本章节讲解目的

在电控柴油机电控系统故障诊断与维修中，能够独立利用检测工具对凸轮轴、曲轴、踏板位置传感器，压力、温度传感器进行检测；根据维修手册参考数值判断传感器是否出现故障，进行更换维修。

2. 维修实例分析

VOLVO 发动机启动时间过长、启动后运转一切正常。

故障分析（VOLVO）：VOLVO 发动机曲轴位置、凸轮轴位置传感器是磁感应式，利用检测工具检测曲轴位置传感器正常，凸轮轴位置传感器无信号，检测线路正常后，更换传感器后。启动正常。

原因分析如图 7-40 所示。

备注：曲轴位置传感器损坏后，启动正常，运转不平稳。

凸轮轴位置传感器损坏后，启动时间过长，运转正常。

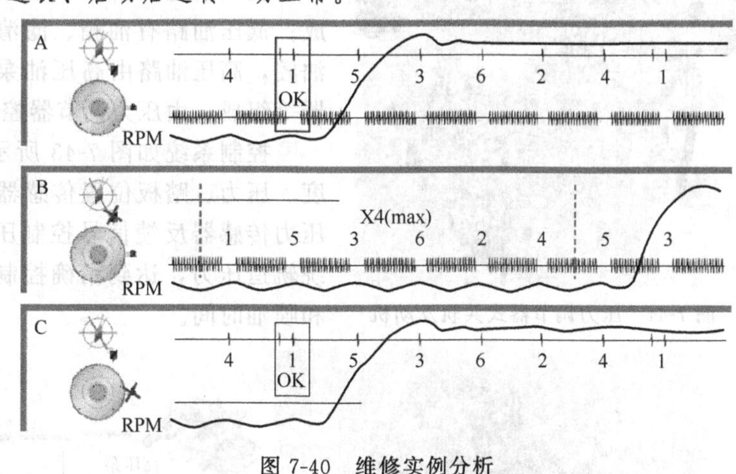

图 7-40 维修实例分析

任务二 电控高压共轨柴油机

随着控制技术的发展和社会的进步，人类的环保意识日益增强，对发动机的排放进行更加严格的限制；现代柴油机普遍采用高压共轨式电控柴油机，由发动机控制单元接收各传感器信号，由压力调节器、PCV（排量控制阀）或 FCV（油量控制阀）等三种方式控制共轨压力，精确控制喷油压力、喷油器喷油时间和喷油时刻。

单元一 压力调节器式电控高压共轨柴油机

教学前言

1. 教学目标

（1）掌握压力调节器式电控共轨发动机结构组成；

（2）掌握压力调节器式电控柴油机高压泵结构和工作过程；

（3）掌握压力调节器式电控柴油机压力调节器结构和工作过程；

（4）掌握电控柴油机喷油器结构、工作过程及维修检测。

2. 教学要求

（1）压力调节阀式电控共轨发动机；

(2) 常用维修工具、检测工具、发动机综合检测仪；

(3) PPT 课件（图片或动画或实拍）。

系统知识

一、压力调节器式电控高压共轨柴油机结构组成

图 7-41　压力调节器式共轨发动机

压力调节器式电控高压共轨柴油机实物如图 7-41 所示。

燃油系统如图 7-42 所示，由高压油路和低压油路组成；低压油路有油箱、滤清器、低压油泵至高压泵低压油腔，高压油路由高压油泵、高压油管、共轨管、喷油器等组成，由压力调节器控制共轨管油压。

控制系统如图 7-43 所示，由曲轴、凸轮轴位置、温度、压力、踏板位置传感器提供控制单元信号，由轨道压力传感器反馈信号控制压力调节器，闭环控制高压系统轨道压力，达到精确控制喷油器喷油压力、喷油时刻和喷油时间。

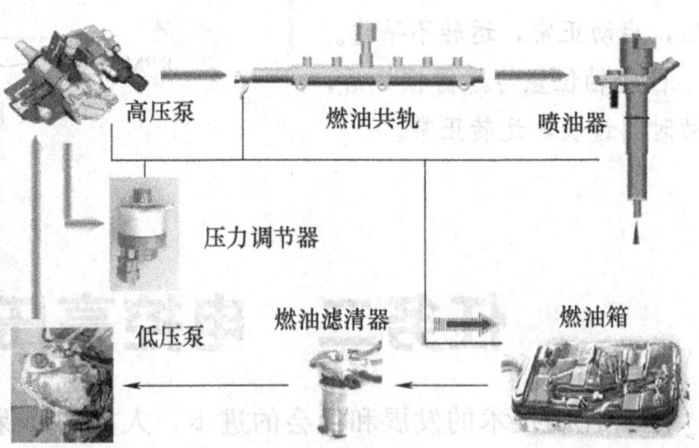

图 7-42　压力调节器式发动机燃油系统

二、压力调节器式电控高压共轨柴油机原理分析

低压油泵将油箱中燃油克服滤清器阻力提供给高压泵，高压泵将低压油变为高压油提供给高压油轨，压力调节器控制高压油轨的压力；电控单元接受传感器电信号精确控制喷油器喷油时间和喷油时刻。

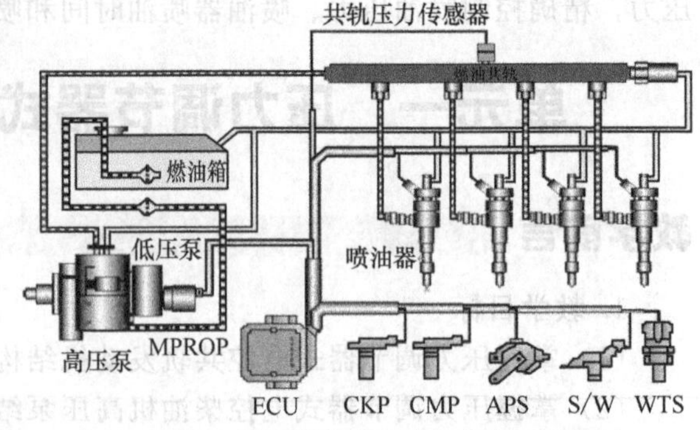

图 7-43　压力调节器式发动机控制系统组成

三、压力调节器式电控高压共轨柴油机零部件结构特点分析

1. 高压泵

径向柱塞高压泵的作用是将低压油转变为高压油经过高压油管提供给共轨管，由偏心凸

轮、挺柱、柱塞、高压弹簧、阀门、燃油压力调节器、齿轮泵等组成，如图 7-44 所示。

径向柱塞高压泵的工作原理如图 7-45 所示，发动机运转通过正时齿轮带动高压泵偏心轮旋转，在柱塞回位簧的作用下，柱塞沿凸轮轮廓上下行运动；柱塞下行，柱塞上腔产生真空，进油阀门打开，低压工作油腔燃油经过进油阀门进入柱塞上腔；凸轮上行，带动柱塞上行，柱塞上腔容积减小，压力增大，进油阀关闭，产生的高压油顶开单向阀，经过高压油管进入共轨管。

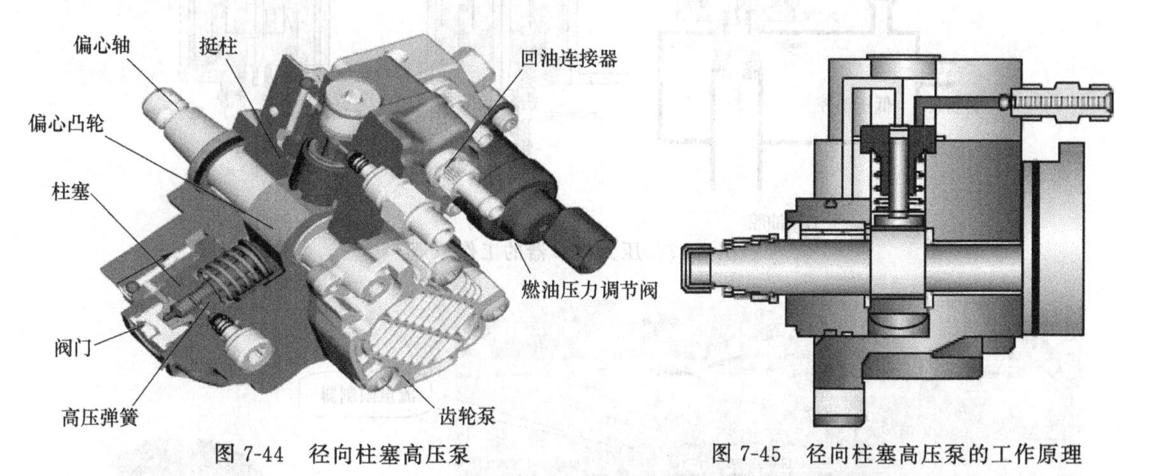

图 7-44　径向柱塞高压泵　　图 7-45　径向柱塞高压泵的工作原理

2. 高压泵压力调节器

压力调节器（也称为燃油计量阀）如图 7-46 所示，其作用是接收发动机控制单元信号控制发动机不同工况共轨管的压力。

图 7-46　压力调节器安装位置

压力调节器的工作原理如图 7-47 所示，由壳体、线圈、滑阀、回位簧、进油口、出油口等组成；安装于高压泵低压油腔与工作油腔之间，控制高压泵工作油腔进油量；发动机熄火，电源关闭时，在弹簧力作用下，滑阀处于上端，阀门完全开放，低压油腔与工作油腔相通；在发动机工作时，控制单元接收传感器信号，提供线圈占空比电信号，产生磁场力，克服滑阀弹簧力下行，决定滑阀所处位置，关闭或打开油口，控制高压泵不同工况下工作油腔进油量。

3. 高压油轨

高压油轨如图 7-48 所示。带有分配管的高压储能器又被称为“油轨”，它由锻钢制成，其作用是在工作中起到缓冲供油脉冲等引起压力变化；油槽用来存储高压泵产生的高压燃油并将它送到各个汽缸，公共油槽上装有压力传感器、流量阻尼器、压力限制阀，流量阻尼器连着高压油管把高压油送到喷油器，压力限制器上的油管用于回油，起到安全保护作用。

4. 流量限制器

流量限制器又称为流量阻尼器，安装在共轨管的出口与高压油管之间，作用是用来消除

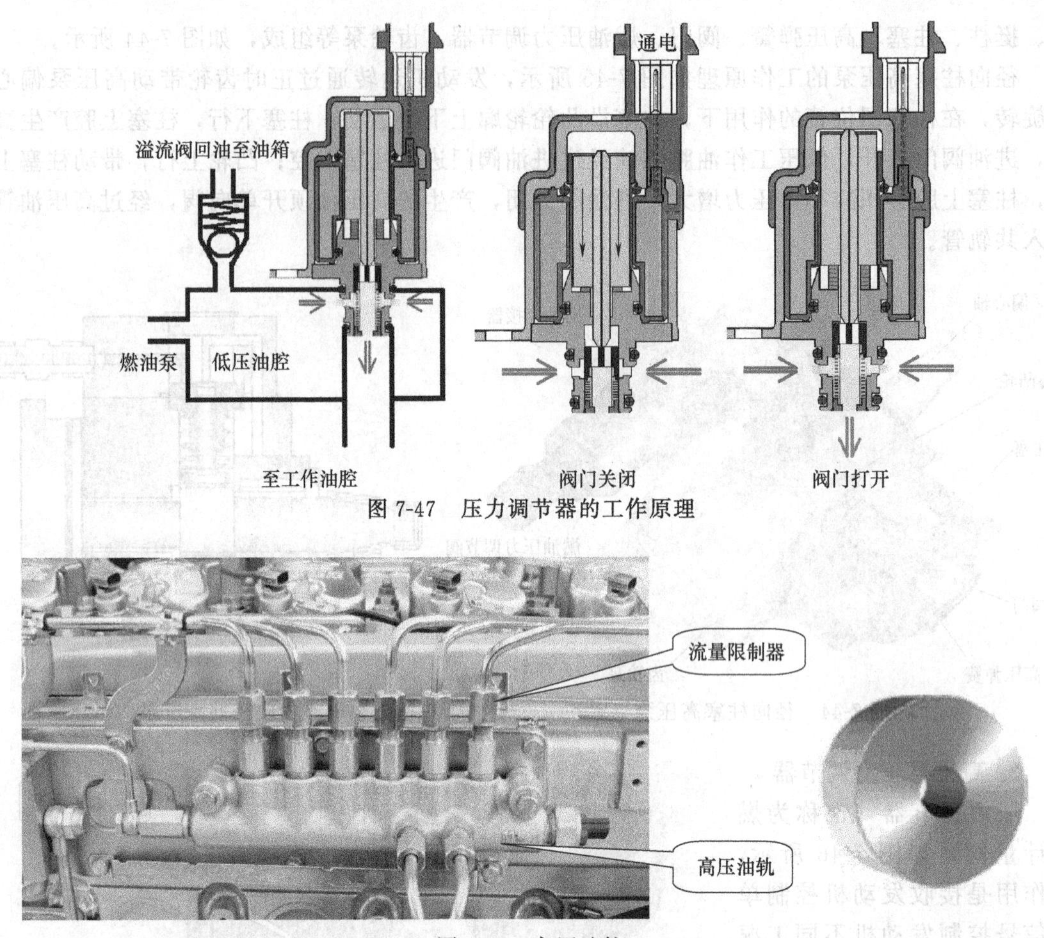

图 7-47　压力调节器的工作原理

图 7-48　高压油轨

高压油管中的压力脉动，使供给喷射器的油压稳定。当流量过大时，它会切断通路，防止流量异常。

流量限制器由壳体、进油口、活塞、节流口、钢球、滑阀、弹簧、出油口等组成。

流量限制器（图 7-49）工作过程如下。

① 不喷油时，高压燃油处在钢球的两侧，压力相等，在弹簧力作用下，滑阀推动钢球顶活塞靠近壳体最左端［图 7-49（a）］。

② 喷油器正常喷油时，右侧压力降低，由于节流口作用，活塞两侧存在压差，活塞推动钢球克服弹簧力处于中间附近位置，燃油不断地由左侧经过节流口至右侧提供喷油器［图 7-49（b）］。

③ 喷油器异常喷油或管路泄漏造成当流量过大时，右侧压力过低，高压差作用在活塞上，活塞与球一起向右并与座接触，油的通路就被切断了，起到安全保护作用。如图 7-49（c）所示。

5．压力限制阀

压力限制阀是一个机械安全部件，在 1950bar 时打开，并保护系统不受可能发生的故障所造成的超压力损坏。如果该阀门打开，油轨压力会保持在 650～850bar 之间（取决于发动机转速和负荷）。发动机继续运转，但是性能降低（跛行回家）。在正常操作条件下，限压阀不会打开。

压力限制阀安装在共轨管的一端，如图 7-50 所示，结构由壳体、通道、阀门、密封圈、弹簧、垫片、空心螺钉、出油口等组成。

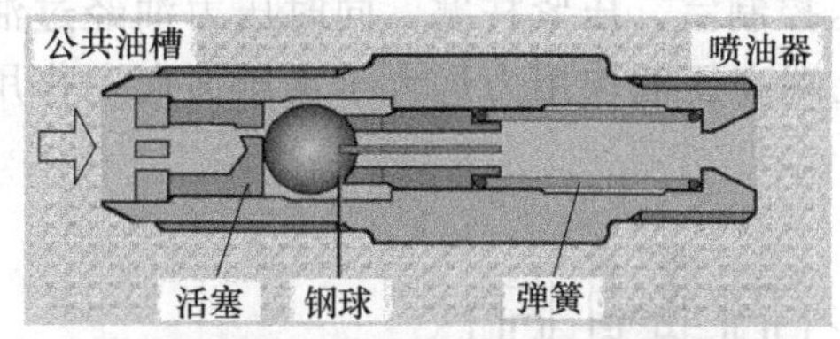

(a) 不喷油时，钢球在弹簧作用下靠在最左边

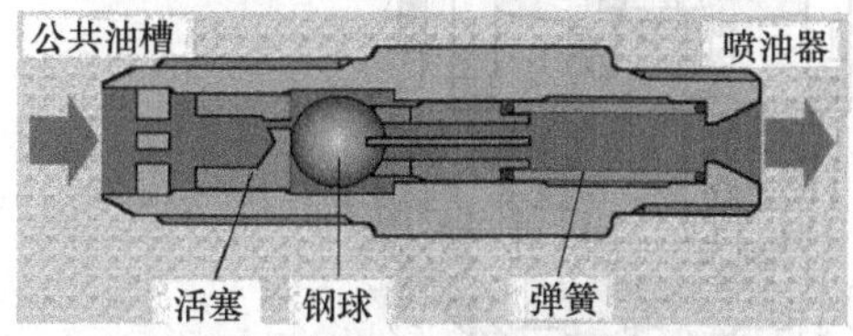

(b) 正常喷油时，减少脉动

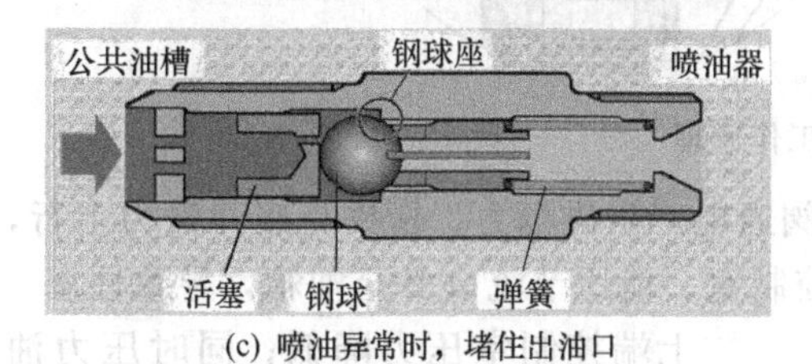

(c) 喷油异常时，堵住出油口

图 7-49　流量限制器工作过程

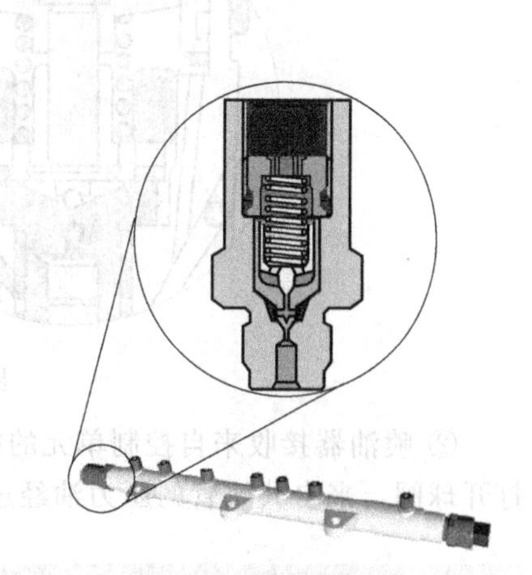
图 7-50　压力限制阀

工作过程是当共轨管压力异常，燃油压力大于弹簧预紧力时，阀门打开泄油，当油压降低时阀门关闭。

6. 喷油器

喷油器的作用是接收控制单元电信号，把高压燃油精确地喷射到燃烧室。

如图 7-51 所示，喷油器由壳体、电磁阀、进油口、回油口、针阀组件、衔铁、球阀、压力控制室、节流口、弹簧、线端等组成。

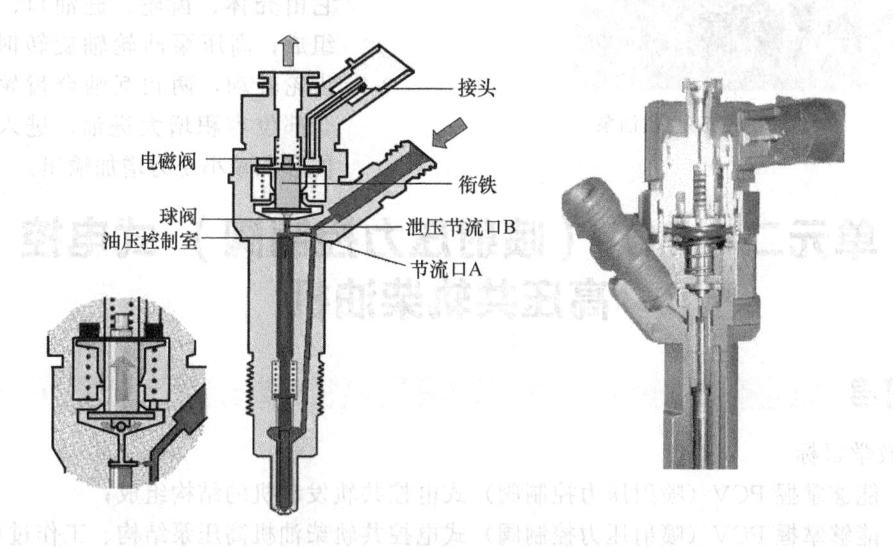

图 7-51　喷油器的结构组成

喷油器工作原理如图 7-52 所示。

① 发动机不喷油，喷油器没有电信号，衔铁在弹簧力的作用下，压紧球阀，关闭泄油

通道；来自油轨的高压油，经过节流口 A 进入油压控制室，压紧柱塞，同时压力油经过油道进入针阀的承压面，因为针阀压力弹簧和柱塞上端高压油作用力远大于承压面向上作用力，所以针阀关闭。

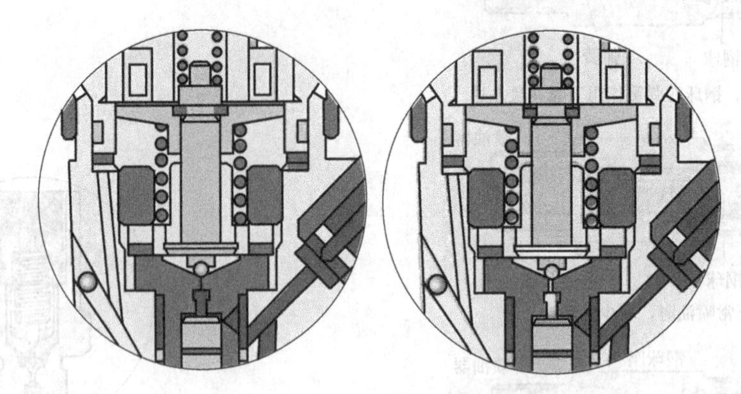

图 7-52　喷油器工作原理

② 喷油器接收来自控制单元的电信号，电磁阀通电产生磁场力，衔铁克服弹簧力上行，打开球阀，来自共轨管的压力油经过节流口 A、控制室、泄压节流口 B 至油箱，导致柱塞上端控制室压力降低；同时压力油经过油道进入针阀的承压面，因为承压面向上作用力大于针阀压力弹簧和柱塞上端油压作用力，所以针阀打开喷射燃油。

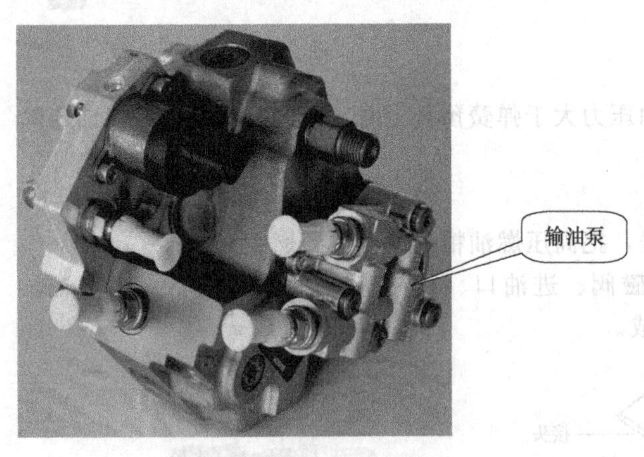

图 7-53　输油泵

7. 输油泵

输油泵安装在高压泵后端，由高压泵凸轮轴驱动，如图 7-53 所示，它由壳体、齿轮、进油口、出油口组成；高压泵凸轮轴旋转时，带动齿轮转动，两相互啮合齿轮脱开啮合部位容积增大进油，进入啮合部位容积减小压力增加输出。

单元二　PCV（喷射压力控制阀）式电控高压共轨柴油机

教学前言

1. 教学目标

(1) 能够掌握 PCV（喷射压力控制阀）式电控共轨发动机的结构组成；

(2) 能够掌握 PCV（喷射压力控制阀）式电控共轨柴油机高压泵结构、工作过程。

2. 教学要求

(1) PCV（喷射压力控制阀）式电控共轨发动机；

(2) PPT 课件（图片或动画或实拍）。

系统知识

一、PCV(喷射压力控制阀)式电控高压共轨柴油机结构组成

PCV（喷射压力控制阀）式电控高压共轨柴油机如图 7-54 所示，其燃油系统如图 7-55 所示，由燃油箱、燃油冷却器、供油泵、燃油滤芯、高压泵、溢流阀、共轨管、流量缓冲器、PCV 阀、喷油器等组成。

图 7-54　PCV（喷射压力控制阀）式电控高压共轨柴油机

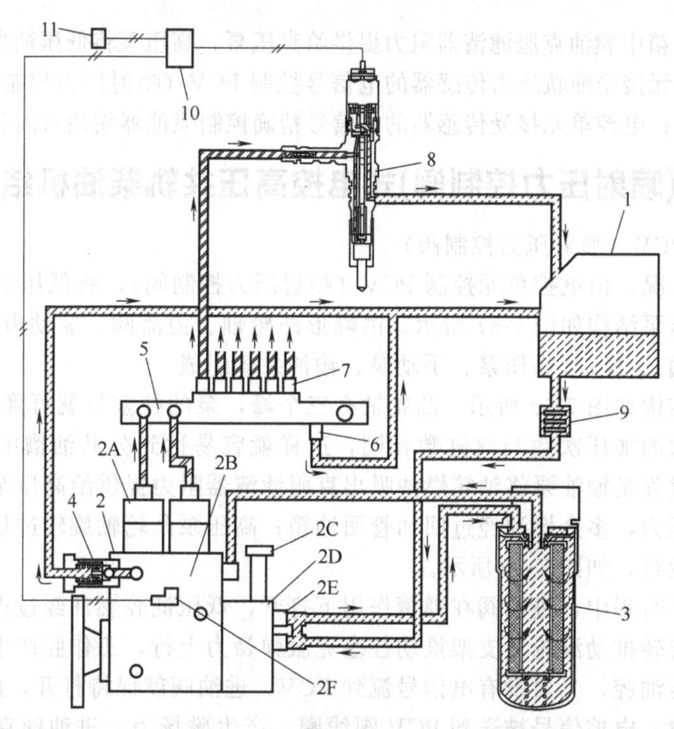

图 7-55　PCV（喷射压力控制阀）式电控高压共轨柴油机燃油系统

1—燃油箱；2—供油泵；2A—PCV；2B—高压泵；2C—手动泵；2D—供油泵；2E—旁通阀；2F—凸轮轴位置传感器；3—燃油滤芯；4—溢流阀；5—公用油管；6—限压阀；7—流量缓冲器；8—喷射器；9—燃油冷却器；10—ECU 发动机控制器；11—NE（转速传感器）

控制系统如图7-56所示，由曲轴、凸轮轴位置、温度、压力、踏板位置传感器提供控制单元信号，由轨道压力传感器反馈信号控制PCV（排量控制阀），闭环控制高压系统轨道压力，达到精确控制喷油器喷油压力、喷油时刻和喷油时间。

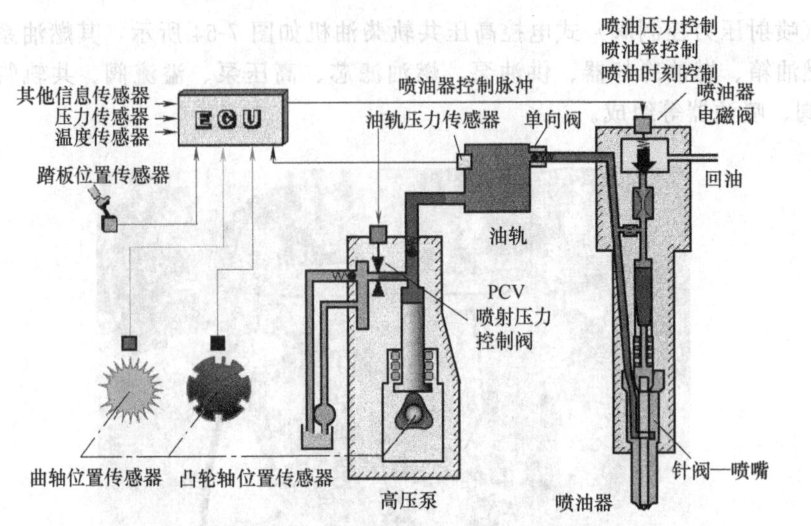

图7-56 PCV（喷射压力控制阀）式发动机控制系统组成

二、PCV(喷射压力控制阀)式电控高压共轨柴油机原理分析

低压油泵将油箱中燃油克服滤清器阻力提供给高压泵，高压泵将低压油变为高压油提供给高压油轨；控制单元接受油轨压力传感器的电信号控制PCV（喷射压力控制阀）开启和关闭，控制高压泵的压力；电控单元接受传感器的电信号精确控制喷油器喷油时间和喷油时刻。

三、PCV(喷射压力控制阀)式电控高压共轨柴油机结构特点分析

1. 高压泵、PCV（喷射压力控制阀）

根据发动机工况，由电控单元控制PCV（喷射压力控制阀），将低压油变为高压油输送给高压油轨。高压泵结构如图7-57所示，由峰形凸轮轴、溢流阀、驱动齿 、No.1高压泵、PCV（排量控制阀）、No.2高压泵、手动泵、输油泵等组成。

高压泵具体结构如图7-58所示，凸轮轴有三个峰，泵的柱塞数就可降为汽缸数的1/3，同时，给公共油槽的加压次数与汽缸数相同，这样就容易达到公共油槽中的压力稳定与平稳。高压泵工作过程是输油泵将油箱燃油吸出克服滤清器阻力提供给高压泵低压油腔，溢流阀控制低压油腔压力，多余燃油经过回油管回油箱；高压泵凸轮轴旋转过程中带动滚轮及支架推动柱塞上下运行，如图7-59所示。

在柱塞的下降行程中，进油阀在弹簧作用下打开，低压油腔燃油经过进油阀被吸入柱塞上腔进油；凸轮旋转推动滚轮及支架推动柱塞克服弹簧力上行，工作腔产生压力，压力油经过进油阀流回低压油腔，只要没有电信号流到PCV，进油阀就保持打开，所以压力不上升。

当需要加压时，电控信号被送到PCV阀线圈，产生磁场力，进油阀克服弹簧力上行关闭进油口，燃油的回流通路被切断，柱塞腔中的压力就上升，燃油通过出油阀进入共轨管。压力达到设计值后，油轨压力传感器反馈信号给控制单元，切断PCV阀电路，进油口再次打开，压力油又经过进油阀流回低压油腔直至柱塞上止点。

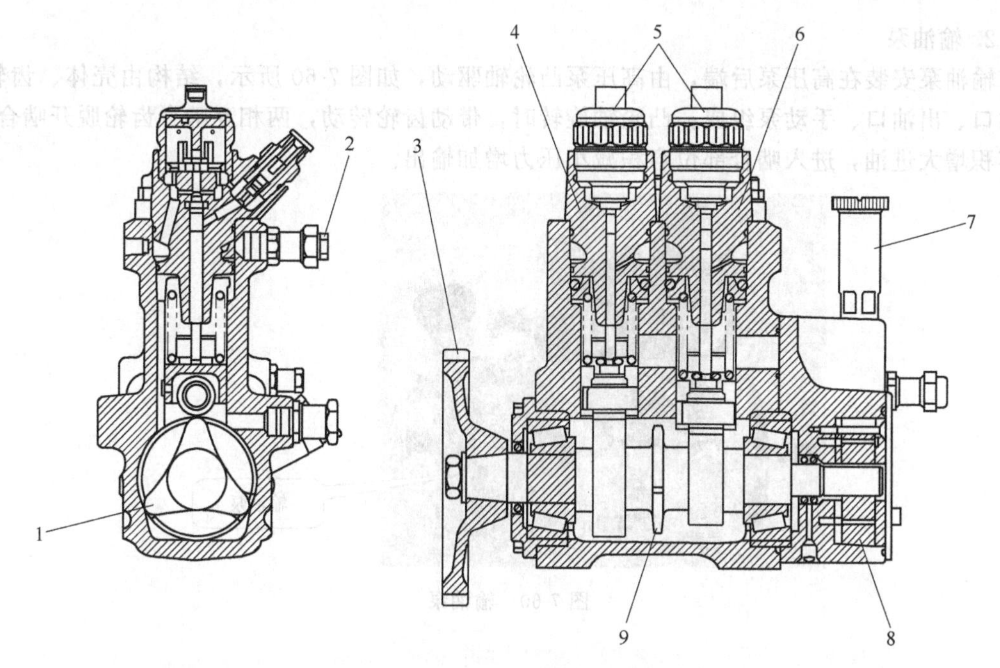

图 7-57　直列柱塞高压泵结构

1—峰形凸轮轴；2—溢流阀；3—驱动齿；4—No.1 高压泵；5—PCV（排量控制阀）；6—No.2 高压泵；7—手动泵；8—输油泵；9—凸轮轴转速传感器

图 7-58　直列柱塞高压泵实物

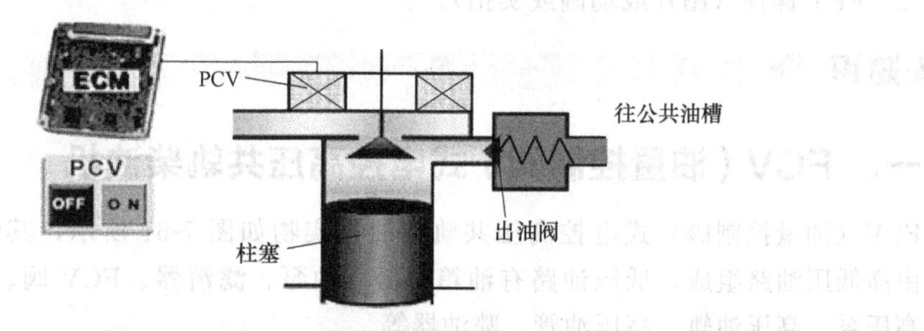

图 7-59　高压泵工作原理

换句话说，当阀关闭时，柱塞的行程就是要排出的油量，因此只要调节关闭进油阀的时间，就可以调节进入的油量和油轨中的压力。出油阀的作用是关闭，防止燃油回流。

2. 输油泵

输油泵安装在高压泵后端，由高压泵凸轮轴驱动，如图 7-60 所示，结构由壳体、齿轮、进油口、出油口、手动泵组成；凸轮轴旋转时，带动齿轮转动，两相互啮合齿轮脱开啮合部位容积增大进油，进入啮合部位容积减小压力增加输出。

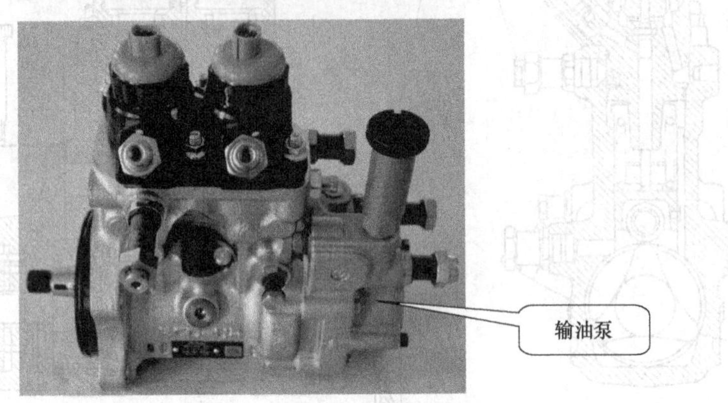

图 7-60 输油泵

单元三 FCV（油量控制阀）式电控高压共轨柴油机

教学前言

1. 教学目标

（1）掌握 FCV 阀式电控共轨柴油机的结构组成和工作过程；

（2）掌握 FCV 阀式电控共轨柴油机高压泵、FCV 阀的结构和工作过程；

（3）掌握 FCV 阀式电控柴油机电控系统的检测；

（4）掌握 FCV 阀式电控柴油机燃油系统的检测。

2. 教学要求

（1）FCV 阀式电控共轨发动机；

（2）常用维修工具、检测工具、发动机综合检测仪；

（3）PPT 课件（图片或动画或实拍）。

系统知识

一、FCV（油量控制阀）式电控高压共轨柴油机

FCV（油量控制阀）式电控高压共轨柴油机实物如图 7-61 所示，其结构如图 7-62 所示，由高低压油路组成，低压油路有油箱、低压油泵、滤清器、FCV 阀、回油管；高压油路有高压泵、高压油轨、高压油管、喷油器等。

二、FCV（油量控制阀）式电控高压共轨柴油机原理分析

低压油泵从油箱中吸油克服滤清器阻力至 FCV 阀，电控单元接受油轨压力传感器电信

号精确控制 FCV 阀流向高压泵燃油流量，高压泵将低压油变成高压油至高压油轨，再经高压油管至喷油器；电控单元接受传感器电信号精确控制喷油器喷油量和喷油时刻。

图 7-61　FCV 阀式共轨发动机

三、FCV（油量控制阀）式电控高压共轨柴油机结构特点分析

1. 高压泵

高压泵的作用是将来自 FCV 阀精确控制的低压燃油转变为高压油提供给共轨管。高压泵由配气机构凸轮轴上的凸轮（三个凸起）驱动，如图 7-63 所示。

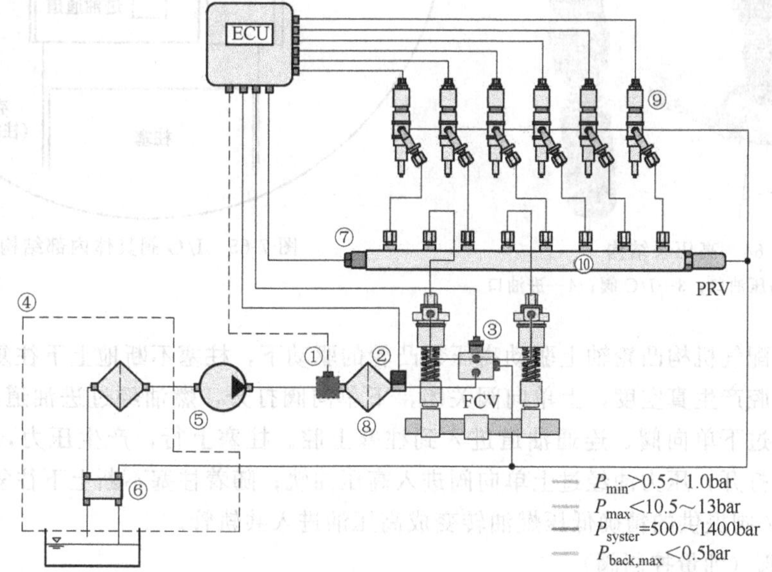

图 7-62　FCV（油量控制阀）式电控高压共轨柴油机结构

1—燃油加热器（选装）；2—供油压力传感器；3—燃油控制阀（FCV）；4—油水分离器；5—燃油泵；6—温控阀（选装）；7—共轨压力传感器；8—滤清器；9—喷油器；10—共轨管

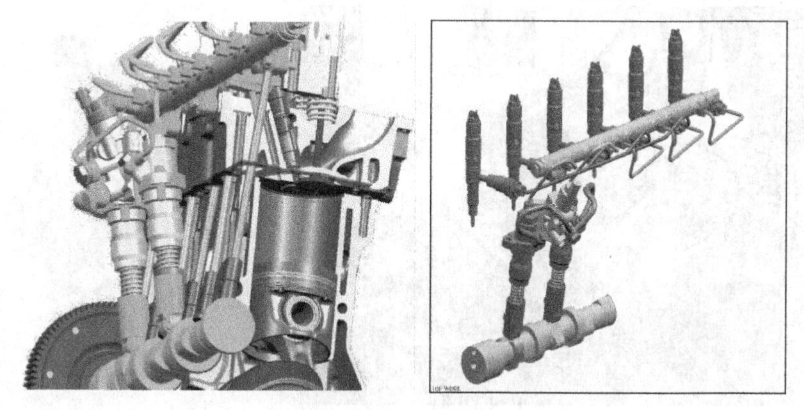

图 7-63　高压泵驱动

高压泵结构如图7-64所示，由壳体、柱塞、进油口（低压油口）、出油口（高压油口）、I/O阀、滚轮、回位弹簧等组成；I/O阀具体内部结构如图7-65所示，由壳体、上单向阀、下单向阀、环形油道、进油通道、单向阀回位簧、连通油道、进油口、高压油口、定位销等组成。

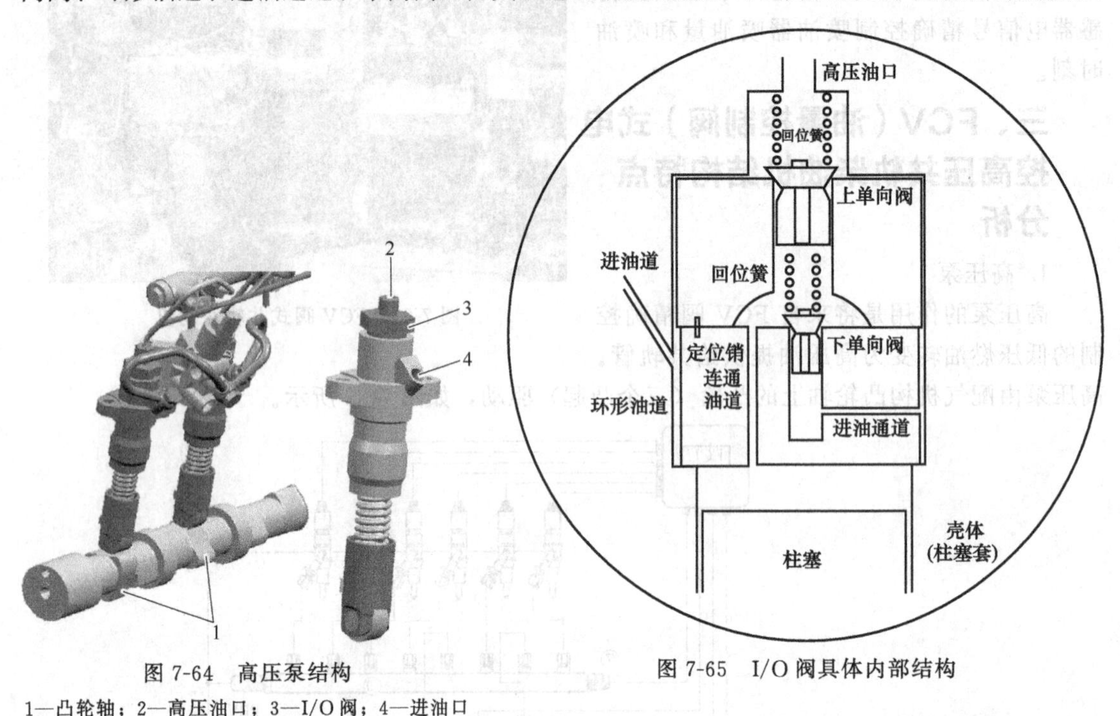

图7-64　高压泵结构

1—凸轮轴；2—高压油口；3—I/O阀；4—进油口

图7-65　I/O阀具体内部结构

在发动机配气机构凸轮轴上驱动高压泵凸轮的驱动下，柱塞不断地上下往复运动；柱塞下行，柱塞上腔产生真空度，上单向阀关闭，下单向阀打开，燃油经过进油道、环形油道、进油通道，经过下单向阀、连通油道进入到柱塞上腔。柱塞上行，产生压力，下单向阀关闭，上单向阀打开，压力油经过上单向阀进入高压油轨；随着柱塞不断上下往复运动，源源不断地将FCV阀提供的精确低压燃油转变成高压油进入共轨管。

2. FCV阀（油量控制阀）

FCV阀又称为油量控制阀，如图7-66所示，其作用是接收控制单元的占空比信号精确控制前往高压燃油泵的燃油流量。

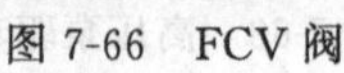

图7-66　FCV阀

FCV阀结构及工作原理如图7-67所示，由壳体、溢流阀、进油口、出油口、回油口、电磁阀、V形切口柱塞、弹簧等组成。

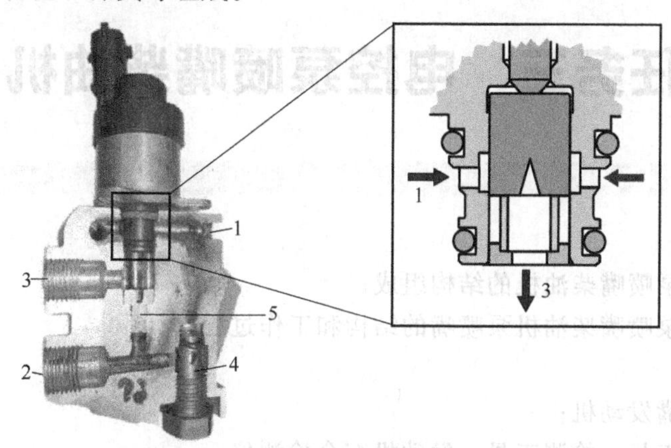

图7-67　FCV阀结构及工作原理

1—燃油进口；2—回流燃油至油箱；3—燃油前往高压油泵电磁阀；4—溢流阀；5—节流口

FCV阀工作过程是发动机熄火时，在弹簧力作用下，V形滑阀处在最上端，通道面积最大；发动机工作时，控制单元接收共轨压力传感器信号，提供FCV阀线圈占空比电流，线圈产生磁场，克服弹簧力推动阀芯下行，控制V形截面积的通道，控制油量。电流越大，磁场越大，阀芯下行量越大，通道面积越小，燃油流量越少。

3. 低压泵

低压泵由发动机皮带驱动，如图7-68所示，有内啮合、外啮合齿轮两种结构方式；结构由壳体、齿轮、进油口、限压阀、出油口等组成；发动机转动，经过皮带轮驱动，两相互啮合齿轮脱开啮合部位容积增大进油，进入啮合部位容积减小压力增加燃油输出，整合在泵中的溢流阀，作用是保持燃油系统的正确压力。

外啮合

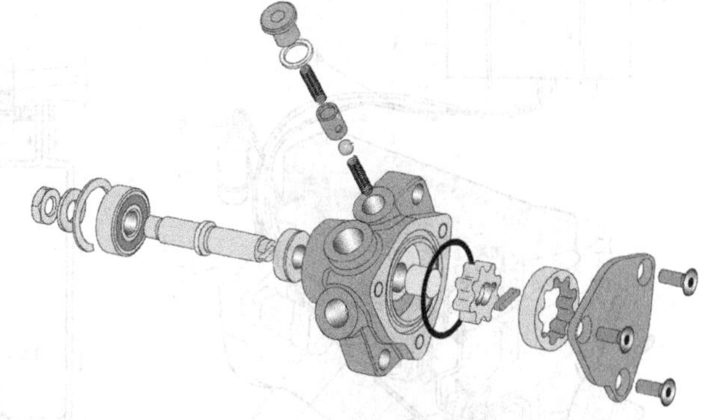

内啮合

图7-68　低压泵

四、FCV（油量控制阀）式电控高压共轨柴油机的维修

利用电控柴油机专用检测仪进行系统检测，调取故障码和数据流，也可以采用专用压力表检测不同工况下系统的压力，根据维修手册的标准数据，确定系统及零部件是否维修或更换。

任务三　电控泵喷嘴柴油机

教学前言

1. 教学目标

（1）掌握电控泵喷嘴柴油机的结构组成；

（2）掌握电控泵喷嘴柴油机泵喷嘴的结构和工作过程。

2. 教学要求

（1）电控泵喷嘴发动机；

（2）常用维修工具、检测工具、发动机综合检测仪；

（3）PPT 课件（图片或动画或实拍）。

系统知识

一、电控泵喷嘴柴油机结构组成

电控泵喷嘴柴油机如图 7-69 所示，主要应用在大型工程机械上。

电控泵喷嘴柴油机油路如图 7-70 所示，由高压油路和低压油路组成；低压油路由油箱、

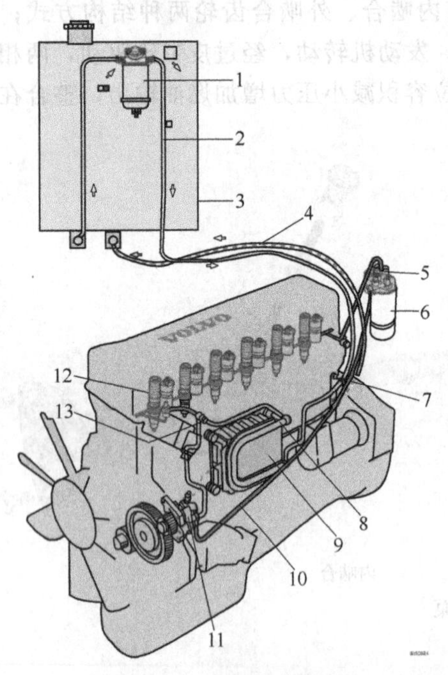

图 7-69　电控泵喷嘴柴油机

1—油水分离器；2—吸油管；3—油箱；4—回油管；5—手动泵；6—滤清器；7—单向阀；8—冷却器；9—控制单元；10—输入喷油器燃油；11—输油泵；12—泵喷嘴；13—溢流阀

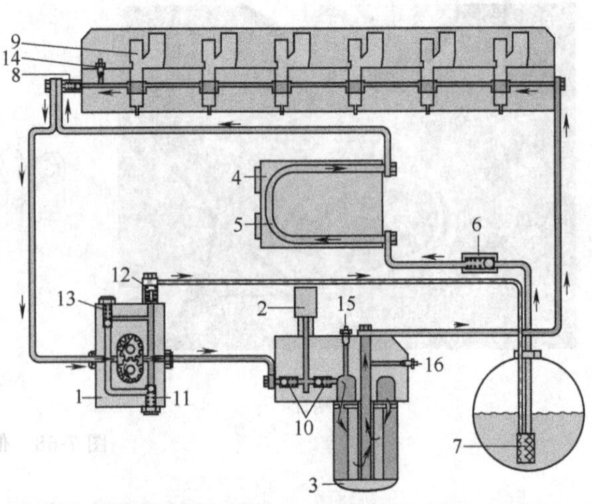

图 7-70　电控泵喷嘴柴油机油路

1—燃油泵；2—手动泵；3—滤清器；4—E-ECU；5—冷却器；6,13—单向阀；7—滤清器；8—溢流阀；9—喷油器；10—止回阀；11—限压阀；12,14～16—放气阀

单向阀（止回阀）、控制单元冷却器、低压油泵（输油泵）、滤清器、缸盖低压油腔、溢流阀等组成，由溢流阀控制低压油腔的压力；高压油路只有单一配件泵喷嘴（高压泵和喷嘴组合成泵喷嘴）。

泵喷嘴驱动方式如图 7-71 所示，由发动机曲轴正时齿轮经过两个惰轮驱动配气机构，凸轮轴正时齿轮带动凸轮轴旋转，由凸轮轴上驱动泵喷嘴的凸轮带动摇臂驱动泵喷嘴工作。

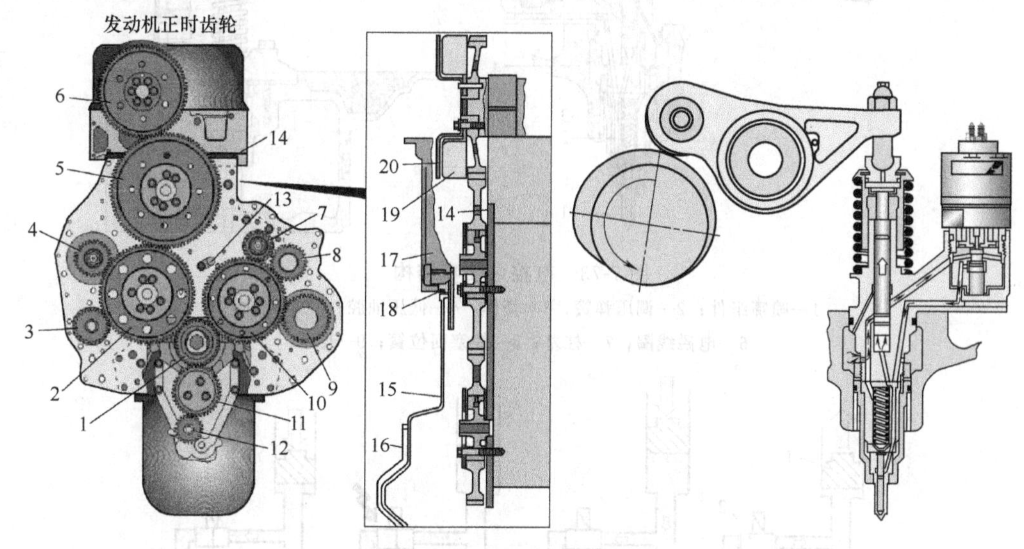

图 7-71 泵喷嘴驱动方式

1—曲轴齿轮；2,5,10,11—惰轮；3—水泵；4—PTO 齿轮；6—凸轮轴齿轮；7,9—PTO；8—燃油泵；12—机油泵；13—喷嘴；14,18—密封条；15—低正时齿轮盖；16—隔声器；17—上正时齿轮盖；19—减震器；20—位置指示器

二、电控泵喷嘴结构、工作原理

泵喷嘴如图 7-72 所示。

泵喷嘴安装在汽缸盖上，由凸轮轴上驱动泵喷嘴的凸轮通过摇臂驱动；泵喷嘴的具体结构如图 7-73 所示，由喷嘴组件、调压弹簧、低压油腔、壳体、柱塞、柱塞回位簧、球头座、电磁线圈和电磁阀等组成。

电控泵喷嘴工作原理如图 7-74 所示，泵喷嘴驱动机构经过球头销驱动泵喷嘴柱塞上下运行。

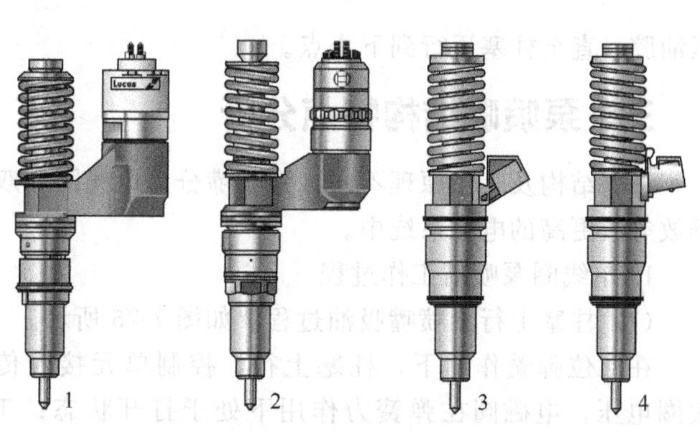

图 7-72 泵喷嘴

柱塞上行时如图 7-74（a）所示，工作腔容积增加，电磁阀（线圈不得电）打开，低压油腔燃油进入工作腔，直至柱塞运行到上止点。

柱塞下行时如图 7-74（b）所示，工作腔容积减小，电磁阀（线圈不得电）打开，燃油流回低压油腔；柱塞继续下行，如图 7-74（c）所示，工作腔容积减小，电磁阀（线圈得电）关闭，燃油压力升高，进入针阀承压面，克服弹簧预紧力，喷油；柱塞继续下行，喷油结束，如图 7-74（d）所示，工作腔容积减小，电磁阀（线圈不得电）打开，燃油再次流回低

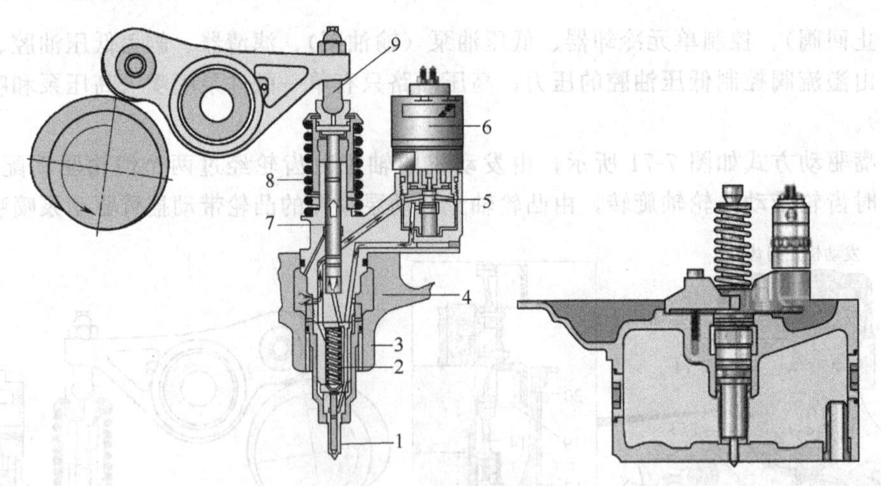

图 7-73　电控泵喷嘴结构

1—喷嘴组件；2—调压弹簧；3—壳体；4—低压油腔；5—电磁阀；6—电磁线圈；7—柱塞；8—柱塞回位簧；9—球头

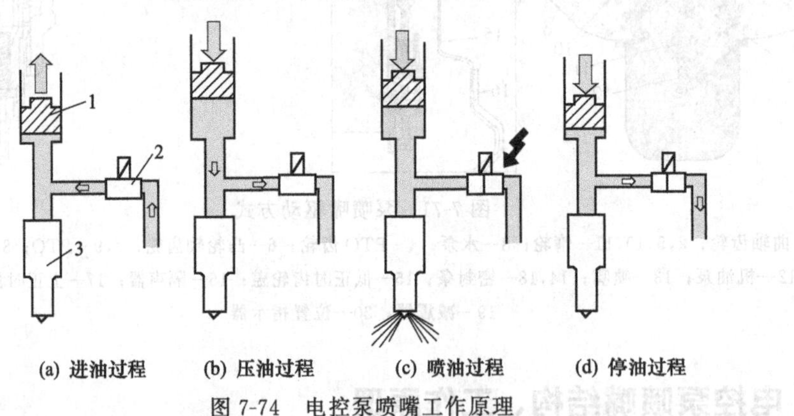

图 7-74　电控泵喷嘴工作原理

压油腔，直至柱塞运行到下止点。

三、泵喷嘴结构特点分析

按照结构及工作原理不同，泵喷嘴分为单线圈和双线圈式结构形式，双线圈结构应用于排放等级更高的电控系统中。

1. 单线圈泵喷嘴工作过程

(1) 柱塞上行泵喷嘴吸油过程　如图 7-75 所示。

在回位弹簧作用下，柱塞上行，控制单元接收传感器信号不喷油，没有施加电磁阀线圈电压，电磁阀在弹簧力作用下处于打开状态；工作腔容积增大，产生真空度，汽缸盖上低压油腔燃油经壳体内部油道经过电磁阀后进入工作腔，直至柱塞运行至上止点进油结束。

(2) 柱塞下行泵喷嘴自由循环状态（空行程）　如图 7-76 所示。

在凸轮作用下，摇臂克服柱塞弹簧作用力使柱塞下行，控制单元接收传感器信号不喷油时，没有施加电磁阀线圈电压，电磁阀在弹簧力作用下处于打开状态，工作腔容积减小，工作腔压力油经内部油道经过电磁阀后流回汽缸盖低压油腔；该过程称为泵喷嘴自由循环状态，也称为空行程。

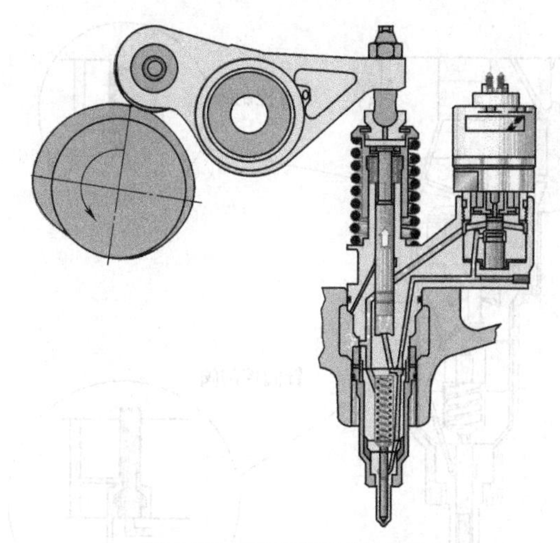
图 7-75 泵喷嘴进油过程

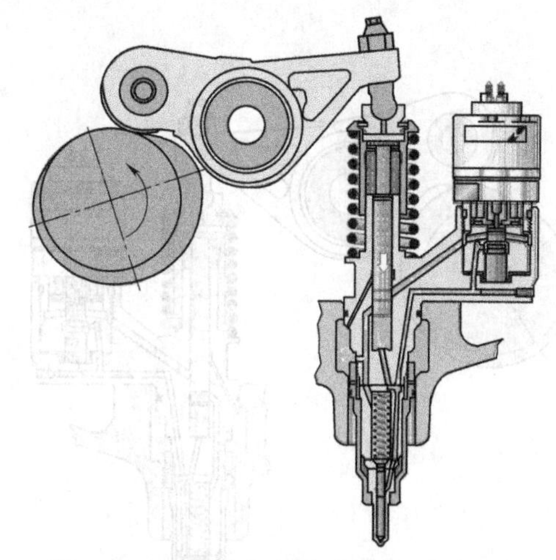
图 7-76 泵喷嘴自由循环状态（空行程）

（3）柱塞下行泵喷嘴喷射状态（有效行程） 如图 7-77 所示。

柱塞继续下行，控制单元接收传感器信号喷油时，施加电磁阀线圈电压，电磁线圈产生磁场力，电磁阀克服电磁阀弹簧力上行关闭进油通道；工作腔容积减小，工作腔压力增大，压力油经过油道至针阀承压面产生向上推力克服针阀弹簧力，针阀上行打开喷嘴将高压燃油喷射入汽缸内。

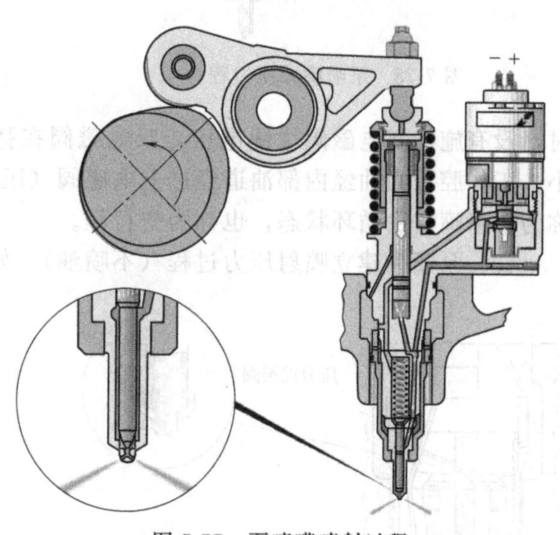

图 7-77 泵喷嘴喷射过程

（4）柱塞下行泵喷嘴减压状态 如图 7-78 所示。

柱塞继续下行，控制单元接收传感器信号喷油结束时，切断施加电磁阀线圈电压，电磁阀在弹簧力作用下迅速打开，工作腔容积减小，工作腔压力油经内部油道经过电磁阀后流回汽缸盖低压油腔，直至柱塞下止点，该过程称为泵喷嘴减压过程。

（5）泵喷嘴的安装 安装泵喷嘴、摇臂轴、摇臂等部件后，需要泵喷嘴预紧度调整；松开球头调整螺钉锁紧螺母，利用专用工具旋转曲轴带动凸轮轴旋转，旋转至非凸面与摇臂滚轮接触位置，用手拧紧调整螺钉至没有间隙，再利用角度规拧紧一定角度（参见维修手册）后，锁紧固定螺母。

2. 双线圈泵喷嘴工作过程

（1）柱塞上行泵喷嘴吸油过程 如图 7-79 所示。

柱塞上行，控制单元接收传感器信号不喷油，没有施加双电磁阀线圈电压，双电磁阀在弹簧力作用下处于打开状态；工作腔容积增大，产生真空度，汽缸盖上低压油腔燃油经壳体内部油道经过上电磁阀（压力控制阀）后进入工作腔，直至柱塞运行至上止点进油结束。

（2）柱塞下行泵喷嘴自由循环状态（空行程） 如图 7-80 所示。

在凸轮作用下，摇臂克服柱塞弹簧作用力使柱塞下行，控制单元接收传感器信号不喷油

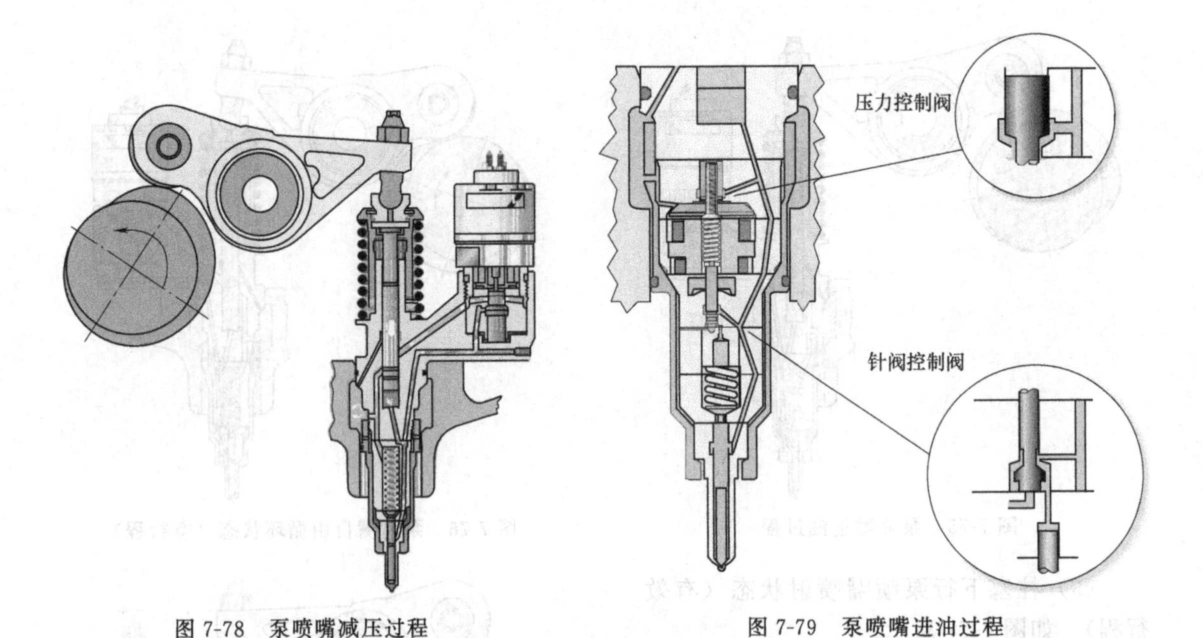

图 7-78　泵喷嘴减压过程　　图 7-79　泵喷嘴进油过程

时，没有施加双电磁阀线圈电压，双电磁阀在弹簧力作用下处于打开状态，工作腔容积减小，工作腔压力油经内部油道经过上电磁阀（压力控制阀）后流回汽缸盖低压油腔；该过程称为泵喷嘴自由循环状态，也称为空行程。

（3）泵喷嘴建立喷射压力过程（不喷油）　如图 7-81 所示。

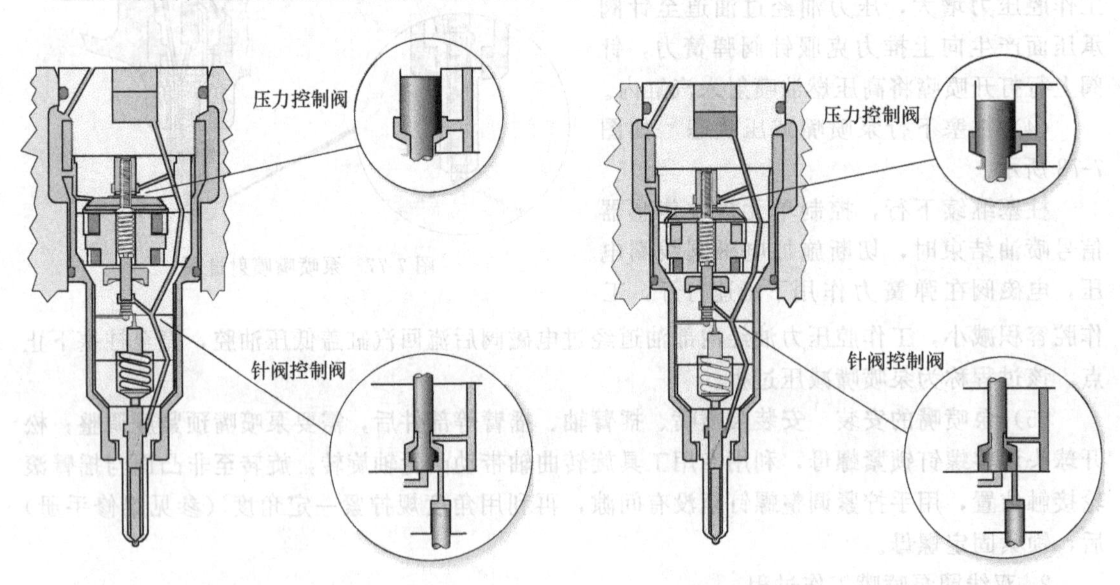

图 7-80　泵喷嘴自由循环状态（空行程）　　图 7-81　泵喷嘴建立喷射压力过程（不喷油）

柱塞继续下行，控制单元接收传感器信号，需要建立喷射压力时，施加上电磁阀线圈（压力控制阀）电压，电磁线圈产生磁场力，上电磁阀克服电磁阀弹簧力下行关闭进油通道；工作腔容积减小，工作腔压力增大；下电磁阀（针阀控制电磁阀）在弹簧力作用下居于下位，上部打开高压通道，下部关闭泄油通道；压力油经过下电磁阀至针阀上端面推杆作用于针阀上，喷射压力建立，不喷油。该行程称为喷射压力建立过程。

(4) 柱塞下行泵喷嘴喷射状态（有效行程） 如图 7-82 所示。

柱塞继续下行，控制单元接收传感器信号，需要喷射时，同时施加双电磁阀线圈（压力控制阀、针阀控制阀）电压，电磁线圈产生磁场力，上电磁阀克服电磁阀弹簧力下行关闭进油通道；工作腔容积减小，工作腔压力增大；下电磁阀克服弹簧力上行，上部关闭高压通道，下部打开泄油通道；针阀上端面推杆作用力消失，压力油进入针阀承压面，产生轴向力克服针阀弹簧预紧力，针阀上行，打开喷嘴喷油。该行程称为泵喷嘴喷射过程。

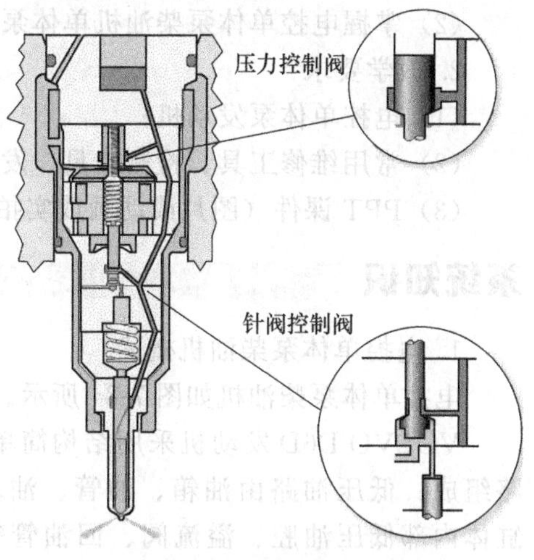

图 7-82 泵喷嘴喷射过程

(5) 柱塞下行泵喷嘴减压状态 如图 7-83 所示。

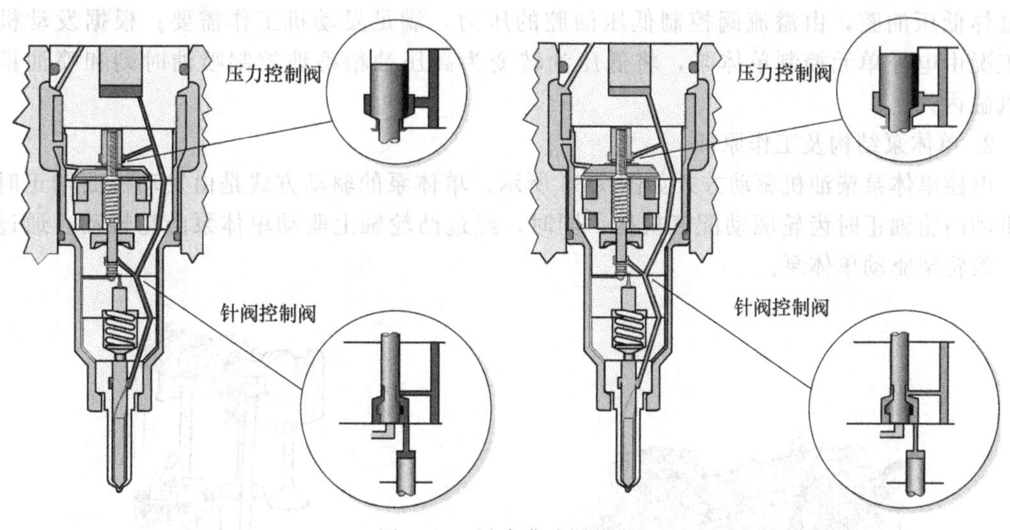

图 7-83 泵喷嘴减压状态

柱塞继续下行，控制单元接收传感器信号喷油结束时，首先切断下电磁阀线圈（针阀控制阀）电压，针阀下行，关闭泄油通道，同时引入压力油进入针阀上端面推杆上，针阀迅速下行关闭喷嘴，停止喷射；后期切断上电磁阀（压力控制阀）线圈电压，电磁阀在弹簧力作用下迅速上行打开进油通道，工作腔容积减小，工作腔压力油经内部油道经过上电磁阀后流回汽缸盖低压油腔，直至柱塞下止点；该过程称为泵喷嘴减压过程。

任务四 电控单体泵柴油机

教学前言

1. 教学目标

(1) 掌握电控单体泵柴油机的结构组成；

(2) 掌握电控单体泵柴油机单体泵的结构组成和工作过程。

2. 教学要求

(1) 电控单体泵发动机；

(2) 常用维修工具、检测工具、发动机综合检测仪；

(3) PPT 课件（图片或动画或实拍）。

系统知识

1. 电控单体泵柴油机概述

电控单体泵柴油机如图 7-84 所示。

VOLVO D6D 发动机采用结构简单、维修方便的单体泵供油系统，该系统由高低压油路组成；低压油路由油箱、油管、油水分离器（含手动泵）、输油泵、滤清器、进油管、缸体内部低压油腔、溢流阀、回油管等组成，高压油路由单体泵、高压油管、喷油器组成。手动泵用来排除管路中的空气，输油泵作用是从油箱中吸出柴油克服滤清器阻力进入缸体低压油腔，由溢流阀控制低压油腔的压力，满足发动机工作需要；根据发动机不同工况由电控单元控制单体泵，将低压油转变为高压油精确地控制喷油时刻和喷油量喷射汽缸内。

2. 单体泵结构及工作原理

电控单体泵柴油机驱动方式如图 7-85 所示。单体泵的驱动方式是由发动机曲轴正时齿轮带动凸轮轴正时齿轮驱动配气机构，同时，经过凸轮轴上驱动单体泵凸轮转动，通过滚轮、滚轮架驱动单体泵。

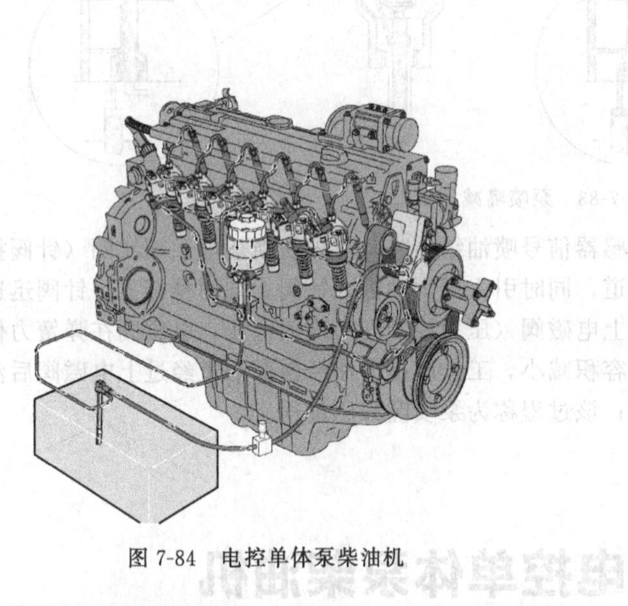

图 7-84 电控单体泵柴油机

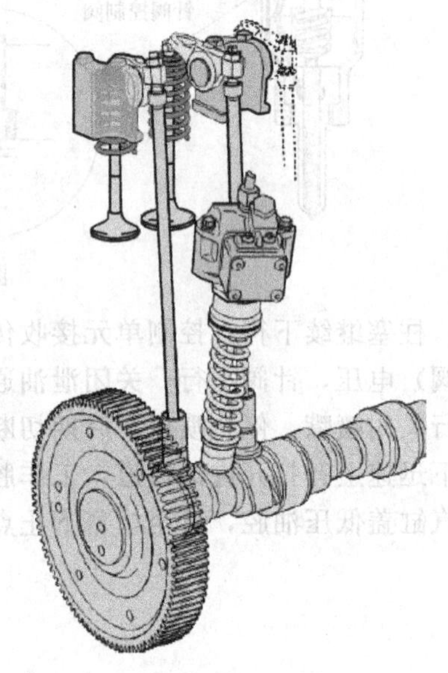

图 7-85 电控单体泵柴油机驱动方式

单体泵的结构如图 7-86 所示。

单体泵由滚轮、滚轮架、调整垫片、回位弹簧座、回位簧、柱塞、低压油腔、泄油通道、电磁阀回位簧、电磁线圈、电磁阀、出油阀等组成。

单体泵工作原理如图 7-87 所示。

皮带轮驱动的输油泵提供低压柴油克服滤清器阻力进入单体泵进油口，环绕电磁阀（冷

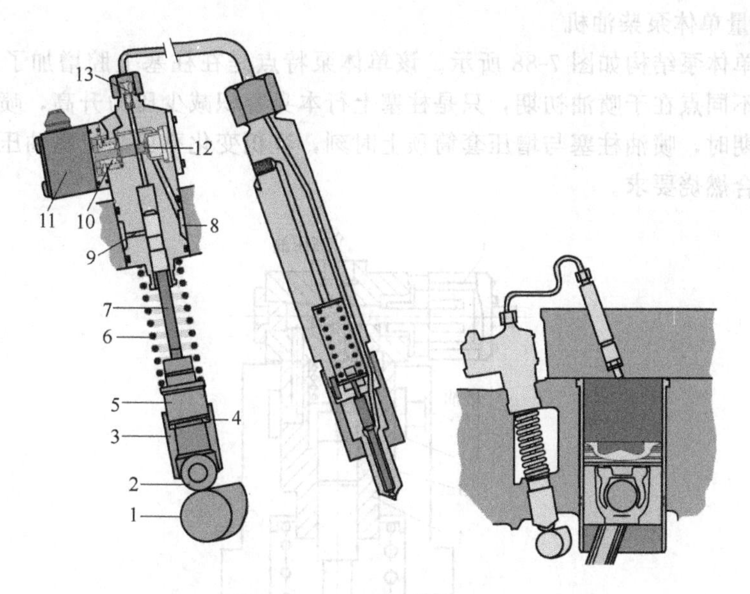

图 7-86 电控单体泵结构

1—凸轮；2—滚轮；3—滚轮架；4—调整垫片；5—回位弹簧座；6—回位簧；7—柱塞；8—低压油腔；9—泄油通道；10—电磁阀回位簧；11—电磁线圈；12—电磁阀；13—出油阀

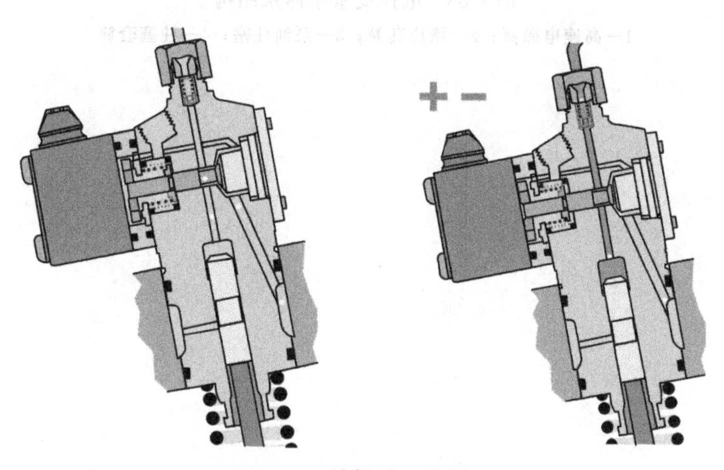

图 7-87 单体泵工作原理

却电磁阀）经过内部通道进入缸体内部低压油腔，由溢流阀控制低压油腔压力后经回油管流回油箱。

柱塞下行时，电控单元接收传感器信号，没有施加电磁阀线圈电压，电磁阀在弹簧作用下，阀门打开，低压腔环形通道燃油经过电磁阀进入柱塞工作腔。直至下止点，完成柱塞工作腔吸油过程。

柱塞上行时，起初电磁阀没有通电，阀门打开，工作腔容积减少，工作腔燃油压回低压油腔；当电控单元接收传感器信号，需要喷油时，施加电磁阀线圈电压，电磁阀克服弹簧作用力，阀门关闭，工作腔压力升高，产生高压油，经过出油阀、高压油管至喷油器，完成喷油；喷油结束时，电磁阀线圈断电，电磁阀打开，工作腔燃油流回低压油腔，直至柱塞上止点。

3. 电控变量单体泵柴油机

电控变量单体泵结构如图 7-88 所示。该单体泵特点是在柱塞上腔增加了增压套筒，工作原理相同，不同点在于喷油初期，只是柱塞上行本身容积减少压力升高，喷油慢、喷油压力低；喷油后期时，喷油柱塞与增压套筒顶上时刻，容积变化率更高，喷油压力高、喷油速率快，更加符合燃烧要求。

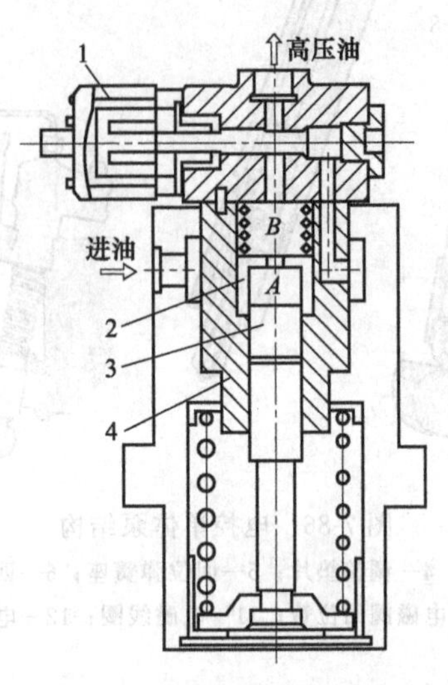

图 7-88 电控变量单体泵结构

1—高速电磁阀；2—增压套筒；3—泵油柱塞；4—柱塞套筒

参考文献

[1] VOLVO《Engine Basic Training》电子教材.

[2] VOLVO EC210B/EC240B 维修手册/发动机.

[3] 仇雅莉. 发动机构造与检修. 北京：机械工业出版社，2008.

[4] 郭清华. 汽车发动机检测与维修实训. 北京：机械工业出版社，2008.

[5] 张宏春. 公路工程机械发动机构造与修理. 北京：人民交通出版社，2007.

[6] 吴幼松. 发动机构造与维修. 北京：人民交通出版社，2009.

[7] 李静. 工程机械柴油机维修. 成都：电子科技大学出版社，2011.

[8] 许炳照. 工程机械柴油发动机构造与维修. 北京：人民交通出版社，2011.

[9] 邹小明. 发动机构造与维修. 北京：人民交通出版社，2002.

[10] 沃尔沃建筑设备（中国）投资有限公司. 基础发动机. 2012.